教育部 财政部职业院校教师素质提高计划职教师资培养资源开发项目
“电子科学与技术”专业职教师资培养资源开发(VTNE023)
高等院校电气信息类专业“互联网+”创新规划教材

电子技术综合应用

主　　编　沈亚强
执行主编　林祝亮
参　　编　余红娟　严加强　王　宇
　　　　　张　宇　徐正兴

内容简介

本书是“教育部 财政部职业院校教师素质提高计划”中“本科电子科学与技术”专业职教师资培养资源开发（VTNE023）的成果之一，是电子科学与技术专业职教师资培养的核心教材。

本书共分为8个项目，包括线性可调直流稳压电源的设计与制作、低频放大器的设计与制作、低频信号发生器的设计与制作、数字频率计的设计与制作、数字钟的设计与制作、多路抢答器的设计与制作、基于单片机的数控恒流源的设计与制作、基于单片机的八路抢答器的设计与制作。本书采用项目教学编写方法，项目按照由简到繁、由易到难的顺序编排，注重学生电子技术综合应用能力的培养。

本书体系新颖、内容丰富、图文并茂、实用性强，可作为职教师资培养本科院校及高职高专院校电子信息类、自动化类、机电类、光电类、交通运输类等专业的教材，也可作为应用型本科、成人教育、中职学校和培训班的教材，以及工程技术人员的参考工具书。

图书在版编目(CIP)数据

电子技术综合应用/沈亚强主编. —北京：北京大学出版社，2017.3
（高等院校电气信息类专业“互联网+”创新规划教材）
ISBN 978-7-301-27900-7

Ⅰ.①电… Ⅱ.①沈… Ⅲ.①电子技术—高等学校—教材 Ⅳ.①TN

中国版本图书馆CIP数据核字(2017)第001459号

书　　名　电子技术综合应用
　　　　　DIANZI JISHU ZONGHE YINGYONG
著作责任者　沈亚强　主编
策划编辑　程志强
责任编辑　李嫱婷
数字编辑　刘志秀
标准书号　ISBN 978-7-301-27900-7
出版发行　北京大学出版社
地　　址　北京市海淀区成府路205号　100871
网　　址　http://www.pup.cn　新浪微博：@北京大学出版社
电子信箱　pup_6@163.com
电　　话　邮购部62752015　发行部62750672　编辑部62750667
印 刷 者　北京溢漾印刷有限公司
经 销 者　新华书店
　　　　　787毫米×1092毫米　16开本　14.25印张　324千字
　　　　　2017年3月第1版　2017年3月第1次印刷
定　　价　37.00元

教育部 财政部

职业院校教师素质提高计划成果系列丛书

项目牵头单位：浙江师范大学

项目负责人：沈亚强

项目专家指导委员会

主　任：刘来泉

副主任：王宪成　郭春鸣

成　员：（按姓氏拼音排列）

曹　晔	崔世纲	邓泽民
刁哲军	郭杰忠	韩亚兰
姜大源	李栋学	李梦卿
李仲阳	刘君义	刘正安
卢双盈	孟庆国	米　靖
沈　希	石伟平	汤生玲
王继平	王乐夫	吴全全

序

《国家中长期教育改革和发展规划纲要（2010—2020年）》颁布实施以来，我国职业教育进入加快构建现代职业教育体系、全面提高技能型人才培养质量的新阶段。加快发展现代职业教育，实现职业教育改革发展新跨越，对职业学校“双师型”教师队伍建设提出了更高的要求。为此，教育部明确提出，要以推动教师专业化为引领，以加强“双师型”教师队伍建设为重点，以创新制度和机制为动力，以完善培养培训体系为保障，以实施素质提高计划为抓手，统筹规划，突出重点，改革创新，狠抓落实，切实提升职业院校教师队伍整体素质和建设水平，加快建成一支师德高尚、素质优良、技艺精湛、结构合理、专兼结合的高素质专业化的“双师型”教师队伍，为建设具有中国特色、世界水平的现代职业教育体系提供强有力的师资保障。

目前，我国共有60余所高校正在开展职教师资培养，但是教师培养标准的缺失和培养课程资源的匮乏，制约了“双师型”教师培养质量的提高。为完善教师培养标准和课程体系，教育部、财政部在“职业院校教师素质提高计划”框架内专门设置了职教师资培养资源开发项目，中央财政划拨1.5亿元，系统开发用于本科专业职教师资培养标准、培养方案、核心课程和特色教材等系列资源。其中，包括88个专业项目，12个资格考试制度开发等公共项目。这些项目由42家开设职业技术师范专业的高等学校牵头，组织近千家科研院所、职业学校、行业企业共同研发，一大批专家学者、优秀校长、一线教师、企业工程技术人员参与其中。

经过三年的努力，培养资源开发项目于2013年立项开题，取得了丰硕成果。一是开发了中等职业学校88个专业（类）职教师资本科培养资源项目，内容包括专业教师标准、专业教师培养标准、评价方案，以及一系列专业课程大纲、主干课程教材及数字化资源；二是取得了6项公共基础研究成果，内容包括职教师资培养模式、国际职教师资培养、教育理论课程、质量保障体系、教学资源中心建设和学习平台开发等；三是完成了18个专业大类职教师资资格标准及认证考试标准开发。上述成果，共计800多本正式出版物。总体来说，培养资源开发项目实现了高效益：形成了一大批资源，填补了相关标准和资源的空白；凝聚了一支研发队伍，强化了教师培养的“校—企—校”协同；引领了一批高校的教学改革，带动了“双师型”教师的专业化培养。职教师资培养资源开发项目是支撑专业化培养的一项系统化、基础性工程，是加强职教教师培养培训一体化建设的关键环节，也是对职教师资培养培训基地教师专业化培养实践、教师教育研究能力的系统检阅。

自项目立项开题以来，各项目承担单位、项目负责人及全体开发人员做了大量深入细致的工作，结合职教教师培养实践，研发出很多填补空白、体现科学性和前瞻性的成果，有力推进了“双师型”教师专门化培养向更深层次发展。同时，专家指导委员会的各位专家及项目管理办公室的各位同志，克服了许多困难，按照教育部和财政部对项目开发工作的总体要求，为实施项目管理、研发、检查等投入了大量时间和心血，也为各个项目提供了专业的咨询和指导，有力地保障了项目实施和成果质量。在此，我们一并表示衷心的感谢。

编写委员会

2016 年 5 月

前　言

“模拟电子技术”“数字电子技术”与“单片机技术”属于相对独立的技术应用型课程，这几门课程涉及其他课程的基础理论相对较少，可以直接应用到工、农、医等领域的产品上去。如今相关应用实例的书籍和资料很多，特别是近年来新型集成电子器件及其应用电路不断涌现，使得电子技术已从以往分立元件电路的计算和设计转向新型器件的选用及应用电路的选择。另一方面，现代教育理念要求学校教育从知识灌输转向能力培养，特别是应加强对自学能力、分析能力、实践动手能力和创新应用能力的培养。

基于以上考虑，编者将“模拟电子技术”“数字电子技术”与“单片机技术”的综合应用项目，由原先的验证书本理论，转向书本知识的综合应用和实践动手能力培养上来，特编写本书，期望既能保证基础知识的巩固与运用，又能反映当前电子技术在生产中的应用。本书分为 8 个项目，前 6 个项目分别为“模拟电子技术”课程综合设计和“数字电子技术”课程综合设计，后两个项目为“电子技术”和“单片机技术”的综合应用，内容按照由简到繁、由易到难的顺序编排。

本书编写力求体现以下几个特色。

(1) 体现了工作过程导向的指导思想。全书分为 8 个项目，每个项目基本包含“项目背景”“项目要求”“任务分析”“任务实施”“项目汇报与评价”环节，对应于“计划”“决策”“实施”“检查和评价”环节；特别增设“知识链接”与“项目拓展”，扩大学生知识面，培养学生的发散思维能力，这部分很好地体现了工作过程导向的理念。

(2) 体现典型电子产品为载体、典型工作岗位为导向的设计理念。从项目选择来看，所有 8 个项目都是现实生活中的电子产品，每个项目的任务实施环节，模拟企业进行产品生产的各工种岗位，分成若干个子任务，利用任务分析过程工作单、方案设计工作单、硬件设计工作单、软件设计工作单、整机测试与技术文件编写工作单来模拟企业的生产任务工作单，进行学生学习过程的跟踪和评价。

(3) 实现了工作过程系统化的课程构建。本书的项目 7 和项目 8 选取模拟电子技术中的稳压电源项目和数字电子技术中的抢答器项目，结合单片机知识，实现同一项目的二次实现。从知识应用的角度来看，这两个项目涉及“模拟电子技术”“数字电子技术”和“单片机技术”三门课程的知识体系，实现各课程的交叉应用，大大加强了综合知识的应用能力。从设计思想来看，是为了引导学生进行发散思维，用不同的设计方案实现同一电子产品，体现用殊途同归的思想实现工作过程系统化。

(4) 项目组织结构合理，很好地体现了递进性、综合性和应用性。“模拟电子技术”课程选取线性可调稳压电源、低频放大器、信号发生器这 3 个项目，涉及的知识点基本涵盖了课程中二极管、晶体管、整流滤波、放大电路、运算放大器、波形发生电路等大部分重要的知识点，而且这 3 个项目之间的知识点为相互包含的关系，低频放大器包含稳压电源的知识，低频信号发生器包含低频放大器和稳压电源的知识，可见项目之间的知识点层层递进，由简单到复杂，符合由浅入深的思想。同样，数字电子技术的3个项目的知识点也已经基本涵盖了课程中计数器、译码器、编码器、555电路、逻辑电路设计等重要的知识点，而且这3个项目之间的知识点也为相互包含的关系，数字钟包含数字频率计的知识，多路抢答器包含数字钟和数字频率计的知识，同样体现由浅入深的理念。

本书是在对中等职业学校、高职院校、职教师资培养本科院校的电子科学与技术及相关专业充分调研的基础上，结合电子信息行业的调研结果分析编写而成的。本书力求体现专业教师标准和专业教师培养标准的要求，以工作过程系统化为指导思想，选取日常生活中典型电子产品为载体，以典型工作岗位为导向，精心安排教材内容，力求实现“职业性”“技术性”“师范性”的统一。本书由浙江师范大学沈亚强担任主编，林祝亮担任执行主编，金华职业技术学院余红娟、杭州电子信息学校严加强、浙江师范大学王宇、国家知识产权局专利局专利审查协作湖北中心张宇及北京中心徐正兴参编。本书具体编写分工如下：项目1～3由余红娟编写，项目4～6由严加强编写，项目7由林祝亮编写，项目8由王宇编写，张宇、徐正兴协助编写并负责数字资源的整理和添加工作，内容涉及全书章节。编者在编写本书的过程中得到了浙江师范大学蒋敏兰、沈建国和宁波市教育局职成教教研室林如军的指导，得到了李赟、梅玲两位研究生的协助，同时还参阅了同行专家们的论文著作及文献和相关网络资源，在此一并表示感谢！

由于编者水平有限，加之时间仓促，书中不妥之处在所难免，敬请专家和读者批评指正。

为了方便教师教学，本书还配有免费的电子教学课件等数字资源，请有需要的教师登录 www.pup6.cn 进行下载，或扫下方二维码进行下载查看。

编　者

2016年10月

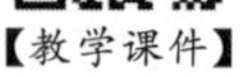

【课程大纲及授课进度表】

目　录

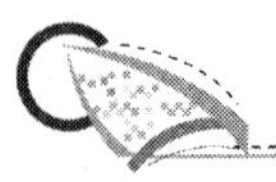

项目 1
线性可调直流稳压电源的设计与制作

【教学目标】

本项目的主要任务是设计并制作一个线性可调的直流稳压电源，通过产品用途、详细功能描述、技术指标、成本要求、安装要求、检测内容、存在问题及建议七个方面展开任务分析，使学生充分了解产品设计要求。从项目背景、项目要求、任务分析、任务实施、项目汇报与评价等几个方面开展项目教学，使学生完整地参与整个项目，在项目制作过程中学习和掌握相关知识。

通过本项目的学习，学生应能根据设计任务要求，完成硬件电路设计和相关元器件的选型；了解直流稳压电源的各构成部分；掌握整流电路、滤波电路、稳压电路的基本工作原理；能正确分析、制作与调试稳压电源电路；会进行稳压电源的测试和故障原因分析。

【教学要求】

教学内容	能力要求	相关知识
线性可调的直流稳压电源	(1) 能根据设计任务要求，完成硬件电路设计和相关元器件的选型 (2) 掌握整流电路、滤波电路、稳压电路的基本工作原理 (3) 能正确分析、制作与调试稳压电源电路 (4) 会进行稳压电源的测试和故障原因分析	(1) 二极管、晶体管 (2) 电路滤波、电感滤波 (3) 桥式整流 (4) 纹波因数

【项目背景】

半导体器件都是有源器件，直流稳压电源对于半导体器件应用是必不可少的，可以这样说只要用到半导体器件的地方一定会有一种直流电源在应用。如图 1.1 所示的纽扣电池、图 1.2 所示的干电池、图 1.3 所示的手机电池、图 1.4 所示的充电电池、图 1.5 所示的蓄电池，这些化学类电池主要是提供便携式电子产品（如电子手表、手机）、移动式交通工具（如电动汽车）等电子产品的直流电源。

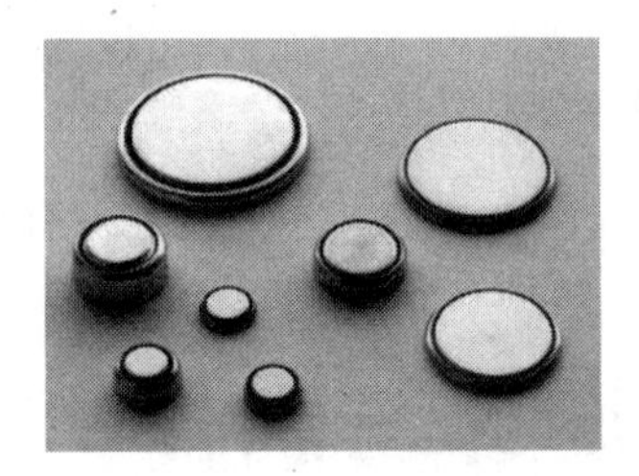

图 1.1　纽扣电池

图 1.2　干电池

图 1.3　手机电池

【参考图文】

图 1.4　充电电池

图 1.5　蓄电池

家用电器、办公设备、医疗设备、工厂机械等都是采用将市电 220V 交流电转换成稳定的直流电，这类转换电路主要有线性稳压电源和开关稳压电源两类，如图 1.6 所示的线性直流稳压电源和图 1.7 所示的开关稳压电源。

【参考图文】

图 1.6　线性直流稳压电源

【参考图文】

图 1.7　开关稳压电源

在实际电子产品中通常都包含一个电源模块嵌入在设备中，如图 1.8 所示的电源电路模块。

【参考图文】

图 1.8　电源电路模块

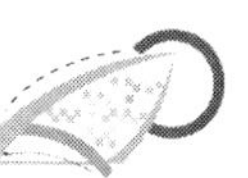

所以说，设计并制作一个电源模块在任何电子产品中都是必不可少的。电源行业非常大，它既作为一个独立的经济产业，又与半导体行业相伴相行，互相依赖。半导体技术的发展不断地对电源技术提出新的要求，如太阳光伏电池，电力电子技术发展引发了种种高效节能电源模块革命。

对于电子技术专业学习者来说，亲自设计并制作一款实用的直流稳压电源无疑是非常有意义的。

【项目要求】

设计并制作一个线性可调的直流稳压电源。系统设计要求如下：

(1) 电源用 220V、50Hz 交流电供电；

(2) 直流电压输出范围 0～12V 可调；

(3) 输出电流能达到 300mA；

(4) 输出纹波电压小于 50mV。

【任务分析】

根据线性可调的直流稳压电源项目的要求，通过小组合作的方式展开任务分析，主要涉及稳压电源变压器、整流电路、滤波电路、稳压电路和指示电路等电路。结构框图如图 1.9所示。

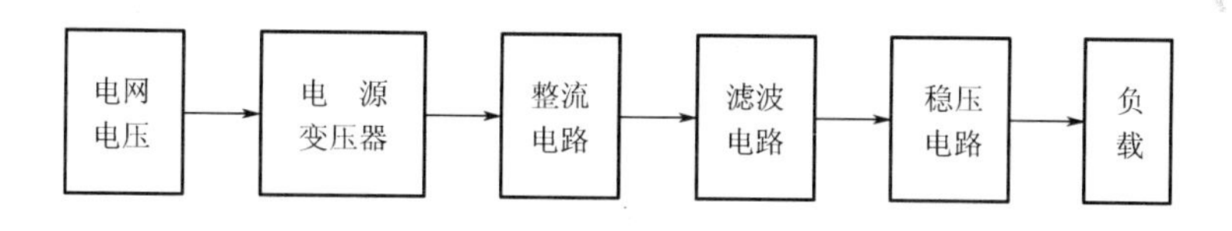

图 1.9　直流稳压电源的结构框图

(1) 变压器：变压器的功能是将 220V 的交流电转换成整流电路所需要的低压交流电。

(2) 整流电路：利用二极管的单向导电特性，将变压器的二次电压转换成单向脉动直流电压。

(3) 滤波电路：其作用是平波，将脉动直流转换成比较平滑的直流。

(4) 稳压电路：滤波电路的输出电压还有一定的波动，对要求较高的电子设备，还需要稳压电路，通过稳压电路后的输出电压几乎就是恒定电压。

通过产品用途、详细功能描述、技术指标、成本要求、安装要求、检测内容、存在问题及建议七个方面展开任务分析，使学生充分了解产品设计要求。通过小组合作学习的方式完成表 1－1 所示的任务分析过程工作单。

表 1-1　任务分析过程工作单

项目	线性可调直流稳压电源的设计与制作	任务名称	线性可调直流稳压电源的设计与制作任务分析
学习记录			
说明：小组成员根据线性可调直流稳压电源设计与制作的任务要求，认真学习相关知识，并将学习过程的内容（要点）进行记录，同时也将学习中存在的问题进行记录，填写下表			
班级		小组		成员	
稳压电路种类	线性直流稳压电源、开关式直流稳压电源、硅整流直流稳压电源、感应式直流稳压电源		
直流稳压电源指标分析	分析输出电压范围、输出电流范围及纹波大小		
数码管显示电路学习	数码管静态显示、动态显示的原理及各自优缺点		
任务分析的工作过程			
开始时间		完成时间	
说明：根据小组成员的学习结果，通过分析与讨论，完成本项目的任务分析，填写下表			
产品用途	分析产品的应用领域		
详细功能描述	主要阐述产品的详细功能		
技术指标	分析技术指标的含义、思考技术上如何实现		
成本要求	估算成本，考虑如何减少成本		
安装要求	思考安装的工艺		
检测内容	分析检测的内容及检测的手段和方法		
存在问题及建议			

【任务实施】

任务 1　方案设计与决策

直流稳压电源设计的关键是选择稳压电路，本设计要求采用线性稳压电源，不使用开关稳压电路，因而选择串联型稳压电源。

串联型稳压电源有两种方案可供选择：分立元件串联型稳压电路和集成稳压块稳压电路。

1. 分立元件串联型稳压电路

典型的串联型稳压电路如图 1.10 所示，是由采样环节、基准环节、比较放大环节和调整环节所组成的电压负反馈闭环系统。

采样环节：由 R_1、R_2 和 R_P 组成分压电路。它将输出电压 U_o 的变化取回一部分 U_F

（称采样电压）送到比较放大器的基极。

基准环节：由限流电阻 R_3 和稳压管 VZ 组成，为比较放大器 VT_2 的发射极提供一个稳定的基准电压 U_Z。

比较放大环节：由 VT_2、R_4 组成，R_4 为 VT_2 的集电极负载电阻。比较放大器对采样电压 U_F 和基准电压 U_Z 的差值进行放大，去控制 VT_1 的基极。

调整环节：由基极偏置电阻 R_4 及调整管 VT_1 组成。实际它是一个射极输出器，调整管 VT_1 起电压调节作用，其 C、E 极间的管压降 U_{CE1} 受比较放大器误差电压的控制。由于起电压调节作用的调整管 VT_1 与负载是串联的，故称为串联型稳压电路。

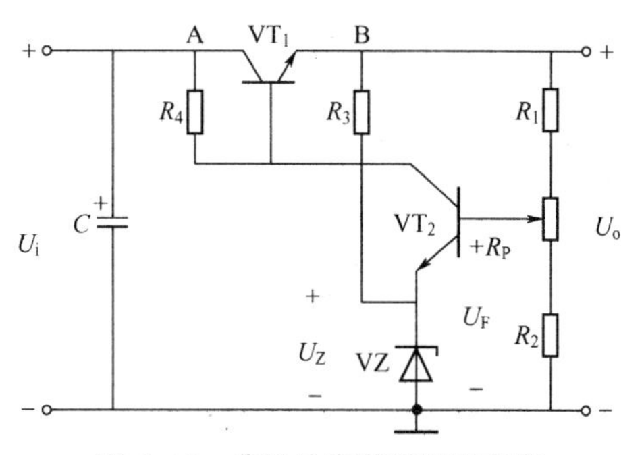

图 1.10　典型的串联型稳压电路

2．集成稳压块稳压电路

集成稳压器多采用串联型稳压电路，组成框图如图 1.11 所示。除基本稳压电路外，常接有各种保护电路，当集成稳压器过载时，使其免于损坏。

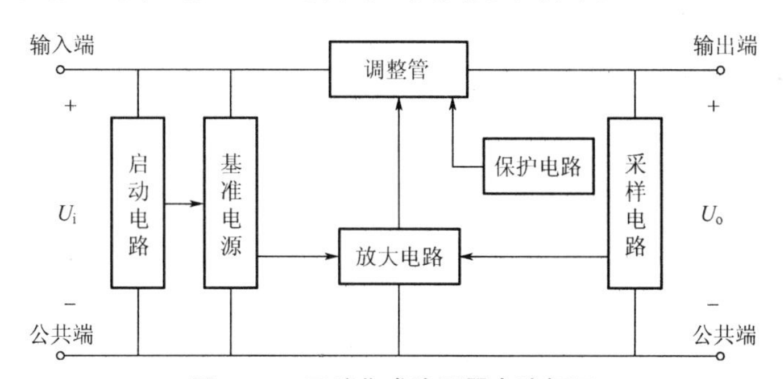

图 1.11　三端集成稳压器电路框图

由于集成稳压电路性能优越，安装调试方便，应用广泛，满足本设计指标要求，故本设计采用可调集成稳压电路 LM317 来实现。经过仔细分析和论证，确定系统各模块最终方案。通过小组讨论，完成表 1－2 所示的方案设计工作单。

【参考图文】

表 1－2　方案设计工作单

项目名称	线性可调直流稳压电源的设计与制作	任务名称	线性可调直流稳压电源的方案设计
方案设计分工			
子任务	提交材料	承担成员	完成工作时间
变压器选型	变压器选型分析		
整流电路选型	整流电路选型分析		
滤波电路选型	滤波电路选型分析		
稳压电路选型	稳压电路选型分析		

（续）

项目名称	线性可调直流稳压电源的设计与制作	任务名称	线性可调直流稳压电源的方案设计
LM317 芯片	LM317 芯片选型分析		
外形方案	图纸		
方案汇报	PPT		

学习记录					
班级		小组编号		成员	
说明：小组成员根据方案设计的任务要求，认真学习相关知识，并将学习过程的内容（要点）进行记录，同时也将学习中存在的问题进行记录，填写下表					

方案设计的工作过程			
开始时间		完成时间	
说明：根据小组成员的学习结果，通过小组分析与讨论，最后形成设计方案，填写下表			
结构框图	画出结构框图		
原理说明	分析工作原理		
关键器件选型	确定器件选型		
实施计划	制订进度计划		
存在问题及建议			

任务 2　硬件电路设计与实施

1. 变压器参数选取

根据设计指标，稳压电源的最高输出电压为 12V，则滤波电路最小输出电压为 15V。而 $U_o=1.2U_2$，则 U_2 的最小值为 12.5V。又额定输出电流为 300mA，则变压器的输出功率为 3.75W。考虑到电源电压的允许变化范围为±10%，为了在最低电压时 $U_2=12.5\text{V}$，并留有一定的电压和功率余量，变压器可取 220V/15V/5W。

2. 整流二极管参数选取

整流电路的功能是把交流电变换成直流电，它的基本原理是利用了二极管的单向导电特性。桥式整流电路及信号的输入、输出波形如图 1.12 所示。输出直流电压为

$$U_o=\frac{2U_{om}}{\pi}=\frac{2U_{im}}{\pi}=\frac{2\sqrt{2}U_i}{\pi}\approx 0.9U_i \tag{1-1}$$

桥式整流电路主要参数计算公式为

$$U_o=0.9V_i,\ I_L=\frac{0.9V_i}{R_L},\ I_D=\frac{I_L}{2}=\frac{0.45V_i}{R_L},\ V_{RM}=\sqrt{2}V_i \tag{1-2}$$

在整流电路中，二极管中的最大整流平均电流 I_F 通常选择大于负载电流的 2～3 倍。

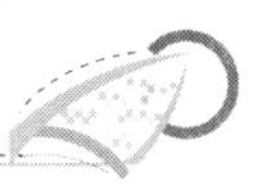

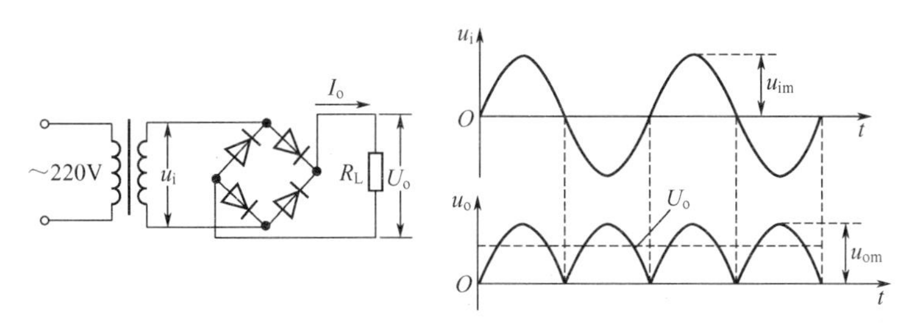

图 1.12　桥式整流电路及信号的输入、输出波形

$I_F=3\times300\text{mA}=900\text{mA}$，二极管的最高反压 $U_{BR}=1.414\times15\text{V}=21.21\text{V}$。考虑到留有一定的余量，可选电流为 1.5A，耐压为 50V 的整流二极管，如 IN4007 等。

3. 滤波电容参数选取

虽然整流电路的输出电压包含一定的直流成分，但脉动较大，须经过滤波才能得到较平滑的直流电压。

常用滤波器有 C 型、π 型、Γ 型。本任务只研究 C 型与 π 型（RC）滤波器。图 1.13 所示为桥式整流 C 型滤波电路及其输出电压的波形。

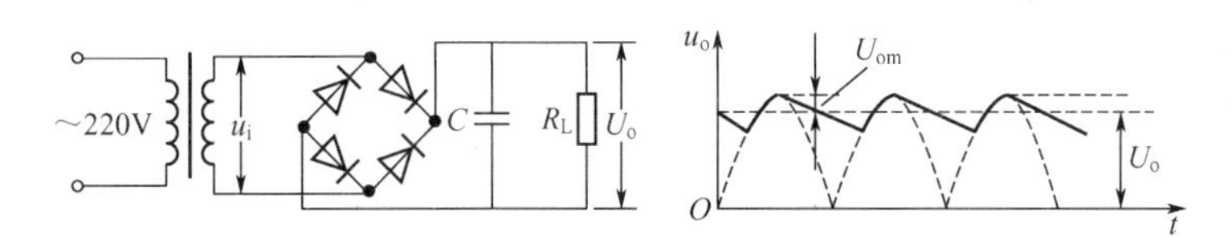

图 1.13　桥式整流 C 型滤波电路及其输出电压的波形

滤波电路的输出电压与滤波电容有关，一般取

$$U_o=(0.9\sim1.4)U_i$$

为了获得较好的滤波效果，应使滤波电容满足 $R_LC=(3\sim5)T/2$ 的条件。此时 $U_o\approx1.2U_2$。由于滤波电路的最小输出电压为 15V，负载额定电流为 300mA，所以 $R_L=15\text{V}/(0.3\text{A})=50\Omega$。取 $C=4T/(2R_L)=(4\times0.02\text{s})/(2\times50\Omega)=800\mu\text{F}$，取标称值$C=1000\mu\text{F}$。

4. 稳压电路参数选取

通过滤波电路输出的直流电压比较平滑，但还是会随交流电网电压的波动或负载的变动而变化。在对直流供电要求比较高的场合，还需要使用稳压电路，保证输出直流电压更加稳定。本设计采用输出电压可调的 317 系列。由 LM317 构成的直流稳压电源电路如图 1.14所示。

输出电压为

$$U_o=U_{REF}\left(1+\frac{R_P}{R_1}\right)$$

其中，$U_{REF}=1.2\text{V}$。

可见 LM317 输出电压的调节范围是 1.2～37V。而本设计要求为 0～30V 可调，因而相对比较复杂，几个基本的思考是用负电源产生一个－1.25V 电压来实现从 0V 可调，如

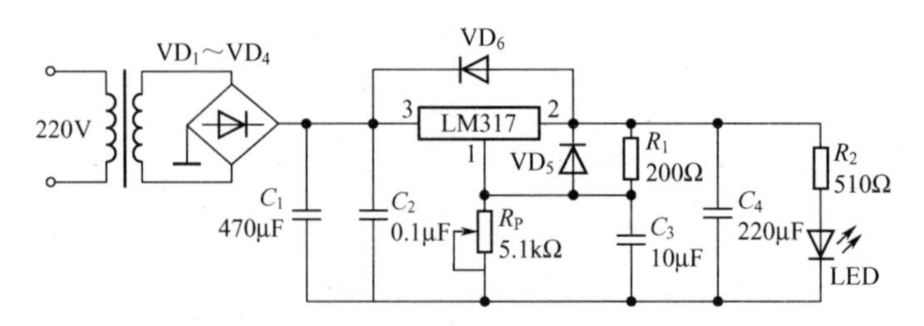

图 1.14　由 LM317 构成的直流稳压电路

图 1.15 所示，R_3、VZ 组成稳压电路，使 A 点电位－1.25V，这样当 $R_2=0$ 时 U_A 电位与 U_{REF} 相抵消，可使 $U_o=0$V。但在这个电路中还需要构建一个－10V 的直流电源。

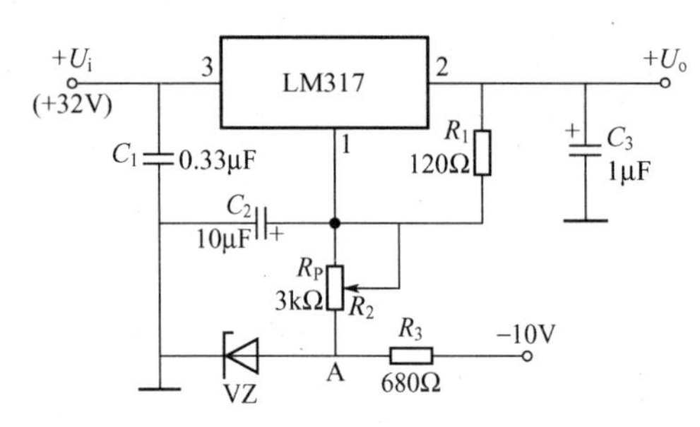

图 1.15　由 LM317 构成的 0～30V 直流可调稳压电源电路

经过分析本电路，需要对图 1.15 所示电路进行进一步完善。首先运用 LM317 产生一个 5V 的电压，然后运用正电压转换成负电压的芯片产生－5V 电压，如 5V 经过 TPS60400 转换成－5V。－5V 电压经 R_3 和 VZ 构成的稳压电路对输出电压进行调零。

TPS60400（图 1.16）是一款具有可变切换频率的 60mA 充电泵电压反向器，电源电压最大为 5.25V，最小为 1.8V，输入电压最大为 5.25V。输出可调电压最低为－1.8V，最高为－5.25V，输出电压最大为－5.25V。输出电流最大为 60mA，频率为 250kHz。

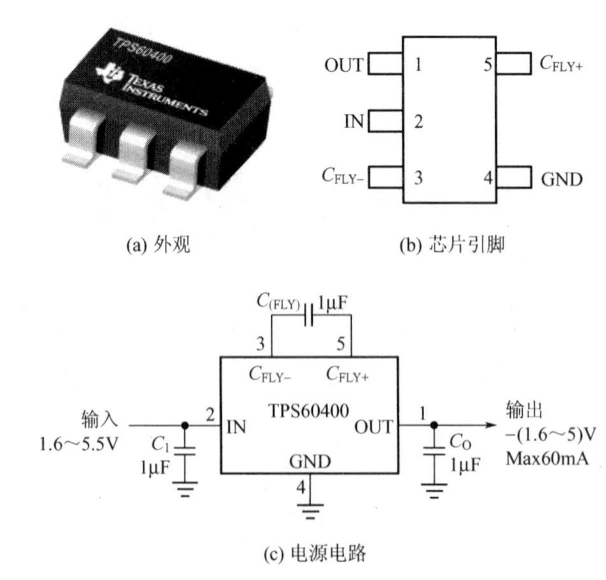

(a) 外观　　(b) 芯片引脚

(c) 电源电路

图 1.16　TPS60400

根据上述的硬件模块设计分析，通过小组讨论，完成表 1－3 所示的硬件设计工作单。

表 1－3　硬件设计工作单

<table>
<tr><td>项目名称</td><td colspan="2">线性可调直流稳压电源的设计与制作</td><td>任务名称</td><td colspan="3">线性可调直流稳压电源的硬件设计</td></tr>
<tr><td colspan="7">硬件设计分工</td></tr>
<tr><td colspan="3">子任务</td><td colspan="2">提交材料</td><td>承担成员</td><td>完成工作时间</td></tr>
<tr><td colspan="3">原理图设计</td><td colspan="2">原理图、器件清单</td><td></td><td></td></tr>
<tr><td colspan="3">PCB（印制电路板）设计</td><td colspan="2">PCB 图</td><td></td><td></td></tr>
<tr><td colspan="3">硬件安装与调试</td><td colspan="2">调试记录</td><td></td><td></td></tr>
<tr><td colspan="3">外壳设计与加工</td><td colspan="2">面板图、外壳</td><td></td><td></td></tr>
<tr><td colspan="7">学习记录</td></tr>
<tr><td>班级</td><td></td><td>小组编号</td><td></td><td>成员</td><td colspan="2"></td></tr>
<tr><td colspan="7">说明：小组成员根据硬件设计的任务要求，认真学习相关知识，并将学习过程的内容（要点）进行记录，同时也将学习中存在的问题进行记录，填写下表</td></tr>
<tr><td colspan="7"></td></tr>
<tr><td colspan="7">硬件设计的工作过程</td></tr>
<tr><td>开始时间</td><td colspan="2"></td><td>完成时间</td><td colspan="3"></td></tr>
<tr><td colspan="7">说明：根据硬件系统的基本结构，画出系统各模块的原理图，并说明工作原理，填写下表</td></tr>
<tr><td colspan="2">变压器电路</td><td colspan="5">设计变压器电路的电路图</td></tr>
<tr><td colspan="2">整流电路</td><td colspan="5">设计整流电路原理图</td></tr>
<tr><td colspan="2">滤波电路</td><td colspan="5">设计滤波电路的原理图</td></tr>
<tr><td colspan="2">稳压电路</td><td colspan="5">设计稳压电路的原理图</td></tr>
<tr><td colspan="2">整机电路</td><td colspan="5">完成各个部分的综合设计</td></tr>
</table>

任务 3　整机电路测试与检查

1. 仪器、材料的准备

（1）准备以下仪器和工具：工频电源、双踪示波器、交流毫伏表、直流电压表、直流毫安表、万用表、电烙铁、吸锡器、PCB、滑线变阻器 200Ω/1A 等。

（2）仪器检查：检查和校正交流毫伏表、示波器、万用表、直流电压表的直流毫安表。

（3）元器件检测：在将元器件插装到 PCB 上之前，应对所装配的元器件进行检测，保留合格品，更换不合格品。检测方法参看电子工艺类参考书。

（4）将所有的元器件刮腿、上锡处理，电路板焊接孔处涂上松香水。

2. 单元电路安装与检测

1）变压器的检测与安装

（1）变压器的检测。

① 用万用表判断变压器一、二次侧有无短路和开路。

② 用万用表检测变压器输出电压是否正常。将变压器 220V 端接入 220V 交流插座，用万用表交流挡测变压器二次电压，观察是否与标称值一致。

（2）变压器的安装。变压器检测正常后就可以安装了。安装前先在电路板的适当位置钻两个固定孔，孔的大小与安装的螺钉一致。将变压器放到安装孔处，用螺钉螺母固定就可以了。

2）整流电路的安装与检测

（1）二极管的检测。借助资料读懂二极管的型号与极性；用万用表简易测出二极管的极性与质量好坏。主要元件：二极管 1N4001 四个。

（2）二极管的安装。

① 将二极管的引脚刮净上锡，按 PCB 要求将引脚弯折合适长度；

② 按正确的方向插入 PCB 孔中，用焊锡焊好，用斜口钳剪去多余引脚。

（3）用万用表检测整流电路输出电压，并做记录，分析工作是否正常。也可以用示波器观测整流电路输出波形，并分析。

3）滤波电路的安装与检测

（1）滤波电容的检测。借助资料读懂电容的型号与极性；用万用表简易测出电容的极性与质量好坏。主要元件：$C_1/470\mu F$、$C_2/0.1\mu F$、$C_3/10\mu F$、$C_4/220\mu F$ 各一个。

（2）电容的安装。

① 将电容的引脚刮净上锡，按 PCB 要求将引脚弯折合适长度。

② 按正确的方向插入 PCB 孔中，用焊锡焊好，用斜口钳剪去多余引脚。

（3）用万用表检测滤波电路的输出电压，并做记录，分析工作是否正常。也可以用示波器观测滤波电路输出波形，并分析。

4）稳压电路的安装与检测

（1）集成稳压块及附属元件的识别与检测。借助资料读懂集成稳压块的型号与各引脚功能（图 1.17），用万用表检测 R_1、R_2 及 R_P 的阻值是否符合要求；测出开关二极管、指示二极管的极性与质量好坏。主要元件：LM317 一块，$R_1/200\Omega$、$R_2/510\Omega$、$R_P/5.1k\Omega$ 各一个，开关二极管 IN4148 两个，发光二极管（LED）一个。

（2）稳压电路的安装。

① 将 LM317 的引脚刮净上锡，按正确的方向（千万不可接反）插入 PCB 孔中，用焊锡焊好，用斜口钳剪去多余引脚，用螺钉将散热片固定好。

② 将电位器 R_P 的引脚刮净上锡，按正确的方向插入 PCB 孔中，用焊锡焊好，用斜口钳剪去多余引脚。

③ 将电阻 R_1，开关二极管 VD5、VD6 的引脚刮净上锡，按 PCB 要求将引脚弯折合适长度。按正确的方向插入 PCB 孔中，用焊锡焊好，用斜口钳剪去多余引脚。

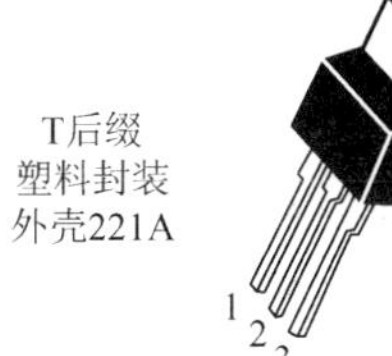

图 1.17　LM317 的封装与引脚

1—调节；2—输出；3—输入

(3) 用万用表检测稳压电路的输出电压，调节电位器 R_P，记录输出电压的变化范围。

5) 主要技术指标的测试

(1) 输出电压可调范围。按图 1.18(a) 接线。负载电阻输入端接 220V 交流电压，输出端接万用表或数字万用表，调节电路中 R_P 的大小，使其值为最大和最小，测出对应的输出电压 U_{omin} 和 U_{omax}。则该稳压电源输出电压的可调范围为 $U_{omin} \sim U_{omax}$。

(2) 最大输出电流。指稳压电源正常工作的情况下能输出的最大电流，用 I_{omax} 表示。一般情况下的工作电流 $I_o < I_{omax}$。

按图 1.18(a) 接线。稳压电源的输入端接 220V 的交流电压，将稳压电源的输出电压调到 10V，然后在稳压电源的输出端接滑线变阻器 R_{PL}，如图 1.18(b) 所示。R_{PL} 的值应调到 1kΩ 以上。用万用表或数字万用表测出对应的 U_o。然后逐渐减小 R_{PL} 的值，直到 U_o 的值下降 5%，此时流经负载 R_{PL} 的电流就是 I_{omax}。记下 I_{omax} 后应迅速增大 R_{PL} 的值，以减小稳压电源的功耗。

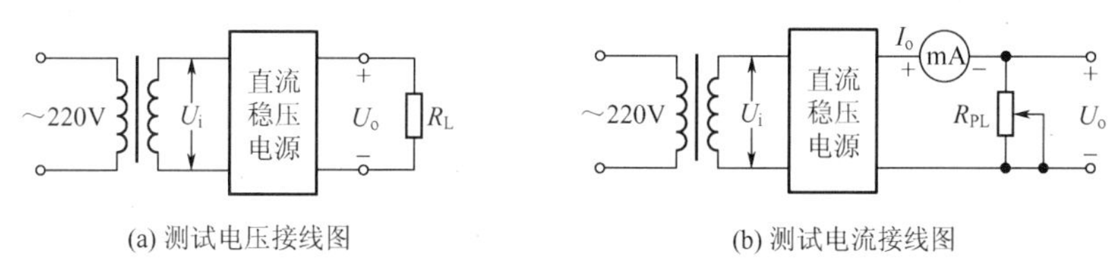

图 1.18　测试电压、电流接线图

(3) 输出电阻 R_o。稳压电源的输出电阻 R_o 用来表明负载电流 I_o 变化时，引起输出电压 U_o 变化的程度。当输入电压不变时，由于负载电流变化 ΔI_o，而引起输出电压变化 ΔU_o，则

$$R_o = \left.\frac{\Delta U_o}{\Delta I_o}\right|_{\Delta u_i = 0} \tag{1-3}$$

显然，R_o 越小负载变化时对输出电压的影响就越小，说明该稳压电源的性能越好。

按图 1.18(b) 接线。在不接负载电阻 R_L 时测得开路电压 U_{o1}，这时 $I_{o1}=0$，接上负载电阻 R_L 时，测得 U_{o2} 和 I_{o2}，则

$$R_o = -\frac{U_{o1} - U_{o2}}{I_{o1} - I_{o2}} = \frac{U_{o1} - U_{o2}}{I_{o2}} \tag{1-4}$$

(4) 纹波因数 γ 的测量。直流稳压电源中不可避免地含有一定的交流成分，用来描述稳压电源直流电压输出中交流成分的比例，常用纹波因数 γ 来表示，即

$$\gamma = \frac{\text{交流电压分量的总有效值}}{\text{直流电压分量}} \tag{1-5}$$

γ 越小，输出脉动越小，表示整流电源的性能越好。

【参考图文】

方法是：用晶体管毫伏表（或示波器）测量电源输出端的交流电压分量的有效值，用万用表（或数字万用表）的直流挡测量电源输出端的直流电压分量，按式(1-5)计算出电源的纹波因数。

根据上述测试要求，通过小组讨论，完成表1-4所示的整机测试与技术文件编写工作单。

表1-4　整机测试与技术文件编写工作单

<table>
<tr><td>项目名称</td><td colspan="2">线性可调直流稳压电源的设计与制作</td><td>任务名称</td><td colspan="2">线性可调直流稳压电源整机测试与技术文件编写</td></tr>
<tr><td colspan="6">整机测试与技术文件编写分工</td></tr>
<tr><td>子任务</td><td>提交材料</td><td colspan="2">承担成员</td><td colspan="2">完成工作时间</td></tr>
<tr><td>制订测试方案</td><td>测试方案</td><td colspan="2"></td><td colspan="2"></td></tr>
<tr><td>整机测试</td><td>测试记录</td><td colspan="2"></td><td colspan="2"></td></tr>
<tr><td>编写使用说明书</td><td>使用说明书</td><td colspan="2"></td><td colspan="2"></td></tr>
<tr><td>编写设计报告</td><td>设计报告</td><td colspan="2"></td><td colspan="2"></td></tr>
<tr><td colspan="6">学习记录</td></tr>
<tr><td>班级</td><td></td><td>小 组 编 号</td><td></td><td>成员</td><td></td></tr>
<tr><td colspan="6">说明：小组成员根据线性可调直流稳压电源整机测试与技术文件编写的任务要求，认真学习相关知识，并将学习过程的内容（要点）进行记录，同时也将学习中存在的问题进行记录，填写下表</td></tr>
<tr><td colspan="6"></td></tr>
<tr><td colspan="6">整机测试与技术文件编写的工作过程</td></tr>
<tr><td>开始时间</td><td></td><td>完成时间</td><td colspan="3"></td></tr>
<tr><td colspan="6">说明：根据直流稳压电源参数要求进行测试，填写下表，并对测试结果进行分析</td></tr>
<tr><td colspan="2">测试项目</td><td>测试内容</td><td colspan="3">测试结果</td></tr>
<tr><td colspan="2">(1) 输出电压可调范围</td><td></td><td colspan="3"></td></tr>
<tr><td colspan="2">(2) 最大输出电流</td><td></td><td colspan="3"></td></tr>
<tr><td colspan="2">(3) 输出电阻 R_o</td><td></td><td colspan="3"></td></tr>
<tr><td colspan="2">(4) 纹波因数 γ 的测量</td><td></td><td colspan="3"></td></tr>
<tr><td colspan="2">测试结果分析说明</td><td colspan="4"></td></tr>
</table>

【项目汇报与评价】

1. 编写项目汇报PPT

以小组为单位完成上述项目并对上述项目制作一个完整的PPT进行介绍，要求明确以下内容：

（1）任务描述与分析；

（2）团队分工与工作计划；

（3）电路整机框图；

（4）模块电路设计；

（5）整机电路；

（6）实物图；

（7）测试结果；

（8）学习总结。

2. 撰写项目报告

以小组为单位完成上述项目并对上述项目制作一个完整的Word报告进行介绍，要求明确以下内容：

（1）中英文摘要；

（2）引言；

（3）整机方案设计与原理框图；

（4）模块电路设计；

（5）整机制作与测试；

（6）结论与谢辞；

（7）参考文献。

3. 同行互评与专家评价

以小组为单位向全班进行PPT汇报，让同行来评价项目的效果，提出优化方案与下一步改进策略。

以小组为单位将Word报告上交学校老师，让专家来评价项目的效果，提出优化方案与下一步改进策略。

项目考核要求：

PPT演讲汇报，占20分；实物作品调试，占40分；书面报告，占40分。

项目考核方法：

每项考核分数由团队自评、互评、教师评价三部分构成，比分分别为：团队自评占20分，团队互评占30分，教师评分占50分。

课后习题

1. 电路图如图 1.19 所示。

(1) 分别标出 u_{o1} 和 u_{o2} 对地的极性。

(2) u_{o1}、u_{o2} 分别是半波整流还是全波整流?

(3) 当 $U_{21}=U_{22}=20V$ 时,$U_{o1(AV)}$ 和 $U_{o2(AV)}$ 各为多少?

(4) 当 $U_{21}=18V$,$U_{22}=22V$ 时,画出 u_{o1}、u_{o2} 的波形,并求出 $U_{o1(AV)}$ 和 $U_{o2(AV)}$ 各为多少?

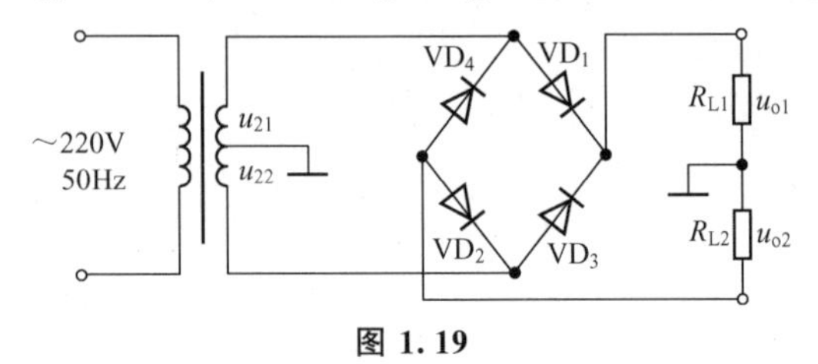

图 1.19

2. 分别判断图 1.20 所示各电路能否作为滤波电路,并简述理由。

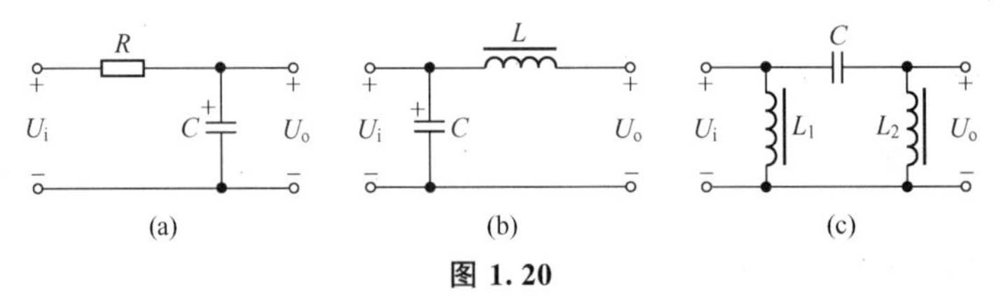

图 1.20

3. 电路如图 1.21 所示,已知稳压管的稳定电压 $U_Z=6V$,晶体管的 $U_{BE}=0.7V$,$R_1=R_2=R_3=300\Omega$,$U_i=24V$。判断出现下列现象时,分别因为电路产生什么故障(即哪个元件开路或短路)。

(1) $U_o\approx 24V$;

(2) $U_o\approx 23.3V$;

(3) $U_o\approx 12V$ 且不可调;

(4) $U_o\approx 6V$ 且不可调;

(5) U_o 可调范围变为 6~12V。

图 1.21

4. 直流稳压电源如图 1.22 所示。

(1) 说明电路的整流电路、滤波电路、调整管、基准电压电路、比较放大电路、采样电路等部分各由哪些元件组成。

(2) 标出集成运算放大器的同相输入端和反相输入端。

【参考图文】

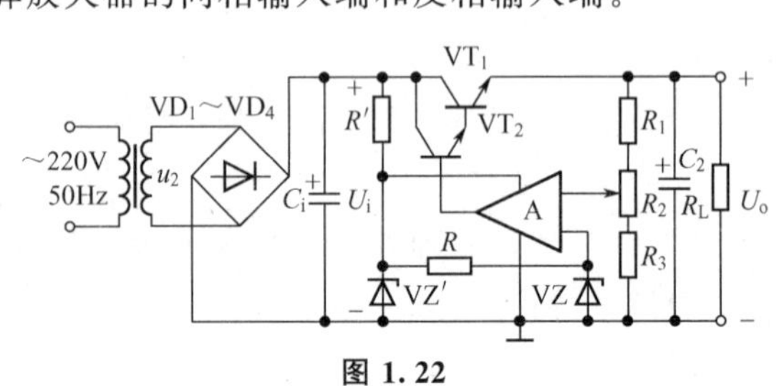

图 1.22

项目 2

低频放大器的设计与制作

【教学目标】

本项目的主要任务是设计并制作一个低频放大器，从项目背景、项目要求、任务分析、任务实施、项目汇报与评价等几个方面开展项目教学，使学生完整地参与整个项目，在项目制作过程中学习和掌握相关知识。

通过本项目的学习，学生应能根据设计任务要求，完成硬件电路设计和相关元器件的选型，了解低频放大器的各构成部分；掌握前置放大电路、中间级放大电路、功率放大电路的基本工作原理，能正确分析、制作与调试低频放大器电路，会进行电路的测试和故障原因分析。

【教学要求】

教学内容	能力要求	相关知识
低频放大器	(1) 了解常见放大器的种类和应用场合 (2) 掌握前置放大电路、中间级放大电路、功率放大电路的基本工作原理 (3) 能正确分析、制作与调试低频放大器电路 (4) 会进行电路的测试和故障原因分析	(1) 晶体管、场效应管、热电偶 (2) 输出功率、电源功率和效率 (3) 放大倍数、通频带、输入电阻、输出电阻 (4) 差分放大电路、仪表放大电路

【项目背景】

如图 2.1 所示，放大器是模拟电路的核心，因为从自然界的物理信号转换成的电信号都是十分微弱的电信号，需要经过放大几万倍才能被仪器和设备所感知，如果没有放大器，人类就不能感知与识别各种电信号。放大电路的重要性因此非常明显。

放大电路可以由晶体管、场效应管或集成电路构成，按频率高低可分为低频放大器和高频放大器，按功率大小可分为小功率放大器和大功率放大器，按输入与输出相位关系又可分为反相放大器和同相放大器。放大器带有差分电路，具有抗干扰、抑制共模信号、放

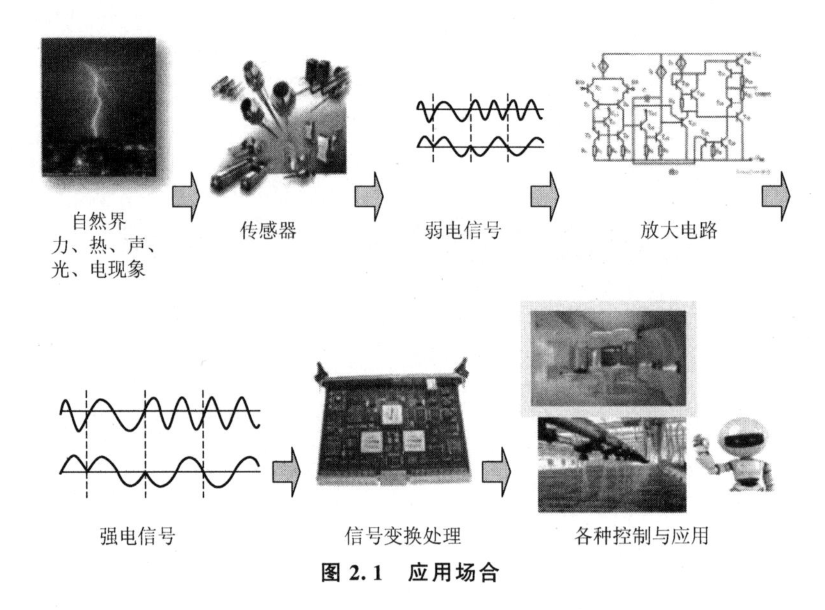

图 2.1 应用场合

大差模信号的作用。对不同的信号进行处理时，放大电路需具有滤波功能，对有需求的信号进行放大，其他信号进行过滤处理。放大电路需要：

（1）加直流偏置电路。通过使用优质直流稳压电源，配置合适的电阻，使晶体管、场效应管或集成电路工作在合适的放大状态。

（2）按频率范围确定合适通频带的放大电路。测试通带内放大倍数、通频带、输入电阻、输出电阻。

（3）按功率要求设计合适的功率放大电路，使放大电路具有足够大的带负载能力。需要测试功率放大器（功放）的输出功率、电源功率和效率等。

（4）在干扰比较大的场合，如测量微弱电信号，需要加入差分放大或仪表放大器。

放大电路常常是一个项目的难点与核心，所以对放大电路的设计与测试需要不断实践，积累经验。

【项目要求】

设计并制作一个低频信号放大器，主要用于导游、教师、卖场销售员的便携式喊话器。电池供电，音效好。通频带为 100Hz～20kHz，所用器件不限。

【参考图文】

【任务分析】

本项目的要求相对宽松，只要产品性能达到使用要求，对参数指标的要求边界允许有误差，产品的质量以实物的播放效果为评判依据。

根据低频放大器项目的要求，通过小组合作的方式展开任务分析，主要涉及前置放大电路、中间级放大电路、功率放大电路等。结构框图如图 2.2 所示。

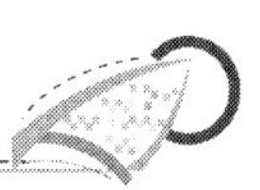

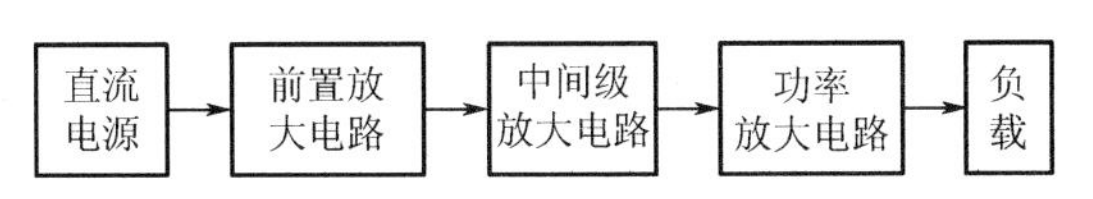

图 2.2　低频放大器的结构框图

(1) 直流电源：提供电路所需能量和偏置。

(2) 前置放大电路：话筒（传声器）将声音转换成电信号，前置放大电路对微弱的音频电信号进行放大。

(3) 中间级放大电路：对第一放大后的音频电信号进行多级放大，使电压进一步得到放大。

(4) 功率放大电路：对音频信号电流进行放大，输出功率达到设计要求，能够带动负载还原成声音。

通过产品用途、详细功能描述、技术指标、成本要求、安装要求、检测内容、存在问题及建议七个方面展开任务分析，使学生充分了解产品设计要求。通过小组合作学习的方式完成表 2-1 所示的任务分析过程工作单。

表 2-1　任务分析过程工作单

<table>
<tr><th>项目</th><th colspan="2">低频放大器的设计与制作</th><th colspan="2">任务名称</th><th>低频放大器的设计与制作任务分析</th></tr>
<tr><td colspan="6">学习记录</td></tr>
<tr><td>班级</td><td></td><td>小组</td><td></td><td>成员</td><td></td></tr>
<tr><td colspan="6">说明：小组成员根据低频信号发生器的任务要求，认真学习相关知识，并将学习过程的内容（要点）进行记录，同时也将学习中存在的问题进行记录，填写下表</td></tr>
<tr><td colspan="2">话筒的工作原理</td><td colspan="4">外界的声波经过空气震动了话筒的薄膜，薄膜带动音圈切割磁铁的磁力线而产生电信号，声波震动频率越高，产生的电信号就越大，经功率放大器输出的声音也就越大。
【参考图文】</td></tr>
<tr><td colspan="2">前置放大电路知识</td><td colspan="4">前置放大器是指置于信源与放大器级之间的电路或电子设备，是专为接受来自信源的微弱电压信号而设计的。其主要作用是提高系统的信噪比、减少外界干扰的相对影响、合理布局，便于调节与使用、实现阻抗转换和匹配。主要分类为电压灵敏前放（电压放大器）、电荷灵敏前放（带有电容负反馈的电流积分器）、输出增益稳定、噪声低、性能良好电流灵敏前放。</td></tr>
<tr><td colspan="2">功率放大电路知识</td><td colspan="4">功率放大电路是一种以输出较大功率为目的的放大电路。它一般直接驱动负载，带载能力要强。功率放大电路的分析任务是：最大输出功率、最高效率及功率三极管的安全工作参数。功率放大电路通常作为多级放大电路的输出级。非线性失真要求功率放大电路是在大信号下工作，所以不可避免地会产生非线性失真，而且同一功放管输出功率越大，非线性失真往往越严重，这就使输出功率和非线性失真成为一对主要矛盾。在功率放大电路中，为了输出较大的信号功率，管子承受的电压要高，通过的电流要大，功率管损坏的可能性也就比较大，所以功率管的参数选择与保护问题也不容忽视。</td></tr>
</table>

（续）

 【参考图文】 扬声器原理	扬声器中的线圈通电时，其线圈就会产生磁场，在与磁铁的磁场相互作用下，线圈就会振动，振动就会发出声音。是通电导体在磁场内的受力作用。当交流音频电流通过扬声器的线圈（音圈）时，音圈中就产生了相应的磁场。这个磁场与扬声器上自带的永磁体产生的磁场产生相互作用力。于是，这个力就使音圈在扬声器的自带永磁体的磁场中随着音频电流振动起来。而扬声器的振膜和音圈是连在一起的，所以振膜也振动起来. 振动就产生了与原音频信号波形相同的声音。
多级放大电路知识	在电子电路中，输入信号通常很微弱，由于单级放大电路的放大倍数较低，仅靠单级放大电路常常不能满足实际需要，因此常把两级或两级以上的单级放大电路连接起来，组成多级放大电路。多级放大电路有多种耦合方式，它们各有优缺点，只有弄清它们的特点，才能在实际中根据需要灵活运用。另外，在多级放大电路中，级数越多，其电压增益越大，但其通频带越窄，因此，在多级放大电路中应兼顾放大倍数和通频带，才有实际意义。

任务分析的工作过程			
开始时间		完成时间	
说明：根据小组成员的学习结果，通过分析与讨论，完成本项目的任务分析，填写下表			
产品用途	分析产品的应用领域		
详细功能描述	主要阐述产品的详细功能		
技术指标	分析技术指标的含义、思考技术上如何实现		
成本要求	估算成本，考虑如何减少成本		
安装要求	思考安装的工艺		
检测内容	分析检测的内容及检测的手段和方法		
存在问题及建议			

【任务实施】

任务1　方案设计与决策

方案一：本设计可选用晶体管构成放大电路。

1. 前置放大电路设计

1）直流偏值与静态工作点设置

由于电容对直流电起隔离作用，对图2.3所示电容电路开路可得到图2.4的直流偏值与静态工作点设置电路，各器件对直流电路的作用分别是R_{b1}、R_{b2}为基极偏置电阻，给B点设置一个固定电压U_B。

$$U_B=U_{CC}\frac{R_{B2}}{R_{B1}+R_{B2}} \tag{2-1}$$

一般通过调整 R_{b1} 来调整 U_B，并影响到静态工作点的整体调节。

$$U_B = U_{BE} + I_E R_E$$

U_{BE} 一般取 0.7V，针对硅材料晶体管而言。

因而 I_E 的值可由 R_{b1} 来调整：

$$I_E = I_C = \beta I_B$$

最后求出

$$U_{CE} = U_{CC} - I_E R_E - I_C R_C$$

至此，静态工作点 U_{BE}、U_{CE}、I_B、I_E、I_C 都解决好了。

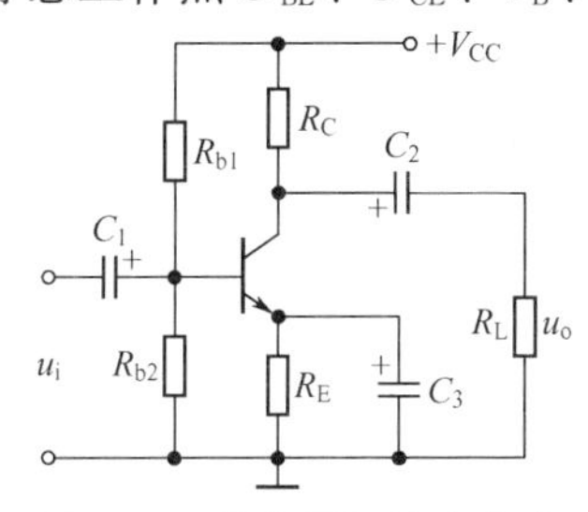

图 2.3　共发射极放大电路

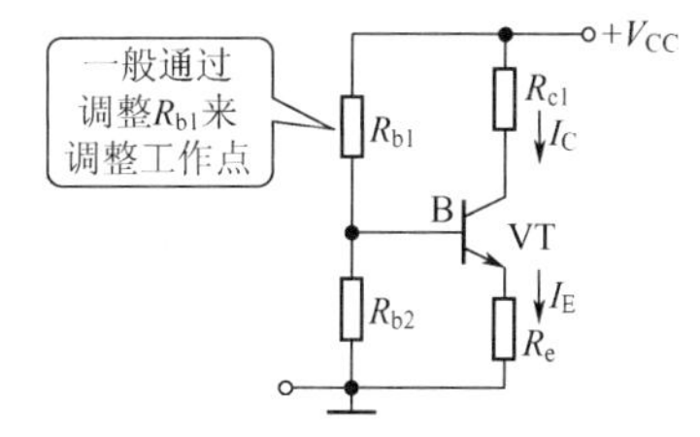

图 2.4　直流偏值与静态工作点设置电路

2）放大电路动态性能指标分析

放大电路的信号传输通路也称为交流通路，共发射极放大电路交流通路如图 2.5 所示，将晶体管用 H 参数模型进行替代得到图 2.6。

放大电路动态性能指标主要有：

(1) 共发射极放大电路的电压放大倍数 A_u。

$$u_i = i_b r_{be}$$

$$u_o = -i_c \cdot (R_c // R_L)$$

$$i_c = \beta i_b$$

$$A_u = \frac{u_o}{u_i} = -\frac{\beta R_o // R_L}{r_{be}}$$

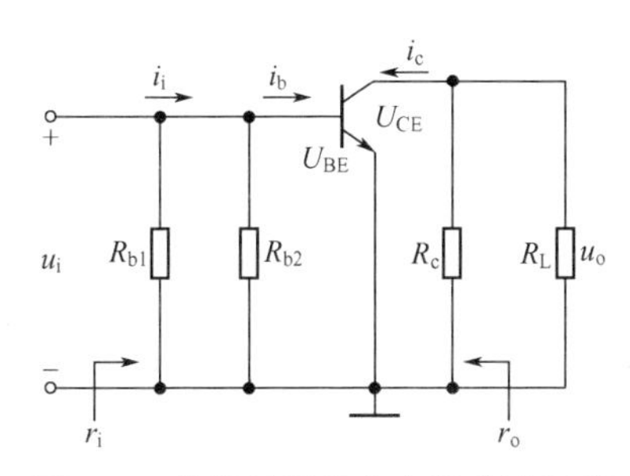

图 2.5　共发射极放大电路交流通路

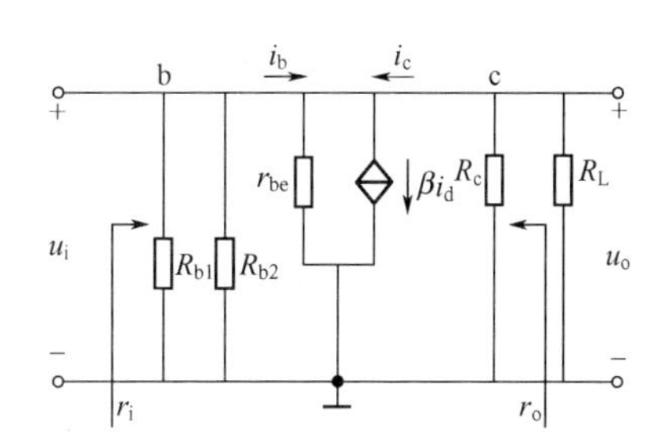

图 2.6　共发射极放大电路 H 参数等效电路

(2) 共发射极放大电路的输入电阻

$$r_i = R_{b1} // R_{b2} // r_{be}$$

(3) 共发射极放大电路的输出电阻

$$r_o = R_c$$

(4) 共发射极放大电路的幅频特性与相频特性，如图 2.7 所示。

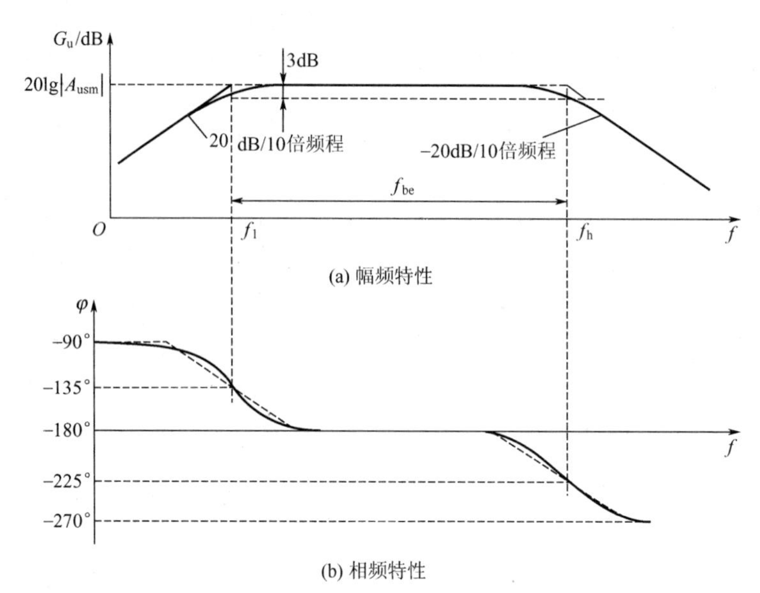

图 2.7　共发射极放大电路的幅频特性与相频特性

2. 中间级放大电路设计

中间级放大电路基本上采用共发射极放大电路。

3. 功率放大电路设计

末级功率放大电路可以采取 OTL 功率放大电路，如图 2.8 所示。

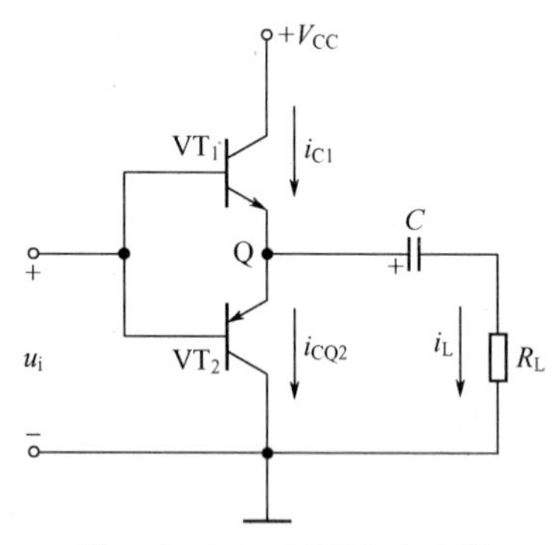

图 2.8　OTL 功率放大电路

OTL 功率放大电路要求：单电源供电；C 是输出耦合电容（一般为几百～几千微法），具有承担 $V_{CC}/2$ 作用；VT_1 和 VT_2 两管的参数对称。工作过程中 VT_1、VT_2 轮流工作，即 u_i 正半周时，单电源通过 VT_1、C、R_L 导通，C 处于充电状态，获得 $V_{CC}/2$ 电压，这时 VT_2 截止；u_i 负半周时，C 通过 VT_2 导通，C 处于放电状态，这时 VT_1 截止；在 u_i 一个周期中，VT_1 和 VT_2 各工作一半时间，工作过程如图 2.9 所示。

所以，在 OTL 电路中施加在每个功率放大管上的电源电压实质上是 $V_{CC}/2$，所以忽

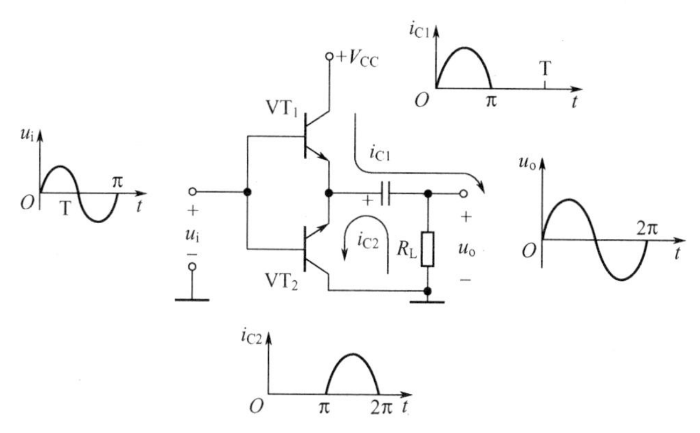

图 2.9 OTL 功率放大电路工作过程图解

略晶体管饱和压降的影响，在极限运用情况下，功率放大电路的最大输出功率为

$$p_{\text{omax}}=\frac{I_{\text{cm}}}{\sqrt{2}}\times\frac{U_{\text{cem}}}{\sqrt{2}}=\frac{U_{\text{cem}}^2}{2R_{\text{C}}}=\frac{\left(\frac{1}{2}V_{\text{CC}}\right)^2}{2R_{\text{C}}}=\frac{V_{\text{CC}}^2}{8R_{\text{L}}} \tag{2-2}$$

功率放大管管耗为

$$p_{\text{T}}=2P_{\text{T1}}=\frac{2V_{\text{CC}}^2}{R_{\text{L}}}\left(\frac{1}{\pi}-\frac{1}{4}\right) \tag{2-3}$$

直流电源供给的功率为

$$p_{\text{DC}}=P_{\text{OMAX}}+P_{\text{T}} \tag{2-4}$$

功率放大电路的效率为

$$\eta=\frac{P_{\text{OMAX}}}{P_{\text{DC}}} \tag{2-5}$$

通过小组讨论，完成表 2－2 所示的方案设计工作单。

表 2－2 方案设计工作单

<table>
<tr><td>项目名称</td><td>低频放大器的设计与制作</td><td>任务名称</td><td colspan="2">低频放大器的方案设计</td></tr>
<tr><td colspan="5">方案设计分工</td></tr>
<tr><td colspan="2">子任务</td><td>提交材料</td><td>承担成员</td><td>完成工作时间</td></tr>
<tr><td colspan="2">前置放大电路设计</td><td>前置放大电路原理分析</td><td></td><td></td></tr>
<tr><td colspan="2">中间级放大电路设计</td><td>中间级放大电路分析</td><td></td><td></td></tr>
<tr><td colspan="2">功率放大电路设计</td><td>功率放大电路分析</td><td></td><td></td></tr>
<tr><td colspan="2">外形方案</td><td>图纸</td><td></td><td></td></tr>
<tr><td colspan="2">方案汇报</td><td>PPT</td><td></td><td></td></tr>
</table>

（续）

项目名称	低频放大器的设计与制作		任务名称	低频放大器的方案设计	
学习记录					
班级		小组编号		成员	
说明：小组成员根据方案设计的任务要求，认真学习相关知识，并将学习过程的内容（要点）进行记录，同时也将学习中存在的问题进行记录，填写下表					

方案设计的工作过程			
开始时间		完成时间	
说明：根据小组成员的学习结果，通过小组分析与讨论，最后形成设计方案，填写下表			
结构框图	画出结构框图		
原理说明	分析工作原理		
关键器件选型	确定器件选型		
实施计划	制订进度计划		
存在问题及建议			

任务 2　硬件电路设计与实施

经过以上对方案设计与决策的分析，下面确定各模块电路的电路结构和电路参数。

1. 驻极体话筒电路设计

驻极体话筒具有体积小、频率范围宽、高保真和成本低的特点，目前，已在通信设备、家用电器等电子产品中广泛应用。

话筒的基本结构由一片单面涂有金属的驻极体薄膜与一个上面有若干小孔的金属电极（称为背电极）构成。驻极体面与背电极相对，中间有一个极小的空气隙，构成一个以空气隙和驻极体作为绝缘介质，以背电极和驻极体上的金属层作为两个电极的平板电容器。电容的两极之间有输出电极。

由于驻极体薄膜上分布有自由电荷，当声波引起驻极体薄膜振动而产生位移时，改变了电容两极板之间的距离，从而引起电容的容量发生变化。由于驻极体上的电荷数始终保持恒定，根据公式 $Q=CU$，当 C 变化时必然引起电容器两端电压 U 的变化，从而输出电信号，实现声-电的转换。实际上驻极体话筒的内部结构如图 2.10 所示。

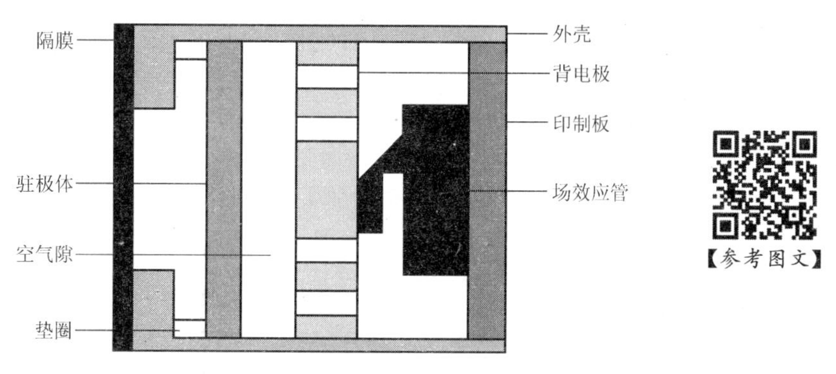

【参考图文】

图 2.10 驻极体话筒的内部结构

由于实际电容器的电容量很小，输出的电信号极为微弱，输出阻抗极高，可达数百兆欧以上。因此，它不能直接与放大电路相连接，必须连接阻抗变换器。通常用一个专用的场效应管和一个二极管复合组成阻抗变换器。内部电气原理结构如图 2.11 所示。对应的话筒引出端分为两端式和三端式两种，图 2.11 中 R 是场效应管的负载电阻，它的取值直接关系到话筒的直流偏置，对话筒的灵敏度等工作参数有较大的影响。

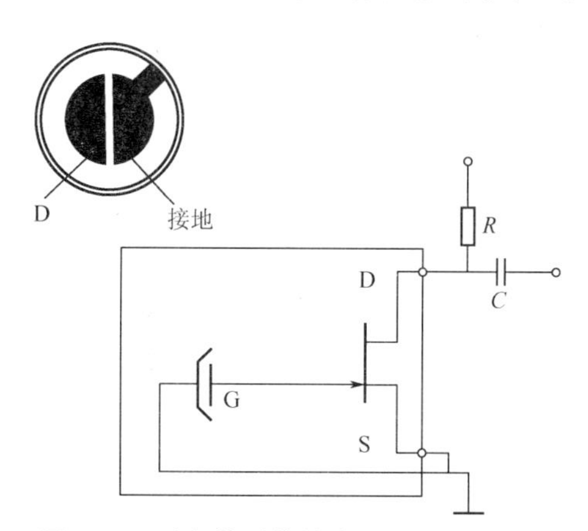

图 2.11 驻极体话筒的内部电气原理结构

两端输出方式是将场效应管接成漏极输出电路，类似晶体管的共发射极放大电路。只需两根引出线，漏极 D 与电源正极之间接一漏极电阻 R，信号由漏极输出，有一定的电压增益，因而话筒的灵敏度比较高，但动态范围比较小。目前市售的驻极体话筒大多是这种方式连接。

三端输出式话筒目前市场上比较少见。

无论何种接法，驻极体话筒必须满足一定的偏置条件才能正常工作（实际上就是保证内置场效应管始终处于放大状态）。

驻极体话筒的特性参数如下：

工作电压 U_{ds} 为 1.5～12V，常用的有 1.5V、3V、4.5V 三种。

工作电流 I_{ds} 为 0.1～1mA。

输出阻抗一般小于 2kΩ。

灵敏度单位：伏/帕（V/Pa）。国产的分为 4 挡，红点（灵敏度最高）、黄点、蓝点、白点（灵敏度最低）。频率响应：一般较为平坦。指向性：全向。等效噪声级小于 35dB。

2. 前置放大电路设计

前置放大电路如图 2.12 所示。晶体管选用 9014。调节 R_P，使晶体管的静态工作点处于放大状态，$U_{BE}=0.7V$，$U_{CE}=4\sim6V$，输入电阻约为 2kΩ。

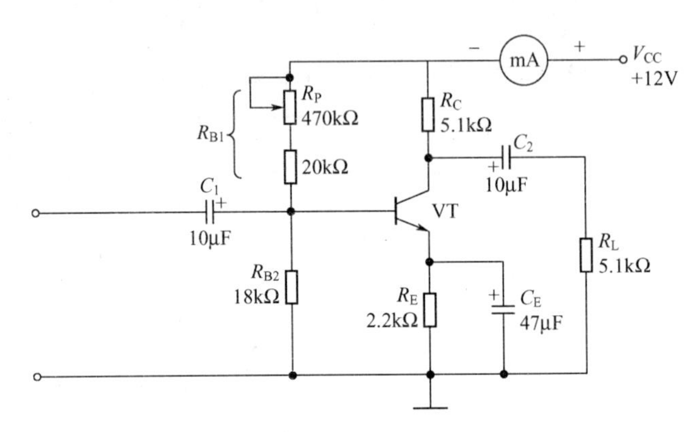

图 2.12　前置放大电路

为了增大输入电阻，可以在共发射极放大电路前加一级同相跟随器（图 2.13）或射极跟随器（图 2.14）。同相跟随器可以使用运算放大器（运放）实现，射极跟随器可以用共集电极电路实现。

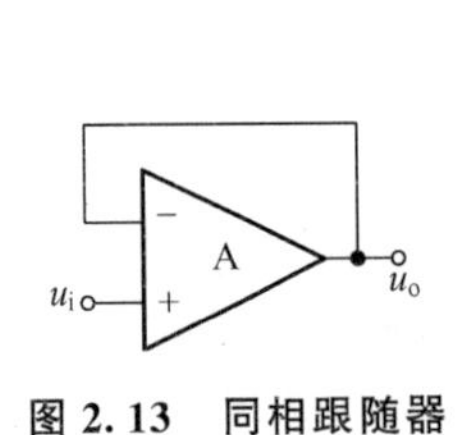

图 2.13　同相跟随器

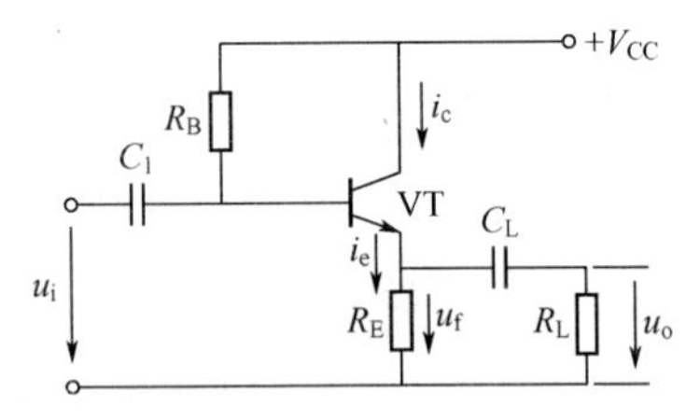

图 2.14　射极跟随器

3. 功率放大电路设计

如图 2.15 所示，功率放大电路采用 OTL 功率放大电路，单电源，输出端加电容，输出接 8Ω 扬声器。输出功率为

$$p_{omax}=\frac{I_{cm}}{\sqrt{2}}\times\frac{U_{cem}}{\sqrt{2}}=\frac{U_{cem}^2}{2R_C}=\frac{\left(\frac{1}{2}V_{CC}\right)^2}{2R_C}=\frac{V_{CC}^2}{8R_L}=\frac{9^2}{8\times8}=1.27(W)$$

4. 整机电路设计

整机原理图如图 2.16 所示。

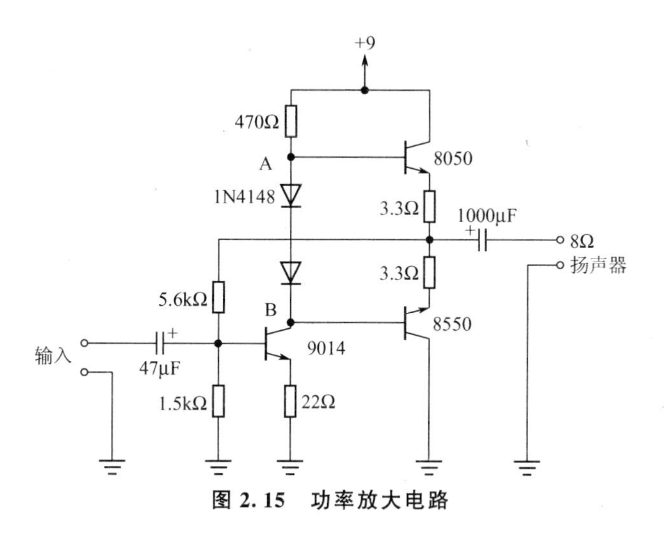

图 2.15　功率放大电路

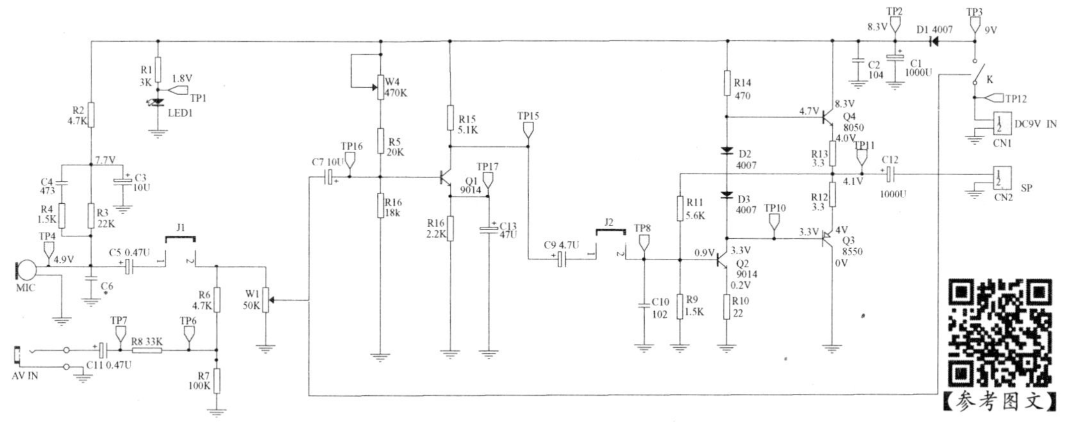

图 2.16　整机原理图

根据上述的硬件模块设计分析，通过小组讨论，完成表 2－3 所示的硬件设计工作单。

表 2－3　硬件设计工作单

项目名称	低频放大器的设计与制作	任务名称	低频放大器的硬件设计
硬件设计分工			
子任务	提交材料	承担成员	完成工作时间
原理图设计	原理图、器件清单		
PCB 设计	PCB 图		
硬件安装与调试	调试记录		
外壳设计与加工	面板图、外壳		

（续）

项目名称	低频放大器的设计与制作	任务名称	低频放大器的硬件设计
学习记录			
班级	小组编号	成员	
说明：小组成员根据硬件设计的任务要求，认真学习相关知识，并将学习过程的内容（要点）进行记录，同时也将学习中存在的问题进行记录，填写下表			

硬件设计的工作过程			
开始时间		完成时间	
说明：根据硬件系统的基本结构，画出系统各模块的原理图，并说明工作原理，填写下表			

前置放大电路	设计前置放大电路原理图
中间级放大电路	设计中间放大电路原理图
功率放大电路	设计功率放大电路原理图
整机电路	完成整机电路原理图的设计

任务 3　整机电路测试与检查

1. 仪器、材料的准备

（1）准备以下仪器和工具：工频电源、双踪示波器、交流毫伏表、直流电压表、直流毫安表、万用表、电烙铁、吸锡器、PCB、滑线变阻器 200Ω/1A 等。

（2）仪器检查：检查和校正交流毫伏表、示波器、万用表、直流电压表的直流毫安表。

（3）元器件检测：在将元器件插装到 PCB 上之前，应对所装配的元器件进行检测，保留合格品，更换不合格品。检测方法参看电子工艺类参考书。

（4）将所有的元器件刮腿、上锡处理，电路板焊接孔处涂上松香水。

2. 单元电路安装与检测

1）共发射极放大电路的安装与检测

（1）用万用表测量静态工作点。调节 R_P 直至输出信号达到最大不失真输出电压。用万用表测量放大器的静态工作值，并将测量值填入表 2-4 中。

表 2－4　静态工作点实测数据

R_P 状态	静态工作点测量值/V					判断放大器工作状态
初始任意状态	U_B	U_C	U_E	U_{BE}	U_{CE}	
调整后						放大区

（2）测量电压放大倍数。在放大器输入端输入频率为 X（如 1kHz）的正弦信号，并调节信号发生器的输出旋钮，使放大器输入电压为 Y（如 $U_i \approx 10\text{mV}$，有效值），同时用示波器观察放大器输出电压 u_o 波形，在波形不失真的条件下，用交流毫伏表测量下述两种情况下的 U_o 值（有效值），并用双踪示波器比较 u_o 和 u_i 的相位关系，并将结果记入表 2－5中。

表 2－5　电压放大倍数实测

R_C/kΩ	R_L/kΩ	U_o/V	U_i/mV	A_u	观察记录一组 u_o 和 u_i 波形
5.1	∞				u_i O t
5.1	5.1				u_o O t

（3）测量输入电阻。在信号源和放大器之间串联接入一个 1kΩ 电阻，用示波器读出接入 1kΩ 电阻前后电路的输入信号，由测量值计算出输入电阻值。

（4）测输出电阻。用示波器测量负载电阻开路与接通情况下的输出电压，由测量值计算输出电阻值。

（5）测频带宽度。增大输入信号频率直到输出信号下降到最大输出信号的 $u_o/\sqrt{2}$，记录下此时的输入信号频率 f_H，减小输入信号频率直到输出信号下降到最大输出信号的 $u_o/\sqrt{2}$，记录下此时的输入信号频率 f_L，频带宽度为 $\text{BW}=f_H-f_L$。

※（6）用 EWB 仿真软件按照上面的步骤做一遍虚拟实践，增加印象。（※：可选择。）

2）OTL 功率放大电路的安装与检测

（1）测试电路的直流工作状态。令输入信号 u_i 为零，分别测试 U_{B1}、U_{B2}、U_{B3}（U_{C1}）、U_{E1}、U_{E2}（U_{E3}）、U_{C2}、U_{C3}的值，将数据记录于自行设计的实验数据表格中。

（2）在实验电路输入端加入 $f=1\text{kHz}$ 的正弦信号。从零开始逐渐增大输入电压 u_i，用示波器观察负载两端的输出信号，并将结果记录下来。

（3）观察电路的交越失真现象。将实验电路中 A、B 两点用导线短接，在输入端加入 $f=1\text{kHz}$ 的正弦信号。调整输入信号幅度由小变大，将输出波形绘制下来并加以说明。

（4）改变供电电压，观察电源电压对最大输出功率和电压放大倍数的影响并将其结果记录下来。

※（5）实际感受信号频率与音调、信号幅度与音量之间的关系（表 2－6）。（※：可选择。）

① 将输入信号调节为 $f=1\text{kHz}$ 的正弦信号，边调节输入信号的幅度，边听扬声器发出的声音音量的改变。

② 将输入信号调节到 $u_i=20\text{mV}$ 不变，从 10Hz～30kHz 改变信号频率，感受声音音调的变化。

表 2－6　信号频率与音调的对应关系

音符	1	2	3	4	5	6	7	i
C 调频率/Hz	261.6	293.7	329.6	349.2	392	440	493.9	523.2

3. 整机电路检测与检查

通过小组讨论，完成表 2－7 所示的整机测试与技术文件编写工作单。

表 2－7　整机测试与技术文件编写工作单

<table>
<tr><td>项目名称</td><td colspan="2">低频放大器的设计与制作</td><td>任务名称</td><td colspan="2">低频放大器整机测试与技术文件编写</td></tr>
<tr><td colspan="6">整机测试与技术文件编写分工</td></tr>
<tr><td>子任务</td><td>提交材料</td><td>承担成员</td><td colspan="3">完成工作时间</td></tr>
<tr><td>制订测试方案</td><td>测试方案</td><td></td><td colspan="3"></td></tr>
<tr><td>整机测试</td><td>测试记录</td><td></td><td colspan="3"></td></tr>
<tr><td>编写使用说明书</td><td>使用说明书</td><td></td><td colspan="3"></td></tr>
<tr><td>编写设计报告</td><td>设计报告</td><td></td><td colspan="3"></td></tr>
<tr><td colspan="6">学习记录</td></tr>
<tr><td>班级</td><td></td><td>小组编号</td><td></td><td>成员</td><td></td></tr>
<tr><td colspan="6">说明：小组成员根据低频放大器整机测试与技术文件编写的任务要求，认真学习相关知识，并将学习过程的内容（要点）进行记录，同时也将学习中存在的问题进行记录，填写下表</td></tr>
</table>

（续）

项目名称	低频放大器的设计与制作	任务名称	低频放大器整机测试与技术文件编写
整机测试与技术文件编写的工作过程			
开始时间		完成时间	
说明：根据低频放大器参数要求进行测试，填写下表，并对测试结果进行分析			
测试项目	测试内容	测试结果	
（1）静态工作点测量			
（2）动态性能指标测量			
（3）整机功能展示			
测试结果分析说明			

【项目汇报与评价】

【参考视频】

1. 编写项目汇报PPT

以小组为单位完成上述项目并对上述项目制作一个完整的PPT进行介绍，要求明确以下内容：

（1）任务描述与分析；

（2）团队分工与工作计划；

（3）电路整机框图；

（4）模块电路设计；

（5）整机电路；

（6）实物图；

（7）测试结果；

（8）学习总结。

2. 撰写项目报告

以小组为单位完成上述项目并对上述项目制作一个完整的Word报告进行介绍，要求明确以下内容：

（1）中英文摘要；

（2）引言；

（3）整机方案设计与原理框图；

（4）模块电路设计；

（5）整机制作与测试；

（6）结论与谢辞；

（7）参考文献。

3. 同行互评与专家评价

以小组为单位向全班进行 PPT 汇报，让同行来评价项目的效果，提出优化方案与下一步改进策略。

以小组为单位将 Word 报告上交学校老师，让专家来评价项目的效果，提出优化方案与下一步改进策略。

项目考核要求：

PPT 演讲汇报，占 20 分；实物作品调试，占 40 分；书面报告，占 40 分。

项目考核方法：

每项考核分数由团队自评、互评、教师评价三部分构成，比分分别为：团队自评占 20 分，团队互评占 30 分，教师评分占 50 分。

课后习题

1. 丙类放大器为什么一定要用调谐回路作为集电极负载？
2. 回路为什么一定要调到谐振状态？回路失谐将产生什么结果？

【参考图文】

项目 3 低频信号发生器的设计与制作

【教学目标】

本项目的主要任务是设计并制作一个低频信号发生器，从项目背景、项目要求、任务分析、任务实施、项目汇报与评价等几个方面开展项目教学，使学生完整地参与整个项目，在项目制作过程中学习和掌握相关知识。

通过本项目的学习，学生应能根据设计任务要求，完成硬件电路设计和相关元器件的选型，了解低频信号发生器的各构成部分；掌握正弦波产生电路、方波产生电路、三角波产生电路、幅度调节电路的基本工作原理，能正确分析、制作与调试低频信号发生器电路，会进行电路的测试和故障原因分析。

【教学要求】

教学内容	能力要求	相关知识
低频信号发生器	(1) 了解常见信号的种类和用途 (2) 掌握正弦波产生电路、方波产生电路、三角波产生电路、幅度调节电路的基本工作原理 (3) 能正确分析、制作与调试低频信号发生器电路 (4) 会进行电路的测试和故障原因分析	(1) 运放、桥式振荡电路 (2) 放大电路、反馈网络、选频网络、稳幅电路 (3) 单限比较器、滞回比较器、自激振荡

【项目背景】

信号是自然界与机器、机器与机器、机器与人之间相互交流的内容，如手机、电视机传输语音、图像等信号。信号的类型有很多种，一类是通过各类传感器转换而获得的携带有自然信息［如温度变化、土壤湿度、心电图（图 3.1）等］的电信号，这一类信号是人类认识自然并控制自然的依据；另一类是通过特别设计电路而产生确定频率与幅度的电信号（如正弦波、方波、三角波），这一类信号常常用在实验室里，模拟上一类信号的频率与幅度，进行电路试验和信号测试。因此，电类实验室及电子产品开发研究所都配有信号发生器（图 3.2）。信号发生器按信号的频率分为高频信号发生器和低频信号发生器，按

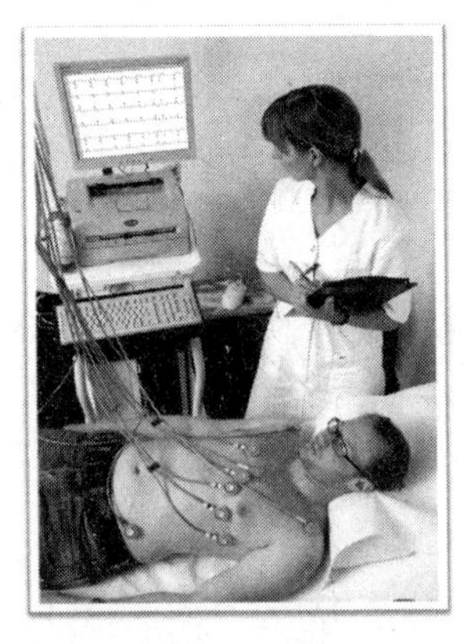
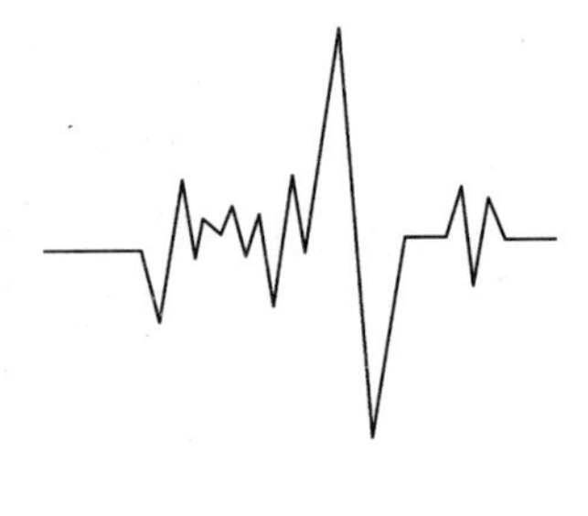

图 3.1　心电测量与心电图

【参考图文】

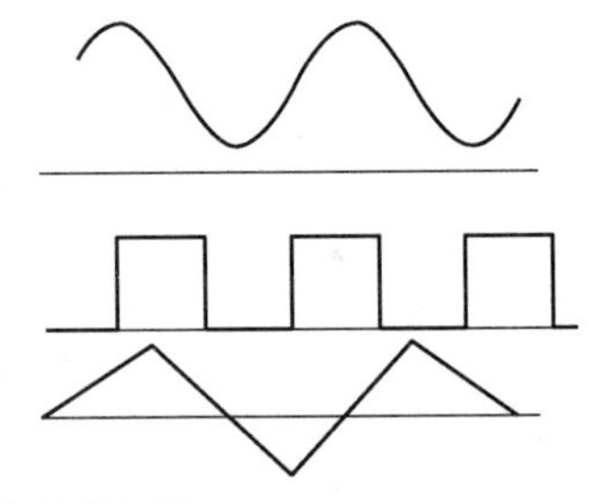

图 3.2　信号发生器与其产生的波形

信号的类型分为正弦波信号发生器、方波信号发生器、三角波信号发生器等。

【项目要求】

设计并制作一个低频信号发生器，能产生 1kHz 的正弦波、方波和三角波。系统设计要求如下：

（1）方波占空比 50%；

（2）可输出正弦波和三角波；

（3）输出幅度要求从毫伏调到 5V。

【任务分析】

这个项目的信号属于第二类，即设计一个特定的电路产生频率和幅度确定的正弦波、方波和三角波。实现的方法有很多。产生正弦波的电路可以应用 RC 桥式振荡电路、LC 振荡器，也可以用数字信号合成、用三角波转换、用滤波电路转换等；产生方波的电路可以采用多谐振荡器、比较器等；产生三角波的电路可以采用积分电路等。电信号的主要技术参数有周期与频率、幅度、初相位，对于方波来说占空比是一个重要的参数。

根据低频信号发生器项目的要求，通过小组合作的方式展开任务分析，主要涉及正弦波产

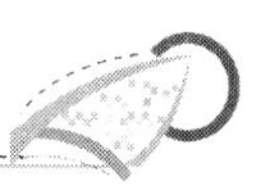

生电路、方波产生电路、三角波产生电路、幅度调节电路等电路。结构框图如图 3.3 所示。

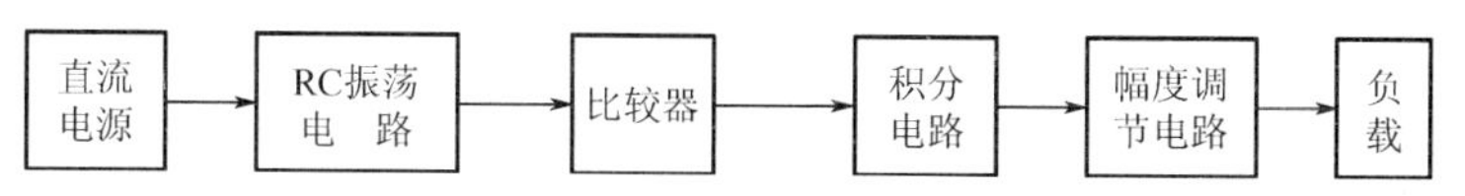

图 3.3 低频信号发生器的结构框图

(1) 直流电源：提供电路所需能量和偏置。

(2) RC 振荡电路：将 RC 串并联选频网络和放大器结合起来即可构成 RC 振荡电路，放大器件可采用集成运算放大器，它适用于低频振荡，一般用于产生 1Hz～1MHz 的低频信号。

(3) 方波电路：方波是一种非正弦曲线的波形，理想方波只有“高”和“低”这两个值。电流或电压的波形为矩形的信号即为矩形波信号，高电平在一个波形周期内占有的时间比值称为占空比，占空比为 50%的矩形波称为方波。方波有低电平为零与为负之分，必要时，可加以说明“低电平为零”“低电平为负”。多谐振荡器直接产生方波，比较器可以将正弦波转换成方波。

(4) 三角波电路：积分电路可将矩形脉冲波转换为锯齿波或三角波。方波积分是三角波，三角波微分是方波。三角波再多次积分就可以得到正弦波，或者经过二极管网络转化。正弦波通过施密特触发器或比较器可转换为方波。

(5) 幅度调节电路：通过精密电位器调节输出电压。

通过产品用途、详细功能描述、技术指标、成本要求、安装要求、检测内容、存在问题及建议七个方面展开任务分析，使学生充分了解产品设计要求。通过小组合作学习的方式完成表 3-1 所示的任务分析过程工作单。

表 3-1 任务分析过程工作单

<table>
<tr><td>项目</td><td colspan="2">低频信号发生器的设计与制作</td><td colspan="2">任务名称</td><td>低频信号发生器的设计与制作任务分析</td></tr>
<tr><td colspan="6">学习记录</td></tr>
<tr><td colspan="6">说明：小组成员根据低频信号发生器的任务要求，认真学习相关知识，并将学习过程的内容（要点）进行记录，同时也将学习中存在的问题进行记录，填写下表</td></tr>
<tr><td>班级</td><td></td><td>小组编号</td><td></td><td>成员</td><td></td></tr>
<tr><td colspan="2">产生正弦波的方法</td><td colspan="4">1. 利用电感和电容的充放电振荡电路，可以产生正弦波
2. 利用 EDA 元件，如 DSP，FPGA 和 CPLD 等工具来编程产生正弦波。</td></tr>
<tr><td colspan="2">产生方波的方法</td><td colspan="4">1. 用削波电路（二极管、三极管都有）对交流电（正弦波）进行削波；
2. 用多谐振荡器产生；
3. 用 FPGA，单片机，DDS 等高级方法产生。</td></tr>
<tr><td colspan="2">产生三角波的方法</td><td colspan="4">1. 利用方波进行积分的方法；
2. 利用 FPGA，单片机，DDS 等高级方法产生。</td></tr>
</table>

（续）

项目	低频信号发生器的设计与制作	任务名称	低频信号发生器的设计与制作任务分析
任务分析的工作过程			
开始时间		完成时间	
说明：根据小组成员的学习结果，通过分析与讨论，完成本项目的任务分析，填写下表			
产品用途	分析产品的应用领域		
详细功能描述	主要阐述产品的详细功能		
技术指标	分析技术指标的含义、思考技术上如何实现		
成本要求	估算成本，考虑如何减少成本		
安装要求	思考安装的工艺		
检测内容	分析检测的内容及检测的手段和方法		
存在问题及建议			

【任务实施】

任务1　方案设计与决策

本设计的关键是设计好 RC 桥式振荡电路，如图3.4所示。

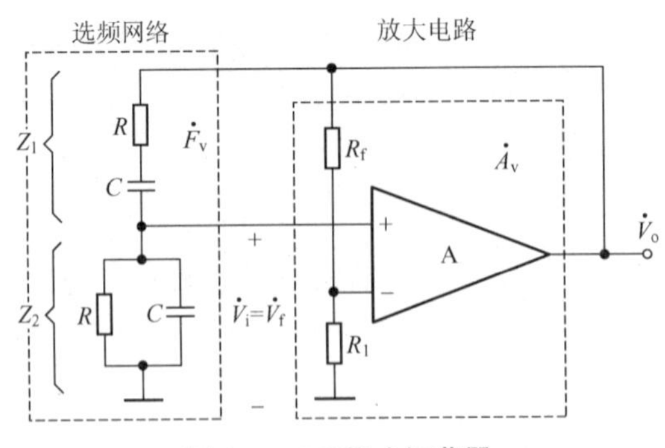

图3.4　*RC*桥式振荡器

1. 正弦波的信号频率设计

可以通过改变选频网络的 RC 值来改变输出正弦波的信号频率。RC振荡电路频率表达式为

$$f_o = \frac{1}{2\pi RC} \tag{3-1}$$

正弦波的频率为1kHz，所选 RC 值应为标称电阻和标称电容。设 C 为0.1μF，计算得到的电阻为

$$R = \frac{1}{2\pi f_o C} = \frac{1}{2\times 3.14\times 1000\times 0.1\times 10^{-6}} \approx 1592(\Omega)$$

所以可选1.5kΩ标称电阻。

由于分立器件的指标参数都存在一定的误差，因而用这种方法设计正弦波频率也会有一定的误差，要误差尽可能小，就需要调节 RC 值的精度。

2. *RC* 桥式电路放大电路设计

为了满足振荡电路的振荡条件，需要配置放大电路参数来达到振荡，从而产生正弦波。

正弦波产生电路一般包括放大电路、选频网络、反馈网络、稳幅电路四部分。

放大电路：保证电路能够从起振到动态平衡，最后获得一定幅值的输出值，实现自动控制。

选频网络：确定电路的振荡频率，即保证电路产生某一频率的正弦波振荡。

正反馈网络：引入正反馈，使放大电路的输入信号等于其反馈信号。

稳幅电路：非线性环节，自动调节放大电路的放大倍数，作用是使输出信号幅值稳定。

产生振荡的条件是

$$\dot{A}\dot{F} = |\dot{A}\dot{F}| \angle \varphi_f + \varphi_A$$

振幅平衡条件：

$$|\dot{A}\dot{F}| \geqslant 1$$

相位平衡条件：

$$\phi_f + \phi_A = 2n\pi$$

若 $|\dot{A}\dot{F}| < 1$ 则不可能产生振荡；

若 $|\dot{A}\dot{F}| \gg 1$，能产生振荡，但输出波形明显失真；

若 $|\dot{A}\dot{F}| > 1$，能产生振荡，振荡稳定后 $|\dot{A}\dot{F}| = 1$，满足这个条件起振容易、振荡稳定、输出波形失真小。

为了满足 $\dot{A}\dot{F} \geqslant 1$，此时 $|\dot{A}| = 3$；$\phi_A = 0°$。

3. *RC* 桥式电路稳幅电路设计

稳幅电路主要是自动改变放大电路的放大倍数，起振的时候放大倍数大，稳定后放大倍数等于3，主要方法有：

(1) 可以在放大电路的负反馈回路里采用非线性元件来自动调整反馈的强弱，以维持输出电压的稳定，如用热敏电阻代替 R_f 或 R。

(2) 在反馈回路串联两个并联的二极管。它利用电流增大时二极管动态电阻减小、电

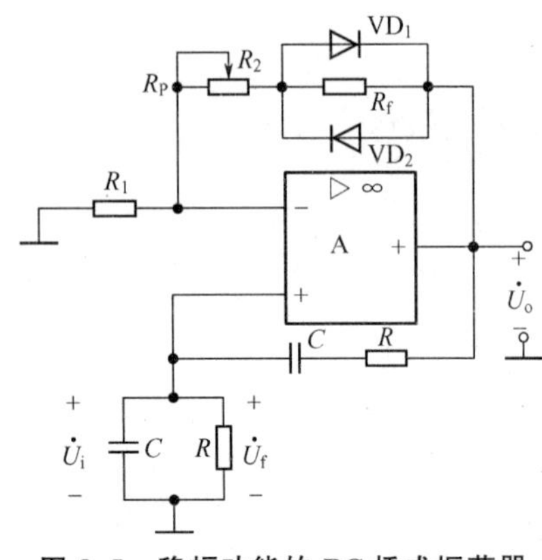

图 3.5　稳幅功能的 *RC* 桥式振荡器

流减小时二极管动态电阻增大的特点，加入非线性环节，从而使输出电压幅度稳定。

图 3.5 中二极管 VD_1、VD_2 用以实现自动稳幅，改善输出电压波形。起振时，由于 U_o 很小，VD_1、VD_2 接近于开路，R_f、VD_1、VD_2 并联电路的等效电阻近似等于 R_f，此时 $A_u=1+\frac{R_2+R_f}{R_1}>3$，电路产生振荡。在振荡过程中，$VD_1$ 和 VD_2 将交替导通和截止，即总有一只二极管处于正向导通状态，并和电阻 R_f 并联，因此利用二极管非线性正向导通电阻 r_D 的变化就能改变负反馈的强弱。当 U_o 增大时，r_D 减小，负反馈加强，限制 U_o 继续增长；反之，当 U_o 减小时，r_D 加大，负反馈减弱，避免 U_o 继续减小，从而达到稳幅的目的。R_P 用来调节输出振荡电压的幅度和使输出波形失真最小。为了保证起振，由 $R_2+R_f>2R_1$，可得 R_2 的值必须满足 $R_2>2R_1-R_f$。

4. 方波产生电路设计

比较器用于产生方波信号，因此方波产生电路设计即比较器电路设计。比较器分为单限比较器、滞回比较器等。单限比较器很灵敏，但是抗干扰能力差；滞回比较器具有滞回特性，抗干扰能力比较好。比较器的输出只有高电平和低电平两个稳定状态。

滞回比较器电路如图 3.6(a) 所示，从输出引一个电阻分压支路到同相输入端。

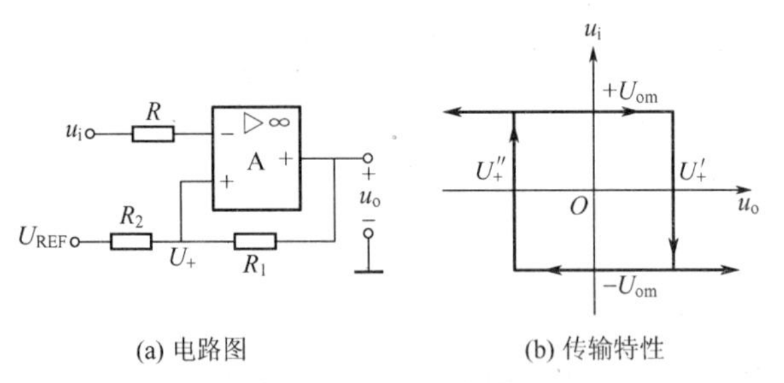

(a) 电路图　　(b) 传输特性

图 3.6　滞回比较器

当输入电压 u_i 从零逐渐增大，且 $u_i \leqslant U_T$ 时，$u_o=U_{om}^+$，U_T 称为上限阈值（触发）电平。

$$U_T=\frac{R_1U_{REF}}{R_1+R_2}+\frac{R_2}{R_1+R_2}U_{om}^+$$

当输入电压 $u_i \geqslant U_T$ 时，$u_o=U_{om}^-$。此时触发电平变为 U'_T，U'_T 称为下限阈值（触发）电平。

$$U'_T=\frac{R_1U_{REF}}{R_1+R_2}+\frac{R_2}{R_1+R_2}U_{om}^-$$

当 u_i 逐渐减小，且 $u_i=U'_T$ 以前，u_o 始终等于 U_{om}^-，因此出现了图 3.6(b) 所示的滞回特性曲线。

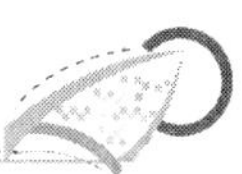

回差电压 ΔU 为

$$\Delta U = U_{\mathrm{T}} - U'_{\mathrm{T}} = \frac{R_2}{R_1 + R_2}(U_{\mathrm{om}}^{+} - U_{\mathrm{om}}^{-})$$

5. 三角波产生电路设计

方波信号经过积分电路积分可以转换成三角波，因此三角波产生电路设计即积分器电路设计。用集成运算放大器组成的积分运算电路如图 3.7 所示。

该电路输出与输入之间的关系为

$$u_{\mathrm{o}} = -\frac{1}{RC}\int u_{\mathrm{i}}(t)\,\mathrm{d}t$$

当输入电压信号为阶跃信号时，该电路的输出电压为

$$u_{\mathrm{o}} = -\frac{1}{RC}\int u_{\mathrm{i}}(t)\,\mathrm{d}t = -\frac{1}{RC}U_{\mathrm{i}}t$$

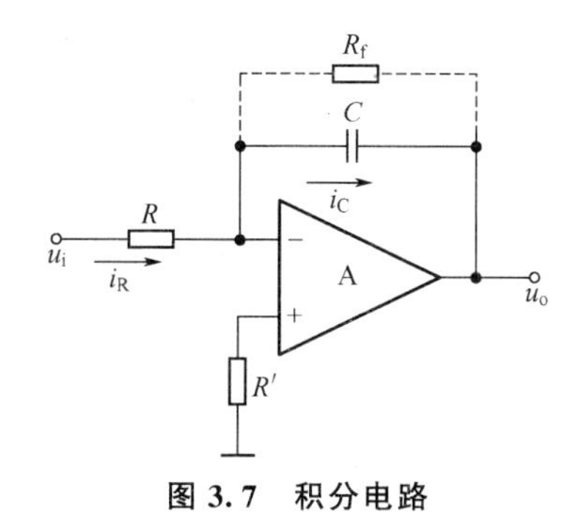

图 3.7 积分电路

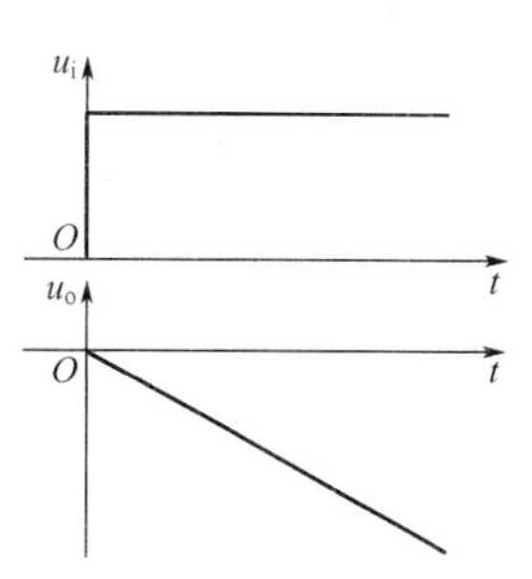

图 3.8 输入阶跃信号积分

如图 3.8 所示，输出为一个线性变化的电压，其幅度受集成运算放大器饱和输出电压的限制。

方波信号可以看成是多个阶跃信号的组合，因此，当输入信号为方波信号时，积分运算电路输出三角波，如图 3.9 所示。

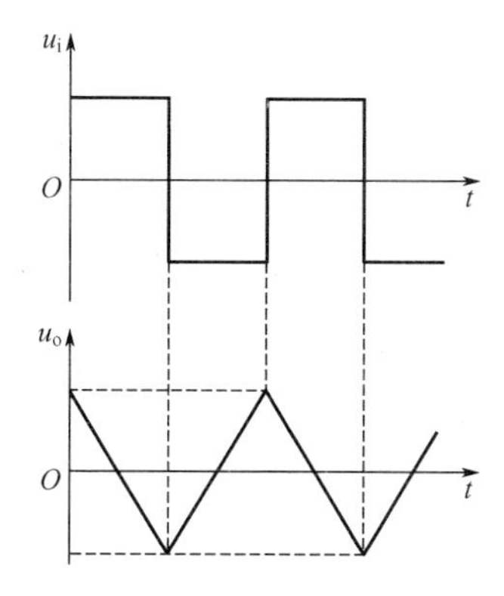

图 3.9 方波信号积分转换为三角波

当然，实际积分电路的特性不可能与理想的完全一致，其误差来源很多。

通过小组讨论，完成表 3-2 所示的方案设计工作单。

表 3-2 方案设计工作单

<table>
<tr><td>项目名称</td><td>低频信号发生器的设计与制作</td><td>任务名称</td><td colspan="2">低频信号发生器的方案设计</td></tr>
<tr><td colspan="5">方案设计分工</td></tr>
<tr><td>子任务</td><td colspan="2">提交材料</td><td>承担成员</td><td>完成工作时间</td></tr>
<tr><td>RC 振荡电路频率设计</td><td colspan="2">RC 振荡电路选频网络原理分析</td><td></td><td></td></tr>
<tr><td>RC 振荡电路放大倍数设计</td><td colspan="2">RC 振荡电路放大倍数分析</td><td></td><td></td></tr>
<tr><td>RC 振荡电路稳幅电路设计</td><td colspan="2">RC 振荡电路稳幅电路分析</td><td></td><td></td></tr>
<tr><td>方波产生电路设计</td><td colspan="2">比较器电路选型分析</td><td></td><td></td></tr>
<tr><td>三角波产生电路设计</td><td colspan="2">积分电路选型分析</td><td></td><td></td></tr>
<tr><td>外形方案</td><td colspan="2">图纸</td><td></td><td></td></tr>
<tr><td>方案汇报</td><td colspan="2">PPT</td><td></td><td></td></tr>
<tr><td colspan="5">学习记录</td></tr>
<tr><td>班级</td><td></td><td>小组编号</td><td></td><td>成员</td></tr>
<tr><td colspan="5">说明：小组成员根据方案设计的任务要求，认真学习相关知识，并将学习过程的内容（要点）进行记录，同时也将学习中存在的问题进行记录，填写下表</td></tr>
<tr><td colspan="5"></td></tr>
</table>

<table>
<tr><td colspan="4">方案设计的工作过程</td></tr>
<tr><td>开始时间</td><td></td><td>完成时间</td><td></td></tr>
<tr><td colspan="4">说明：根据小组成员的学习结果，通过小组分析与讨论，最后形成设计方案，填写下表</td></tr>
<tr><td>结构框图</td><td colspan="3">画出结构框图</td></tr>
<tr><td>原理说明</td><td colspan="3">分析工作原理</td></tr>
<tr><td>关键器件选型</td><td colspan="3">确定器件选型</td></tr>
<tr><td>实施计划</td><td colspan="3">制订进度计划</td></tr>
<tr><td>存在问题及建议</td><td colspan="3"></td></tr>
</table>

任务 2 硬件电路设计与实施

经过以上对方案设计与决策的分析，下面确定各模块电路的结构和参数。

1. 运算放大器选型

振荡电路中使用的集成运算放大器除要求输入电阻高、输出电阻低，最主要的是运算放大器的增益-带宽积应满足设计要求。本项目共需要使用三个独立的运算放大器，可以选用一片 LM324，如图 3.10 所示。其引脚及功能如图 3.11 所示。

图 3.10　LM324 运算放大器

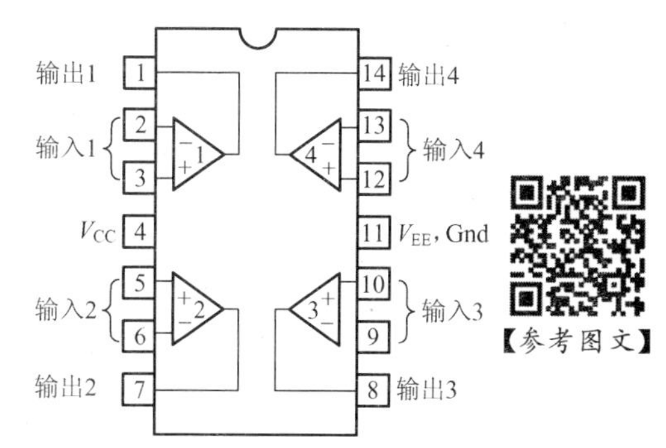

图 3.11　LM324 运算放大器的引脚功能

LM324 运算放大电路具有电源电压范围宽、静态功耗小、可单电源使用、价格低廉等优点，因此被广泛应用在各种电路中。

LM324 主要的应用参数见表 3-3 所示。

表 3-3　LM324 主要应用参数

极限参数	电源电压/V	单电源	3～32
		双电源	±(1.5～16)
	输入电压/V		−0.3～+32
	差分输入电压/V		+32
	功耗/mW		500
	输入电流/mA		50
	工作温度/℃		0～70
	储存温度/℃		−65～150
主要参数在一定的测试条件下	输入失调电压/mV		2.0
	输入失调电流/nA		5.0
	输入偏置电流/nA		45
	大信号电压增益/K		100
	电源电流/mA		3.0
	共模抑制比/dB		70

2. 电源选型

由于题目对输出幅度要求从毫伏调到 5V，所以选择±12V 的直流稳压电源。

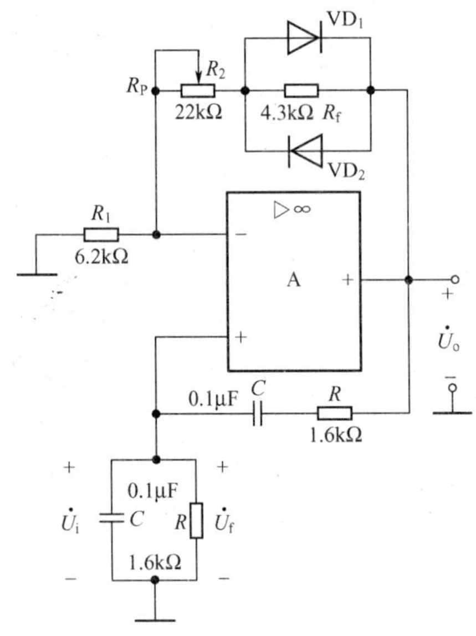

图 3.12 *RC* 桥式振荡电路

3. *RC* 桥式振荡电路参数选型

经过前面的分析与计算，*RC* 选频网络中 *R* 选 1.6kΩ，*C* 选 0.1μF。放大电路 R_1 选 6.2kΩ，反馈网络可调电阻 22kΩ，二极管 VD_1 和 VD_2 选 IN4007，与二极管并联的电阻选 4.3kΩ。

RC 桥式振荡电路如图 3.12 所示。

4. 方波产生电路参数选型

经过前面的分析与计算，方波产生电路选择滞回比较器，为了获得 50%占空比，需要使上下限阈值对称选择，如±2.5V。

$$U_{T+}=\frac{R_2}{R_1+R_2}U_{om}^{+}$$

$$U_{T-}=\frac{R_2}{R_1+R_2}U_{om}^{-}$$

令 $R_1=R_2=10\text{k}\Omega$；当 U_{om} 为 5V 时，上下限阈值对称选择，如±2.5V。方波产生电路如图 3.13 所示。

5. 三角波产生电路参数选型

经过前面的分析与计算，三角波产生电路选择积分器，三角波产生电路如图 3.14 所示。

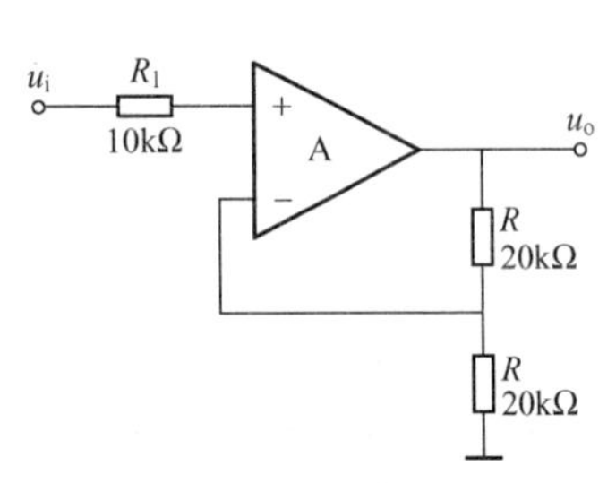

图 3.13　方波产生电路

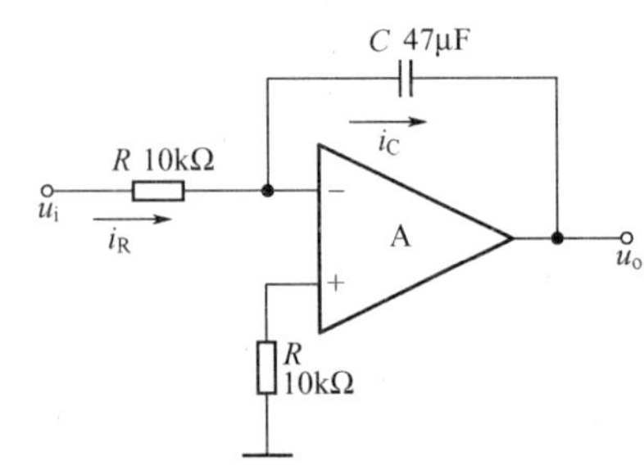

图 3.14　三角波产生电路

6. 幅度调节电路参数选型

幅度调节电路采用电阻分压电路，分为粗调与精调两个挡位，加电压跟随器，如图 3.15所示。

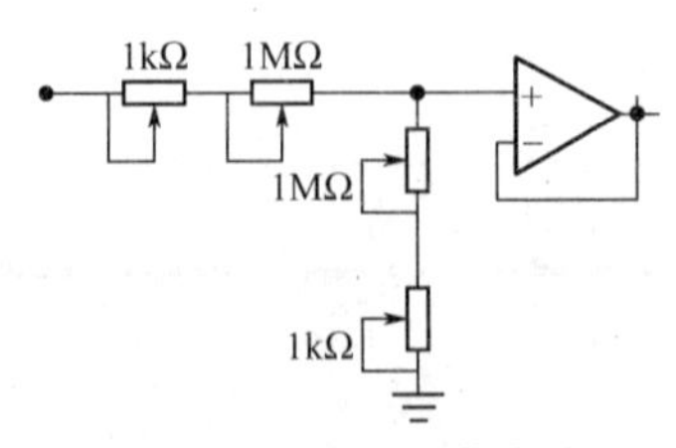

图 3.15　幅度调节电路

根据上述的硬件模块设计分析，通过小组讨论，完成表3-4所示的硬件设计工作单。

表3-4　硬件设计工作单

项目名称	低频信号发生器的设计与制作	任务名称	低频信号发生器的硬件设计
硬件设计分工			
子任务	提交材料	承担成员	完成工作时间
原理图设计	原理图、器件清单		
PCB设计	PCB图		
硬件安装与调试	调试记录		
外壳设计与加工	面板图、外壳		
学习记录			
班级		小组编号		成员	
说明：小组成员根据硬件设计的任务要求，认真学习相关知识，并将学习过程的内容（要点）进行记录，同时也将学习中存在的问题进行记录，填写下表			
硬件设计的工作过程			
开始时间		完成时间	
说明：根据硬件系统的基本结构，画出系统各模块的原理图，并说明工作原理，填写下表			
电源电路	设计电源电路原理图		
正弦波产生电路	设计正弦波电路原理图		
方波产生电路	设计方波电路原理图		
三角波产生电路	设计三角波发生电路原理图		
整机电路	完成整机电路原理图的设计		

任务3　整机电路测试与检查

1. 仪器、材料的准备

（1）准备以下仪器和工具：工频电源、双踪示波器、交流毫伏表、直流电压表、直流毫安表、万用表、电烙铁、吸锡器、PCB、滑线变阻器200Ω/1A等。

（2）仪器检查：检查和校正交流毫伏表、示波器、万用表、直流电压表的直流毫安表。

（3）元器件检测：在将元器件插装到 PCB 上之前，应对所装配的元器件进行检测，保留合格品，更换不合格品。检测方法参看电子工艺类参考书。

（4）将所有的元器件刮腿、上锡处理，电路板焊接孔处涂上松香水。

2. 单元电路安装与检测

用万用表判断变压器一、二次侧有无短路和开路。

通过小组讨论，完成表 3－5 所示的整机测试与技术文件编写工作单。

表 3－5　整机测试与技术文件编写工作单

<table>
<tr><td>项目名称</td><td colspan="2">低频信号发生器的设计与制作</td><td>任务名称</td><td colspan="2">低频信号发生器整机测试与技术文件编写</td></tr>
<tr><td colspan="6">整机测试与技术文件编写分工</td></tr>
<tr><td colspan="2">子任务</td><td>提交材料</td><td>承担成员</td><td colspan="2">完成工作时间</td></tr>
<tr><td colspan="2">制订测试方案</td><td>测试方案</td><td></td><td colspan="2"></td></tr>
<tr><td colspan="2">整机测试</td><td>测试记录</td><td></td><td colspan="2"></td></tr>
<tr><td colspan="2">编写使用说明书</td><td>使用说明书</td><td></td><td colspan="2"></td></tr>
<tr><td colspan="2">编写设计报告</td><td>设计报告</td><td></td><td colspan="2"></td></tr>
<tr><td colspan="6">学习记录</td></tr>
<tr><td>班级</td><td></td><td>小组编号</td><td></td><td>成员</td><td></td></tr>
<tr><td colspan="6">说明：小组成员根据低频信号发生器整机测试与技术文件编写的任务要求，认真学习相关知识，并将学习过程的内容（要点）进行记录，同时也将学习中存在的问题进行记录，填写下表</td></tr>
<tr><td colspan="6">整机测试与技术文件编写的工作过程</td></tr>
<tr><td colspan="2">开始时间</td><td></td><td>完成时间</td><td colspan="2"></td></tr>
<tr><td colspan="6">说明：根据低频信号发生器参数要求进行测试，填写下表，并对测试结果进行分析</td></tr>
<tr><td colspan="2">测试项目</td><td>测试内容</td><td colspan="3">测试结果</td></tr>
<tr><td colspan="2">（1）输出正弦波波形、频率及电压可调范围</td><td></td><td colspan="3"></td></tr>
<tr><td colspan="2">（2）输出方波波形、频率及电压可调范围</td><td></td><td colspan="3"></td></tr>
<tr><td colspan="2">（3）输出三角波波形、频率及电压可调范围</td><td></td><td colspan="3"></td></tr>
<tr><td colspan="2">测试结果分析说明</td><td colspan="4"></td></tr>
</table>

【项目汇报与评价】

1. 编写项目汇报PPT

以小组为单位完成上述项目并对上述项目制作一个完整的PPT进行介绍，要求明确以下内容：

(1) 任务描述与分析；

(2) 团队分工与工作计划；

(3) 电路整机框图；

(4) 模块电路设计；

(5) 整机电路；

(6) 实物图；

(7) 测试结果；

(8) 学习总结。

2. 撰写项目报告

以小组为单位完成上述项目并对上述项目制作一个完整的Word报告进行介绍，要求明确以下内容：

(1) 中英文摘要；

(2) 引言；

(3) 整机方案设计与原理框图；

(4) 模块电路设计；

(5) 整机制作与测试；

(6) 结论与谢辞；

(7) 参考文献。

3. 同行互评与专家评价

以小组为单位向全班进行PPT汇报，让同行来评价项目的效果，提出优化方案与下一步改进策略。

以小组为单位将Word报告上交学校老师，让专家来评价项目的效果，提出优化方案与下一步改进策略。

项目考核要求：

PPT演讲汇报，占20分；实物作品调试，占40分；书面报告，占40分。

项目考核方法：

每项考核分数由团队自评、互评、教师评价三部分构成，比分分别为：团队自评占20分，团队互评占30分，教师评分占50分。

课 后 习 题

1. 低频信号发生器的主振级采用什么振荡电路？特点是什么？
2. 反馈电阻采用热敏电阻，原因是什么？
3. 文氏电桥振荡器在低频信号发生器中获得广泛应用，其特点是什么？

【参考图文】

项目 4
数字频率计的设计与制作

【教学目标】

本项目的主要任务是设计并制作一个数字频率计，从项目背景、项目要求、任务分析、任务实施、知识链接、项目拓展等几个方面开展项目教学，使学生完整地参与整个项目，在项目制作过程中学习和掌握相关知识。

通过本项目的学习，学生应能根据设计任务要求，完成硬件电路设计和相关元器件的选型，了解数字频率计的各构成部分；掌握放大整形电路、时基电路、闸门电路、计数锁存译码电路的基本工作原理，能正确分析、制作与调试数字频率计电路，会进行电路的测试和故障原因分析。

【教学要求】

教学内容	能力要求	相关知识
数字频率计	（1）了解数字频率计的用途 （2）掌握放大整形电路、时基电路、闸门电路、计数锁存译码电路的基本工作原理 （3）能正确分析、制作与调试数字频率计电路 （4）会进行电路的测试和故障原因分析	（1）测频、测周原理 （2）放大整形原理、周期倍乘 （3）编码器、译码器与原理

【项目背景】

数字频率计（图 4.1）是一种用十进制数字显示被测信号频率的数字测量仪器，应用于生产与科研中，它也是某些大型系统的重要组成部分，被广泛应用于航天、电子、测控等领域。其基本功能是测量正弦信号、方波信号、三角波信号以及其他各种单位时间内变化的物理量。

在数字电路中，数字频率计属于时序电路，本项目主要选择以集成芯片作为核心器件，设计了一个简易数字频率计，以触发器和计数器为核心，由信号输入、隔直、触发、计数、数据处理和数据显示等功能模块组成。放大整型电路：对被测信号进行预处理。闸

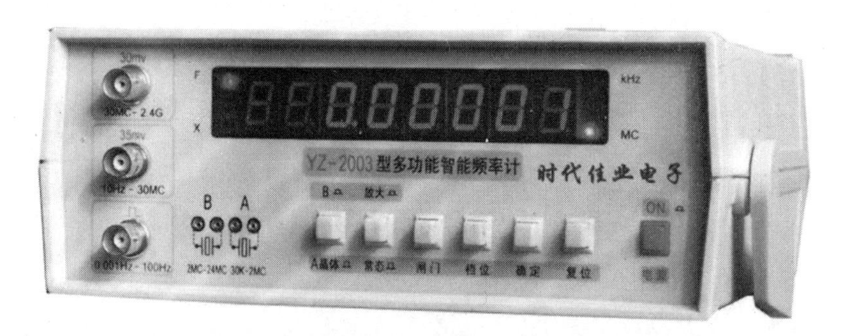

【参考图文】

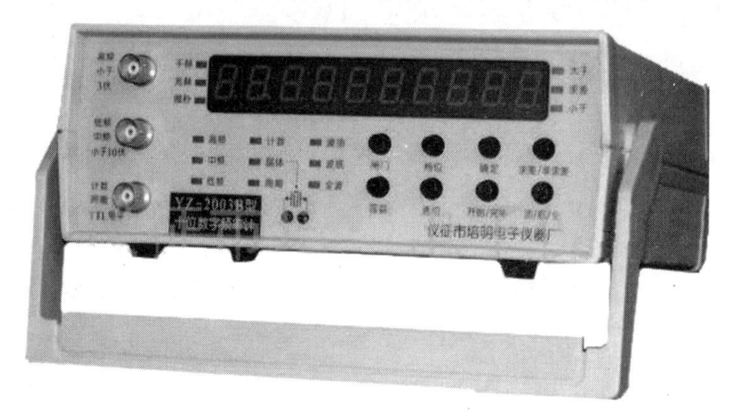

图 4.1　数字频率计

门电路：攫取单位时间内进入计数器的脉冲个数。时基信号：基准信号。计数器译码电路：计数译码集成在一块芯片上，计单位时间内脉冲个数，把十进制计数器计数结果译成BCD码。显示：把BCD码译码在数码管显示出来。设计中采用了模块化设计方法，采用适当的放大和整形，提高了测量频率的范围。

本项目设计介绍了简易频率计的设计方案及其基本原理，并着重介绍了频率计各单元电路的设计思路，原理及制作，整体电路的工作原理，控制器件的工作情况。设计共有三大组成部分：第一部分是原理电路的设计，详细讲解了电路的理论实现，是关键部分；第二部分是实际制作及调试，这部分是为了检验电路是否按理论那样正常工作，便于理解；第三部分是性能测试，这部分用于测试设计是否符合任务要求。

【项目要求】

本项目采用TTL电路的NE555时基电路和CMOS等数字集成电路，其性能指标如下：

【参考图文】

(1) 被测信号的频率范围为1Hz～99.999kHz；

(2) 分辨率为2Hz；

(3) 用5位数码管显示测量数据，测量误差小于10%；

(4) 输入波形：正弦波、方波、三角波等；

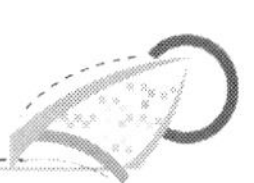

（5）最高输入电压 30V。

【任务分析】

根据数字频率计项目的要求，通过小组合作的方式展开任务分析，主要涉及频率计的发展历程、频率测量算法的种类、整体框图的分析、各单元电路的原理与制作等相关知识。通过技术指标、成本要求、安装要求、检测内容展开任务分析，使学生充分了解产品设计要求。通过小组合作学习的方式完成表 4－1 所示的任务分析过程工作单。

表 4－1　任务分析过程工作单

<table>
<tr><td>项目</td><td colspan="2">数字频率计的
设计与制作</td><td>任务名称</td><td colspan="2">数字频率计的设计
与制作任务分析</td></tr>
<tr><td colspan="6">学习记录</td></tr>
<tr><td colspan="6">说明：小组成员根据数字频率计设计的任务要求，认真学习相关知识，并将学习过程的内容（要点）进行记录，同时也将学习中存在的问题进行记录，填写下表</td></tr>
<tr><td>班级</td><td></td><td>小组</td><td></td><td>成员</td><td></td></tr>
<tr><td colspan="2">频率计的发展历程</td><td colspan="4">指针型频率表、数字式频率计、智能型数字频率计</td></tr>
<tr><td colspan="2">频率测量算法的种类</td><td colspan="4">直接测频法、间接测频法</td></tr>
<tr><td colspan="2">频率计的用途</td><td colspan="4">广泛应用于航天、电子、测控等领域，频率计被用来对各种电子测量设备的本地振荡器、无线通信基站的主时钟进行校准，还可以被用来对无线电台的跳频信号和频率调制信号进行分析</td></tr>
<tr><td colspan="6">任务分析的工作过程</td></tr>
<tr><td colspan="2">开始时间</td><td colspan="2"></td><td>完成时间</td><td></td></tr>
<tr><td colspan="6">说明：根据小组成员的学习结果，通过分析与讨论，完成本项目的任务分析，填写下表</td></tr>
<tr><td colspan="2">技术指标</td><td colspan="4">被测信号的频率范围为 1Hz～99.999kHz，分辨率为 2Hz；用 5 位数码管显示测量数据，测量误差小于 10%；输入波形有正弦波、方波、三角波等；最高输入电压 30V</td></tr>
<tr><td colspan="2">成本要求</td><td colspan="4">成本控制在 20 元人民币以内</td></tr>
<tr><td colspan="2">安装要求</td><td colspan="4">预留电流测试端口</td></tr>
<tr><td colspan="2">检测内容</td><td colspan="4">被测信号的频率范围为 1Hz～99.999kHz，分辨率为 1Hz；输入波形：正弦波、方波、三角波等</td></tr>
</table>

1. 频率计的发展历程

在电子技术中，频率是最基本的参数之一，并且与许多点参量的测量方案、测量结果都有十分密切的关系，因此频率的测量就显得更为重要。测量频率的方法有很多种，其中电子计数器测量频率具有精度高、使用方便、测量迅捷，以及便于实现测量过程自动化等优点，是频率测量的重要手段之一。电子计数器测频有两种方法：一是直接测频法，即在一定闸门时间内测量被测信号的脉冲个数；二是间接测频法，如周期测频法。直接测频法适用于高频信号的频率测量，间接测频法适用于低频信号的频率测量。

20世纪50年代初期，仪器仪表取得了重大突破，数字技术的出现使各种数字仪器得以问世，把模拟仪器的精度、分辨力与测量速度提高了几个量级，为实现测试自动化打下了良好的基础。20世纪60年代中期，测量技术又一次取得了进展，计算机的引入使仪器的功能发生了质的变化，个别电量的测量转变成测量整个系统的特征参数，从单纯的接收、显示转变为控制、分析、处理、计算与显示输出，从用单个仪器进行测量转变成用测量系统进行测量。20世纪70年代，计算机技术在仪器仪表中的进一步渗透使电子仪器在传统的时域与频域之外，又出现了数据域（Data domain）测试。20世纪80年代，由于微处理器被用到仪器中，仪器前面板开始朝键盘化方向发展，过去直观的用于调节时基或幅度的旋转度盘，选择电压、电流等量程或功能的滑动开关，通、断开关键已经消失。测量系统的主要模式是采用机柜形式，全部通过IEEE-488总线送到一个控制器上。测试时，可用丰富的BASIC语言程序来高速测试。不同于传统独立仪器模式的个人仪器已经得到了发展。20世纪90年代，仪器仪表与测量科学进一步取得重大的突破性进展。这个进展的主要标志是仪器仪表智能化程度的提高。突出表现在以下几个方面：微电子技术的进步将更深刻地影响仪器仪表的设计；DSP芯片的大量问世，使仪器仪表数字信号处理功能大大加强；微型机的发展，使仪器仪表具有更强的数据处理能力；图像处理功能的增加十分普遍；VXI总线得到广泛的应用。这些仪器仪表的发展也很好地解释了频率计的发展历程。

【参考图文】

经典的振簧式频率表也已成为电测与仪表技术发展史上用来见证测频仪器历史的陈列品；电动式、铁磁电动式结构的指针型频率表只在电力系统具有应用，也日渐被数字式频率计所取代；具有分立电子元件的数字式频率计，如国产E323A型、E325型和E312型等已发展成为采用大规模集成电路的电子计数式频率计与智能电子计数器。例如，E312A就是采用大规模集成电路的E312的换代产品，而EE3301（机内引入MC6800）、EE3366（采用MC6800，带GPIB接口，可程控）则为智能型数字频率计。

传统的数字频率计可以通过普通的硬件电路组合来实现，其开发过程、调试过程十分烦琐，而且由于电子器件之间的互相干扰，影响频率计的精度，也由于其体积较大，已不适应电子设计的发展要求。所以现在的数字频率计一般都使用FPGA、VHDL、单片机等一系列基于各种软硬件或大规模集成电路制作成的数字频率测频计。在大量的产品开发、研制和电子仪表生产与试验工作中多是需要自行设计测频与计数电路的组件单元，有时不必购置贵重的专用测频计数仪器。数字频率计一直在向更精确、更方便的方向发展。在大量的产品开发、研制和电子仪表产生与试验工作中，多数需要自行设计测频与计数电路和组件单元，不必购置上述贵重的专用测频计数仪器。

【参考图文】

集成电路的类型很多，从大的方面可以分为模拟电路和数字集成电路两大类。数字集成电路广泛用于计算机、控制与测量系统，以及其他电子设备中。一般说来，数字系统中

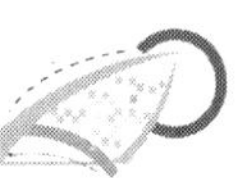

运行的电信号，其大小往往并不改变，但在实践分布上却有着严格的要求，这是数字电路的一个特点。数字集成电路作为电子技术最重要的基础产品之一，已广泛地深入到各个应用领域。

2. 频率测量算法的种类

1）测频原理

所谓“频率”，就是周期性信号在单位时间变化的次数。电子计数器是严格按照 $f=N/T$ 的定义进行测频的，其对应的测频原理框图如图 4.2 所示。从图 4.2 中可以看出测量过程：输入被测信号经过脉冲形成电路形成计数的窄脉冲，时基信号发生器产生计数闸门信号，被测信号通过闸门进入计数器计数，即可得到其频率。若闸门开启时间为 T、被测信号频率为 f_x，在闸门时间 T 内计数器计数值为 N，则被测信号频率为

$$f_x=N/T$$

若闸门时间为 1s，计数器的值为 1000，则被测信号频率应为 1000Hz 或 1.000kHz，此时，测频分辨力为 1Hz。

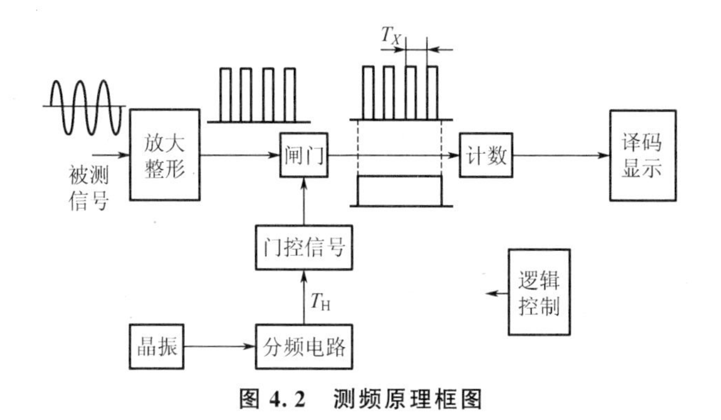

图 4.2　测频原理框图

2）测周原理

由于周期和频率互为倒数，因此在测频的原理中对换一下被测信号和时基信号的输入通道就能完成周期的测量。其原理如图 4.3 所示。

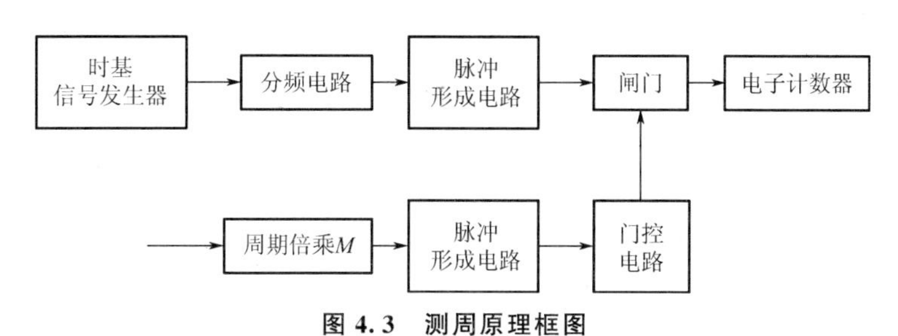

图 4.3　测周原理框图

被测信号 T_x 通过脉冲形成电路取出一个周期方波信号加到门控电路，若时基信号（也称时标信号）周期为 T_o，电子计数器读数为 N，则被测信号周期的表达式为

$$T_x=\frac{N\cdot T_o}{M} \tag{4-1}$$

例如，$f_x=50\text{Hz}$，则闸门打开 $1/(50\text{Hz})=20\text{ms}$。若选择时基频率为 $f_o=10\text{MHz}$，时基 $T_o=0.1\mu\text{s}$，周期倍乘选 1，则计数器计得的脉冲个数为 $N=T_X/T_o=200000$ 个，如以 ms 为单位，则计数器可读得 20.0000ms，此时，测周分辨力为 0.1μs。

3. 频率计的用途

在电子技术领域，频率是一个最基本的参数。数字频率计作为一种最基本的测量仪器，以其测量精度高、速度快、操作简便、数字显示等特点被广泛应用。许多物理量，如温度、压力、流量、液位、pH、振动、位移、速度等通过传感器转换成信号频率，可用数字频率计来测量。尤其是将数字频率计与微处理器相结合，可实现测量仪器的多功能化、程控化和智能化。随着现代科技的发展，基于数字频率计组成的各种测量仪器、控制设备、实时监测系统已应用到国计民生的各个方面。

在传统的电子测量仪器中，示波器在进行频率测量时测量精度较低，误差较大。频谱仪可以准确测量频率并显示被测信号的频谱，但测量速度较慢，无法实时快速地跟踪捕捉到被测信号频率的变化。正是由于频率计能够快速准确地捕捉到被测信号频率的变化，因此，频率计拥有非常广泛的应用范围。

在传统的生产制造企业中，频率计被广泛应用在产线的生产测试中。频率计能够快速捕捉到晶体振荡器（晶振）输出频率的变化，用户通过使用频率计能够迅速发现有故障的晶振产品，确保产品质量。

在计量实验室中，频率计被用来对各种电子测量设备的本地振荡器进行校准。

在无线通信测试中，频率计既可以被用来对无线通信基站的主时钟进行校准，又可以被用来对无线电台的跳频信号和频率调制信号进行分析。

【任务实施】

任务 1　系统方案设计

数字频率计主要由五个基本单元组成：放大整形电路、时基电路、闸门控制电路、计数电路、译码显示系统。当系统正常工作时，脉冲发生器提供 1Hz 的输入信号，经过闸门控制电路，产生计数信号；被测信号通过信号整形电路产生同频率的矩形波，送入计数模块；计数模块对输入的矩形波进行计数，将计数结果送入锁存器中，保证系统可以稳定地显示数据；显示译码驱动电路将二进制表示的计数结果转换成相应的能够在七段数码显示管上显示的十进制结果。在数码显示管上可以看到计数结果。

1. 主电路方案选择与论证

方案一： 本系统由可控制的计数、锁存、译码显示系统，石英晶振及多级分频系统，带衰减器的放大整形系统和闸门电路四部分组成。由晶振、多级分频系统及门控电路得到具有固定宽度 T 的方波脉冲作为门控信号。当门控信号到来时，闸门开启，周期为 T_X 的信号脉冲和周期为 T 的门控信号相与通过闸门，在闸门输出端产生的脉冲信号送到计数器，计数器开始计数，直到门控信号结束，闸门关闭。单稳 1 的暂态送入锁存器的使能端，锁存器将计数器结果锁存，计数器停止计数并被单稳 2 的暂态清零。若取闸门的时间 T 内通过闸门的信号脉冲个数为 N，则锁存器锁存计数。测量频率可从数字显示器上读出。

方案二：纯硬件的实现方法，系统由时基电路、放大整形电路、闸门控制电路和数码显示器四部分组成。时基电路的作用是产生一个标准时间信号（高电平持续时间为 1s)，经过集成运算放大器与 74HC14 构成的施密特整形电路放大整形，由 CD4026 十进制计数锁存和译码将所测的频率传给数码管，显示出来。

【参考图文】

对上述两个方案进行分析后，方案一和方案二均可实现项目要求，且方案二可根据闸门时间选择量程范围。而且方案二最大的特点是全硬件电路实现，电路稳定性好、精度高、没有烦琐的软件调试过程，大大缩短了测量周期。根据实际实验现有的器件及我们所掌握的知识层面，这里选择采用方案二。

【参考图文】

2. 方案确定

经过仔细分析和论证，主要器件选用清单见表 4-2 所示。

表 4-2　主要器件选用清单

功　能	选用的器件
放大整形电路	LM324、74HC14
时基电路	NE555
闸门电路	CD4069、CD4022、CD4081
计数锁存译码电路	CD4026

根据上述的论证分析，通过小组讨论，完成表 4-3 所示的方案设计工作单。

表 4-3　方案设计工作单

项目名称	数字频率计的设计与制作	任务名称	数字频率计的方案设计
方案设计分工			
子任务	提交材料	承担成员	完成工作时间
放大整形电路	放大整形芯片的选型分析		
时基电路选型	时基芯片选型分析		
闸门控制电路选型	闸门模块选型分析		
计数、锁存、译码电路选型	自动换挡芯片选型分析		
外形方案	图纸		
方案汇报	PPT		
学习记录			
班级	小组编号	成员	

（续）

说明：小组成员根据方案设计的任务要求，认真学习相关知识，并将学习过程的内容（要点）进行记录，同时也将学习中存在的问题进行记录，填写下表

方案设计的工作过程			
开始时间		完成时间	
说明：根据小组成员的学习结果，通过小组分析与讨论，最后形成设计方案，填写下表			
结构框图	画出原理图		
原理说明	对各个框图原理功能进行阐述		
关键器件选型	确定各个器件型号		
实施计划	列出实施计划		
存在问题及建议			

任务2　硬件电路设计

1. 算法设计

频率是周期信号每秒内所含的周期数值，可根据这一定义采用如图4.4所示的算法。图4.5是根据算法构建的框图。

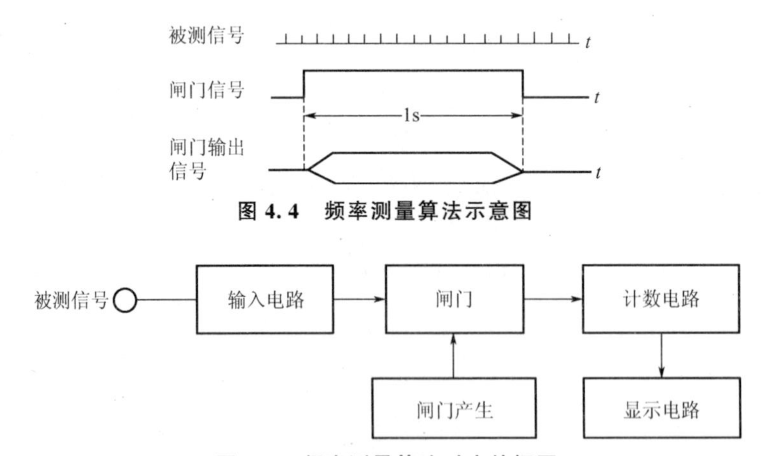

图4.4　频率测量算法示意图

图4.5　频率测量算法对应的框图

该数字频率计是直接用十进制数字显示被测信号频率的一种测量装置。它以测量周期的方法对正弦波、方波、三角波的频率进行自动测量。所谓“频率”，就是周期性信号在单位时间（1s）内变化的次数。若在一定时间间隔 T 内测得这个周期性信号的重复变化次数为 N，则其频率可表示为 $f=N/T$。其中脉冲形成电路的作用是将被测信号变成脉

冲信号，其重复频率等于被测频率 f_x。时间基准信号发生器提供标准的时间脉冲信号，若其周期为1s，则门控电路的输出信号持续时间亦准确地等于1s。闸门电路由标准秒信号进行控制，当秒信号到来时，闸门开通，被测脉冲信号通过闸门送到计数、译码显示电路。秒信号结束时闸门关闭，计数器停止计数。由于计数器计得的脉冲数 N 是在1s时间内的累计数，所以被测频率 $f_x=N\,\text{Hz}$。

2. 整体框图及原理

输入电路：由于输入的信号可以是正弦波、三角波，而后面的闸门或计数电路要求被测信号为矩形波，所以需要设计一个整形电路。在测量的时候，首先通过整形电路将正弦波或者三角波转化成矩形波。由于不清楚被测信号的强弱情况，所以在通过整形电路之前需进行衰减放大处理。当输入信号电压幅度较大时，通过输入衰减电路将电压幅度降低；当输入信号电压幅度较小时，前级输入衰减为零时若不能驱动后面的整形电路，则调节输入放大的增益，使被测信号得以放大。

频率测量：测量频率的原理框图如图4.6所示。被测信号经整形后变为脉冲信号（矩形波或者方波），送入闸门电路，等待时基信号的到来。时基信号由555定时器构成一个较稳定的多谐振荡器，经整形分频后，产生一个标准的时基信号，作为闸门开通的基准时间。被测信号通过闸门，作为计数器的时钟信号，计数器即开始记录时钟的个数，这样就达到了测量频率的目的。

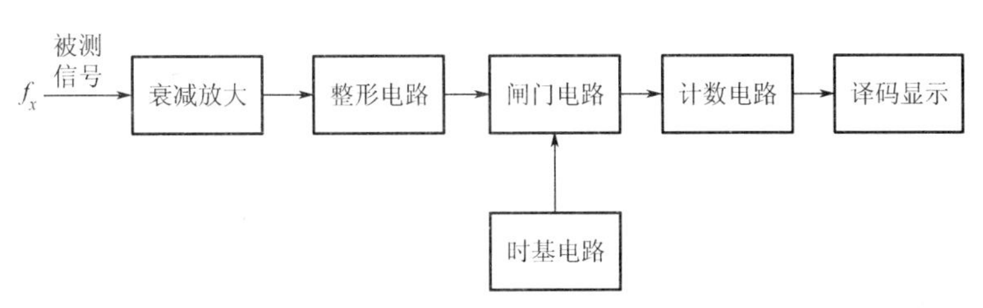

图4.6　测量频率的原理框图

计数显示电路：在闸门电路导通的情况下，开始计录被测信号中有多少个上升沿。在计数的时候数码管不显示数字。当计数完成后，要使数码管显示计数完成后的数字。

闸门电路：电路里面要产生计数清零信号和1s计数信号。闸门电路工作波形示意图如图4.7所示。

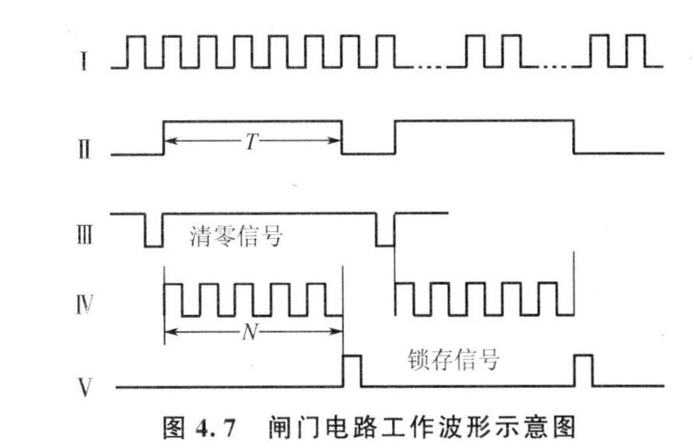

图4.7　闸门电路工作波形示意图

Ⅰ—被测信号；Ⅱ—闸门信号；Ⅲ—清零信号；Ⅳ—锁存信号

任务3 单元电路设计

1. 放大整形电路

对信号进行放大的功能由晶体管构成的放大电路来实现，对信号进行整形的功能由施密特触发器来实现。施密特触发器是一种特殊的数字器件，一般的数字电路器件当输入超过一定的阈值时，输出一种状态；当输入小于这个阈值时，转变为另一个状态。施密特触发器不是单一的阈值，而是有两个阈值，一个是高电平的阈值，输入从低电平向高电平变化时，仅当大于这个阈值时才为高电平，而从高电平向低电平变化时即使小于这个阈值，其仍看成为高电平，输出状态不变；低电平阈值具有相同的特点。放大整形电路原理图如图 4.8 所示。

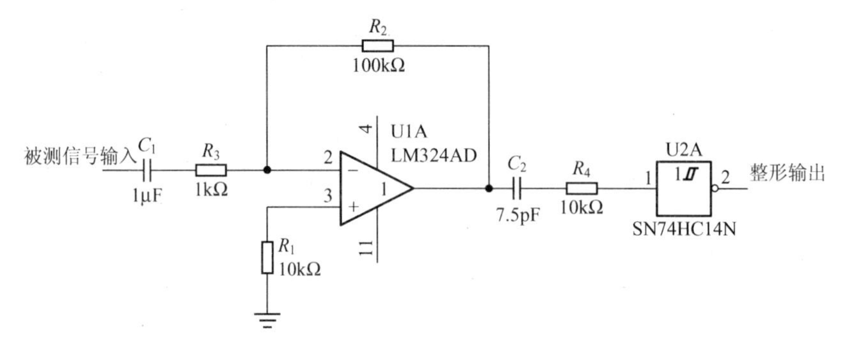

图 4.8 放大整形电路原理图

2. 时基电路设计

秒时基振荡电路原理，如图 4.9 所示，接通电源后，电容 C_3 被充电，两端电压 U_c 上升到 $2/3V_{cc}$时，触发器被复位，同时放电，内部 VT 导通；此时 U_o 为低电平，电容 C_3 通过 R_6 和内部 VT 放电，使 U_c 下降，VD_1（发光二极管）灭；当 U_c 下降到 $1/3V_{cc}$时，触发器又被置位，U_o 翻转为高电平，VD_1 亮。调整 R_7 的值，使电路定时为 1s 一个周期。

电容器 C_3 放电所需时间为 $t_1=0.693R_6C_3$。

当 C_3 放电结束时，内部 VT 截止，V_{cc}将通过 R_5、R_6、R_7 向电容器 C_3 充电，U_c 由 $1/3V_{cc}$上升到 $2/3V_{cc}$所需时间为 $t_2=0.693(R_5+R_6+R_7)C_3$。

当 U_c 上升到 $2/3V_{cc}$时，触发器又发生翻转，如此周而复始，在输出端就得到一个周期性的方波，其频率为 $f=1.43/(R_5+2R_6+R_7)C_3$。

其中 R_7 的选择方法如下：

由于 $f=1.43/(R_5+2R_6+R_7)C_3=1$，将 $R_6=1\text{k}\Omega$、$R_5=5.1\text{k}\Omega$、$C_3=100\mu\text{F}$ 代入计算，得 $R_7=7.2\text{k}\Omega$，由于温度和其他因素会造成输出秒脉冲出现偏差，所以选用 10kΩ 的电位器。

秒脉冲产生电路中的元件要求温度稳定性能要好，所以电阻采用金属膜电阻，定时电容 C_3 使用温度性能较好的钽电容。

3. 门控电路设计

门控电路要求很低的占空比，通过非门（CD4069）将信号反相。如图 4.10 所示，此

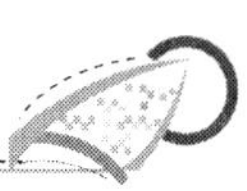

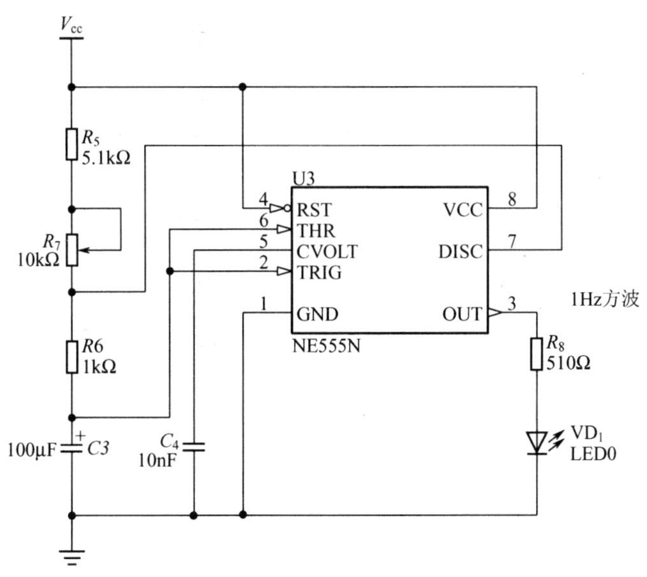

图 4.9　秒时基振荡电路原理图

电路可以采用十进制计数器 CD4017，也可以采用八进制计数器 CD4022 实现。如图 4.10 所示，使用 CD4022，信号的刷新周期为 10s，保持时间为 8.93s，将使周期缩短 2s，有利于观察输入信号频率的变化。

门控电路由 U4、U5 和 U6 组成。U5 为八进制计数器 CD4022，它的作用是将输入的秒时基信号通过输出端 1 脚（Q_1）取得 1s 输出的门控信号。U6 为 4 - 2 输入与门 CD4081，它的作用是在 U5 输出的 1s 门控信号的控制下将门打开 1s，使被测信号只有 1s 的通过时间。U5 的 2 脚输出信号与 U4 的 2 脚输出信号通过 U6（与门）输出 69.3ms 的清零脉冲信号。

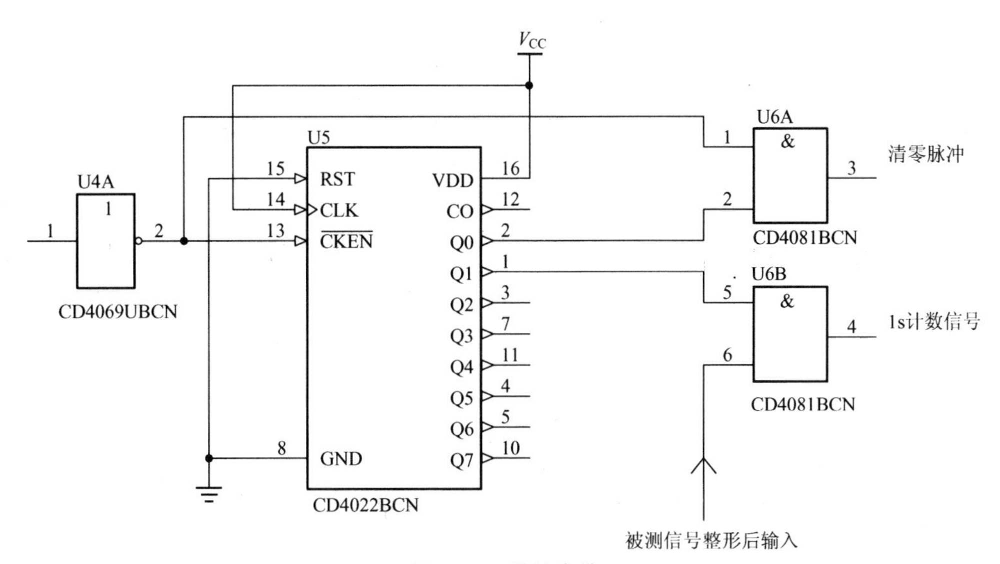

图 4.10　门控电路

CD4022 为八进制计数/脉冲分配器，它有三个输入端——一个上升沿计数脉冲输入端 CLK、一个下降沿计数脉冲输入端$\overline{\text{CKEN}}$和一个清零端 RST；有 8 个输出端 Q_0～Q_7，在复位状态下只有 Q_0 位高电平；还有一个输出端 Q_{co}，级联时使用。

4. 计数显示电路

计数、译码的集成电路可以采用十进制计数的 CD4011（可逆计数器）或 CD4033，也可以采用 HCC4026，此电路选用 HCC4026。数码管选用共阴极 0.5in（1in＝2.54cm）的红色 LED，也可以选用绿色的。

计数显示电路原理图如图 4.11 所示。HCC4026 内部包括十进制计数器和 7 段译码器两部分，译码输出可以直接驱动 LED（共阴极数码管）。它有一个计数输入端 CP；7 个字形笔段输出端 a～g；一个复位端 R，高电平有效，$R=1$ 时，计数器直接清零；一个禁止端 INH，高电平时停止计数，INH＝0 时，计数器计数；一个控制显示的输入端 DEI 和输出端 DEO，当高电平时，笔段输出真值，低电平时笔段输出全部为低电平；一个进位输出端 CO。

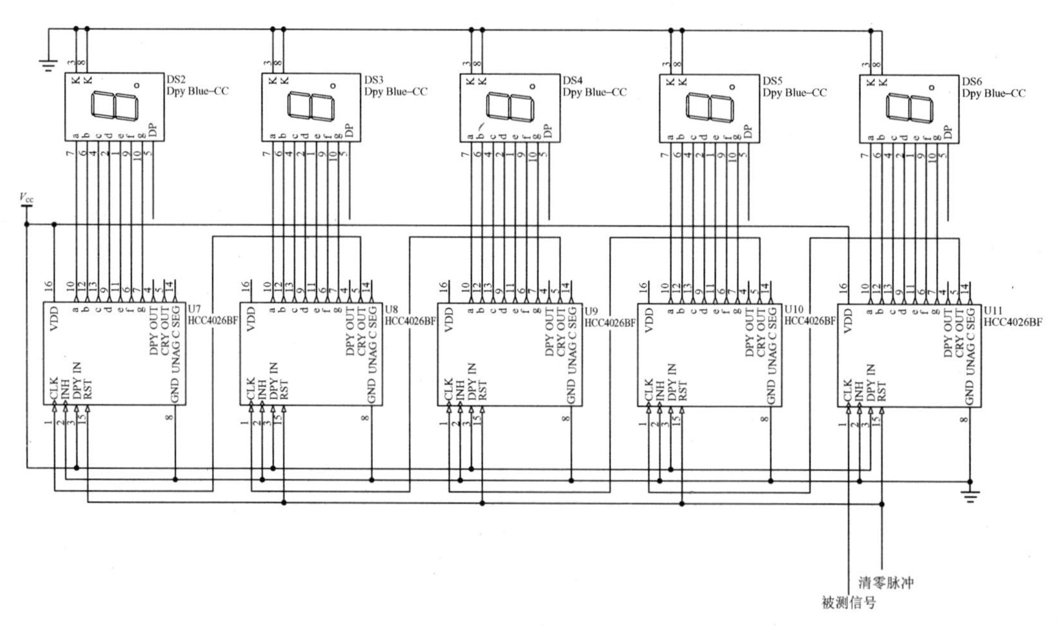

图 4.11 计数显示电路

测量显示过程：在门控信号的控制下控制门 U6 被打开 1s，在这 1s 内被测取样信号通过控制门由 CP 端输入计数器 U11，进行个位计数，同时由译码器将计数译码输出，由显示器显示，当 U11 计数到 10 时，Q_{co}输出进位脉冲，使 U10 计数……进位。如此下去，由 U11→U10→U9→U8→U7。随着计数脉冲的输入，各计数器不断计数并逐级进位，实现频率的计数过程。

根据上述的硬件模块设计分析，通过小组讨论，完成表 4-4 所示的硬件设计工作单。

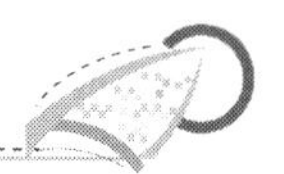

表 4-4　硬件设计工作单

<table>
<tr><th>项目名称</th><th colspan="3">数字频率计的设计与制作</th><th colspan="2">任务名称</th><th colspan="2">数字频率计的硬件设计</th></tr>
<tr><td colspan="8">硬件设计分工</td></tr>
<tr><td colspan="2">子任务</td><td colspan="2">提交材料</td><td colspan="2">承担成员</td><td colspan="2">完成工作时间</td></tr>
<tr><td colspan="2">原理图设计</td><td colspan="2">原理图、器件清单</td><td colspan="2"></td><td colspan="2"></td></tr>
<tr><td colspan="2">PCB 设计</td><td colspan="2">PCB 图</td><td colspan="2"></td><td colspan="2"></td></tr>
<tr><td colspan="2">硬件安装与调试</td><td colspan="2">调试记录</td><td colspan="2"></td><td colspan="2"></td></tr>
<tr><td colspan="2">外壳设计与加工</td><td colspan="2">面板图、外壳</td><td colspan="2"></td><td colspan="2"></td></tr>
<tr><td colspan="8">学习记录</td></tr>
<tr><td>班级</td><td></td><td>小组编号</td><td></td><td>成员</td><td colspan="3"></td></tr>
<tr><td colspan="8">说明：小组成员根据硬件设计的任务要求，认真学习相关知识，并将学习过程的内容（要点）进行记录，同时也将学习中存在的问题进行记录，填写下表</td></tr>
<tr><td colspan="8"></td></tr>
<tr><td colspan="8">硬件设计的工作过程</td></tr>
<tr><td>开始时间</td><td colspan="3"></td><td>完成时间</td><td colspan="3"></td></tr>
<tr><td colspan="8">说明：根据硬件系统的基本结构，画出系统各模块的原理图，并说明工作原理，填写下表</td></tr>
<tr><td colspan="2">放大整形电路</td><td colspan="6">对被测信号进行整形和放大，提高计数电路的正确性</td></tr>
<tr><td colspan="2">时基电路</td><td colspan="6">提供标准闸门时间</td></tr>
<tr><td colspan="2">门控电路</td><td colspan="6">保证标准闸门时间内通过被测信号</td></tr>
<tr><td colspan="2">计数显示电路</td><td colspan="6">完成对计数电路的计数值的显示</td></tr>
</table>

任务 4　硬件电路的制作

根据上述各个模块电路的设计，系统总原理图和 PCB 图分别如图 4.12 和图 4.13 所示。

根据任务 2 硬件电路的设计，表 4-5 中列出了制作频率计的主要元器件和装配时所需的零部件。

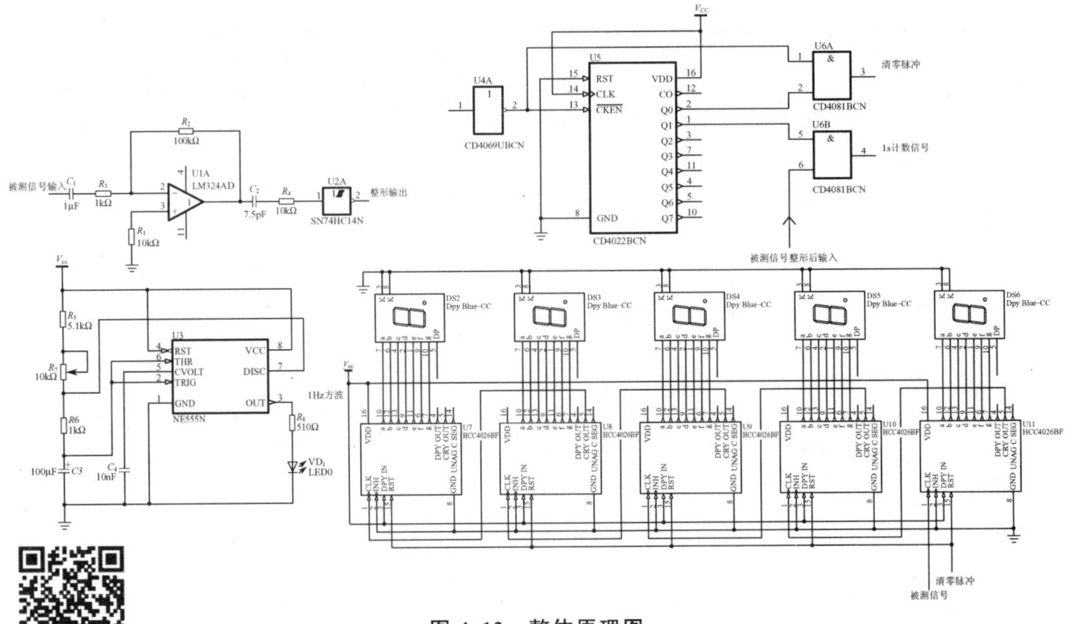

【参考图文】

图 4.12　整体原理图

【参考图文】

图 4.13　PCB 图

表 4-5　频率计所需元器件及零部件清单

名　称	规　格	数　量
数码管	0.5in，共阴极	5
计数器	CD4026	5
与门	CD4081	1
计数器	CD4022	1
非门	CD4069	1

（续）

名　　称	规　　格	数　　量
时基电路	NE555	1
施密特触发器	74HC14	1
运算放大器	LM324	1
电位器	10kΩ（3269）	1
电容	1μF	1
	7.5pF	1
	100μF	1
	0.1μF	1
	220μF	1
电阻	10kΩ	2
	100kΩ	1
	1kΩ	2
	5.1kΩ	1
	510Ω	1
发光二极管	红 ϕ5mm	1
接口	2 脚	2

焊装频率计之前要有熟练的手工焊接技术，了解焊接工艺规范，这样才能保证安装的产品性能稳定；然后将检测合格的元器件在 PCB 上按照工艺规范装配完成。

任务5　频率计的系统调试

1. 调试仪器

频率计系统调试所用仪器见表 4－6 所示。

表 4－6　频率计系统调试所用仪器

序　　号	仪器名称	仪器型号
1	万用表	GEM－8245
2	直流 5V 电源	YL135 实验台或自制
3	函数信号发生器	通用
4	示波器	通用

2. 频率计使用说明

(1) 频率计电路制作完成后，先将频率计不通电源；将直流稳压电源的电压调到5V；然后按“接通连线→打开电源开关→观察有无异常（有无冒烟、有无异味、元器件是否烫手、电源有无短路等）”的顺序进行操作。通电测量观察如图4.9所示，完全正常后才可进行下一步测量。

(2) 调试频率计的精度。调试的方法有两种：一种使用标准多功能频率计测量集成电路NE555第3脚输出的秒脉冲信号周期，调节电位器R_7，使本机读数与标准数字频率计读数一致。

将信号发生器产生的矩形波或正弦波、三角波分别输入数字频率计，通过调节电位器，与标准频率计的读数一致，并且要兼顾高、中、低频的精度。

(3) 测量灵敏度。在频率计的设计阶段，通过在万能实验板上实验测量其精度和灵敏度，然后确定元器件的相应参数；制作成频率计后，一般不进行元件参数的更改，只需使用仪器测量其灵敏度如何。

通过调节信号发生器的电压输出幅度，从而观察自制频率计和标准频率计的频率变化，并记录不同输入波形信号的灵敏度。

3. 数据测试

对系统进行功能测试，测试数据见表4-7所示。

表4-7 功能测试数据

输入函数信号	频率计显示数值	误差

4. 误差分析

通过小组讨论，完成表4-8所示的整机测试与技术文件编写工作单。

表 4-8　整机测试与技术文件编写工作单

<table>
<tr><td>项目名称</td><td colspan="2">数字频率计的
设计与制作</td><td>任务名称</td><td colspan="2">数字频率计的整机测试
与技术文件编写</td></tr>
<tr><td colspan="6">整机测试与技术文件编写分工</td></tr>
<tr><td colspan="2">子任务</td><td>提交材料</td><td colspan="2">承担成员</td><td>完成工作时间</td></tr>
<tr><td colspan="2">制订测试方案</td><td>测试方案</td><td colspan="2"></td><td></td></tr>
<tr><td colspan="2">整机测试</td><td>测试记录</td><td colspan="2"></td><td></td></tr>
<tr><td colspan="2">编写使用说明书</td><td>使用说明书</td><td colspan="2"></td><td></td></tr>
<tr><td colspan="2">编写设计报告</td><td>设计报告</td><td colspan="2"></td><td></td></tr>
<tr><td colspan="6">学习记录</td></tr>
<tr><td>班级</td><td></td><td>小组编号</td><td></td><td>成员</td><td></td></tr>
<tr><td colspan="6">说明：小组成员根据频率计整机测试与技术文件编写的任务要求，进行认真学习，并将学习过程的内容（要点）进行记录，同时也将学习中存在的问题进行记录，填写下表</td></tr>
<tr><td colspan="6"></td></tr>
</table>

<table>
<tr><td colspan="6">整机测试与技术文件编写的工作过程</td></tr>
<tr><td>开始时间</td><td colspan="2"></td><td>完成时间</td><td colspan="2"></td></tr>
<tr><td colspan="6">说明：参照实验室的函数信号发生器进行测试，填写下表，并对测试结果进行分析</td></tr>
<tr><td>测试项目</td><td>测试内容</td><td colspan="3">测试结果</td><td>误差</td></tr>
<tr><td rowspan="2">精度测试</td><td>输入信号值</td><td></td><td></td><td></td><td></td></tr>
<tr><td>实际显示值</td><td></td><td></td><td></td><td></td></tr>
<tr><td>测试结果分析</td><td colspan="5"></td></tr>
</table>

【知识链接】

1. 施密特触发器

门电路有一个阈值电压，当输入电压从低电平上升到阈值电压或从高电平下降到阈值电压时电路的状态将发生变化。施密特触发器是一种特殊的门电路，与普通的门电路不同，施密特触发器有两个阈值电压，分别称为正向阈值电压和负向阈值电压。在输入信号从低电平上升到高电平的过程中使电路状态发生变化的输入电压称为正向阈值电压（U_{T+}），在输入信号从高电平下降到低电平的过程中使电路状态发生变化的输入电压称为负向阈值电压（U_{T-}）。正向阈值电压与负向阈值电压之差称为回差电压

(ΔU_T)。普通门电路的电压传输特性曲线是单调的，施密特触发器的电压传输特性曲线则是滞回的。用CMOS反相器构成的施密特触发器如图4.14所示，其电压传输特性如图4.15所示。

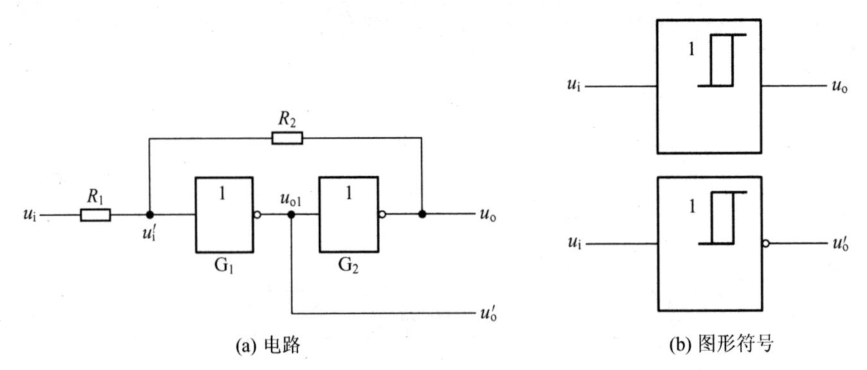

(a) 电路　　(b) 图形符号

图4.14　用CMOS反相器构成的施密特触发器

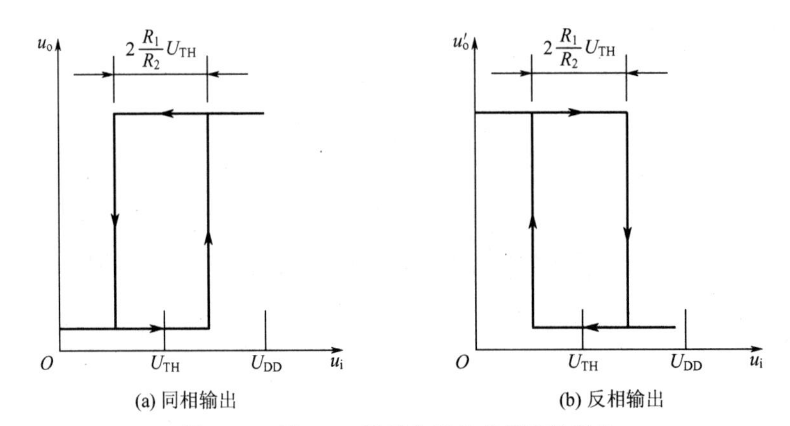

(a) 同相输出　　(b) 反相输出

图4.15　图4.14所示电路的电压传输特性

用普通的门电路可以构成施密特触发器（图4.14）。因为CMOS门的输入电阻很高，所以U_{TH}的输入端可以近似地看成开路。把叠加原理应用到R_1和R_2构成的串联电路上，可以推导出这个电路的正向阈值电压和负向阈值电压。当$u_i=0$时，$u_o=0$。当u_i从0逐渐上升到U_{T+}时，u_i'从0上升到U_{TH}，电路的状态将发生变化。我们考虑电路状态即将发生变化那一时刻的情况。因为此时电路状态尚未发生变化，所以u_o仍然为0。

$$u_i'=U_{TH}=\frac{R_2}{R_1+R_2}u_i=\frac{R_2}{R_1+R_2}U_{T+}$$

于是

$$U_{T+}=\left(1+\frac{R_1}{R_2}\right)U_{TH}$$

与此类似，当$u_i=U_{DD}$时，$u_o=U_{DD}$。当u_i从U_{DD}逐渐下降到U_{T-}时，u_i'从U_{DD}下降到U_{TH}，电路的状态将发生变化。我们考虑电路状态即将发生变化那一时刻的情况。因为此时电路状态尚未发生变化，所以u_o仍然为

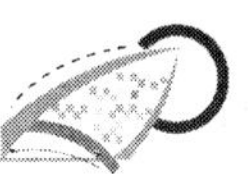

$$U_{DD}=2U_{TH}$$

$$u_i'=U_{TH}=\frac{R_2}{R_1+R_2}u_i+\frac{R_1}{R_1+R_2}u_o=\frac{R_2}{R_1+R_2}U_{T+}+\frac{R_1}{R_1+R_2}2U_{TH}$$

$$U_{T+}=\left(1-\frac{R_1}{R_2}\right)U_{TH}$$

于是，此公式中U_{T+}应该为U_{T-}。通过调节R_1或R_2，可以调节正向阈值电压和反向阈值电压。不过，这个电路有一个约束条件，就是$R_1<R_2$。如果$R_1>R_2$，那么，有$U_{T+}>2U_{TH}=U_{DD}$及$U_{T-}<0$，这说明，即使u_i上升到U_{DD}或下降到0，电路的状态也不会发生变化，电路处于“自锁状态”，不能正常工作。

集成施密特触发器比普通门电路稍微复杂一些。普通门电路由输入级、中间级和输出级组成。如果在输入级和中间级之间插入一个施密特电路就可以构成施密特触发器(图4.16)。集成施密特触发器的正向阈值电压和反向阈值电压都是固定的。

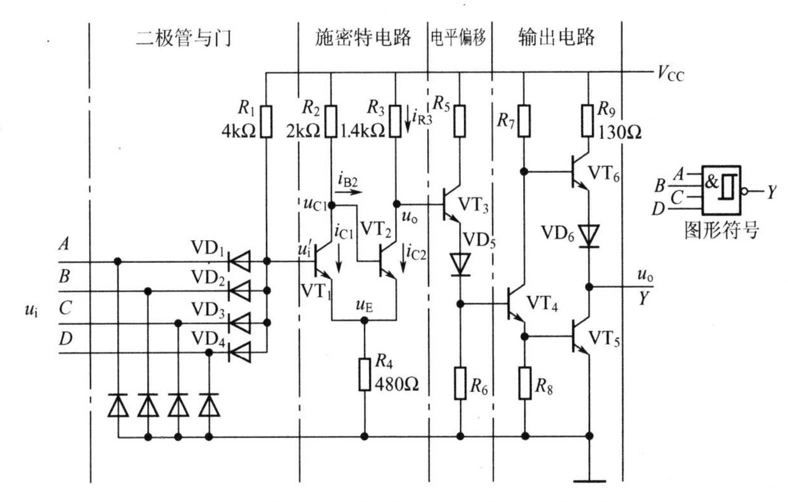

图4.16　带与非功能的TTL集成施密特触发器

利用施密特触发器可以将非矩形波变换成矩形波，如图4.17所示。

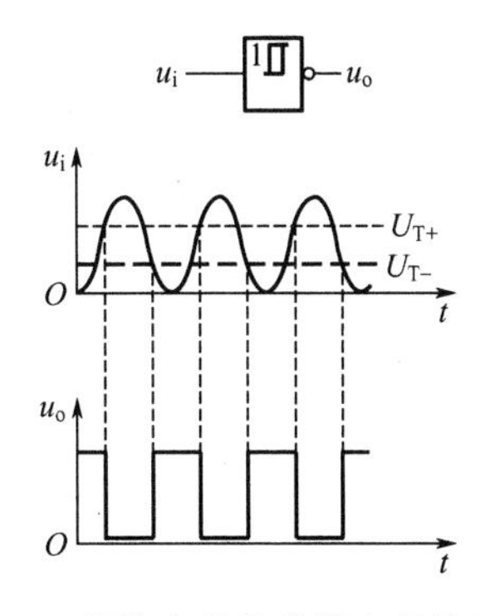

图4.17　用施密特触发器实现波形变换

利用施密特触发器可以恢复波形，如图4.18(a)、(b)、(c) 所示。

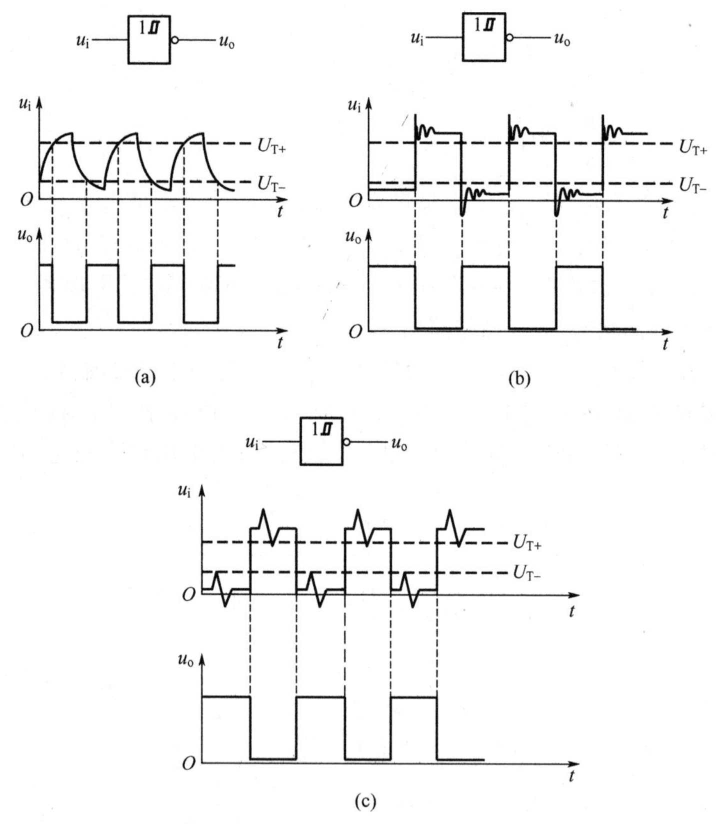

图 4.18　用施密特触发器对脉冲整形

利用施密特触发器可以进行脉冲鉴幅，如图 4.19 所示。

在数字系统的脉冲整形电路中，常需要一定幅度和宽度的矩形脉冲。获得矩形脉冲的方法通常有两种，一是由脉冲振荡器直接产生，二是用脉冲整形电路将非矩形脉冲变换成

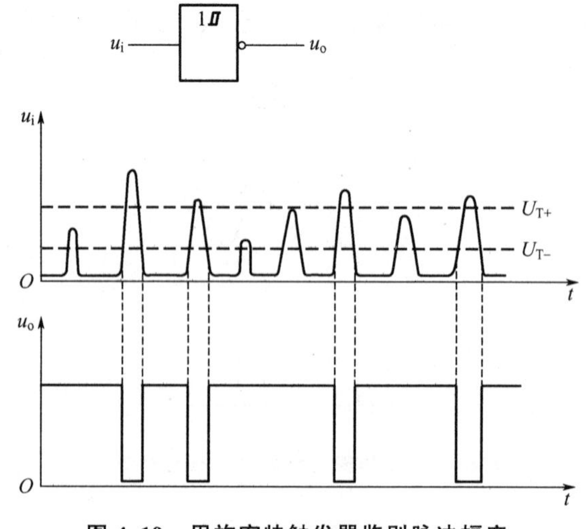

图 4.19　用施密特触发器鉴别脉冲幅度

符合要求的矩形脉冲。

施密特触发器是一种脉冲整形电路，它的电压传输特性是一条具有滞回特性的曲线，即触发器输出由低电平变为高电平和由高电平变为低电平所对应的阈值电压是不同的。施密特触发器可对输入波形进行变换和整形。回差电压 ΔU_T 和阈值电压 U_{T+} 和 U_{T-} 是其主要参数。

施密特触发器常用芯片：74LS14 六反相器（施密特触发），74LS18 双四输入与非门（施密特触发），74LS19 六反相器（施密特触发），74132、74LS132、74S132、74F132、74HC132 四-二输入与非施密特触发器。

2. 计数器

计数器是数字电路系统中应用最多的时序电路，它是一种对输入计数脉冲 CP 个数进行计数，并能记忆的数字装置。计数器是对脉冲信号进行计数的，所谓脉冲信号是指在短暂的时间间隔内作用于电路的电压或电流。广义地讲，凡是不连续出现的电压或电流都称为脉冲信号。从信号波形来说，除了正弦波和若干个正弦分量合成的连续波以外，都可以称为脉冲波。常见的脉冲信号波形如图 4.20 所示。

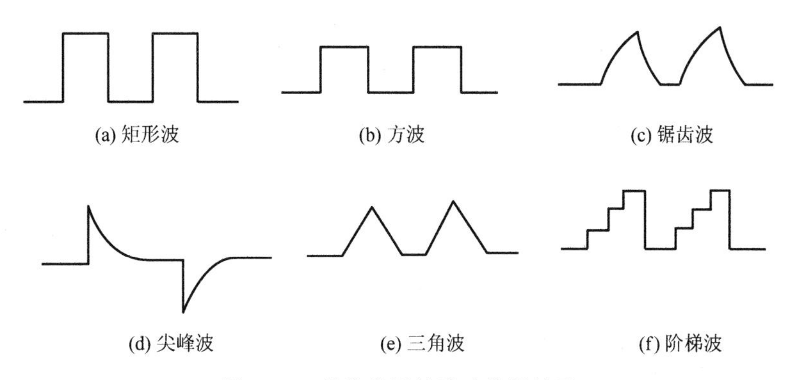

图 4.20　几种常见的脉冲信号波形

计数器按计数脉冲引入方式，分为同步和异步计数器；按进位制，分为二进制、十进制和 N 进制计数器；按逻辑功能，分为加法、减法和可逆计数器；按集成度，分为小规模与中规模集成计数器。

1）二进制异步计数器

二进制异步计数器在做“加 1 或减 1”计数时，是采取从低位到高位逐位进位或借位的方式工作的。因此，各个触发器不是同时翻转的。这类电路的特点是 CP 信号只作用于第一级，由前级为后级提供驱动状态变化的信号。第一级输出信号 Q_0 或其反相输出的上升沿或下降沿滞后于 CP 的上升沿（ 传输延迟时间 ），以这种信号作为后级的驱动信号，使第二级的输出信号相对于 CP 的延迟时间为两级电路的延迟时间。由于触发器的输出信号相对于初始的 CP 的延迟时间随级数增加而累加，故各级的输出信号不是同步信号，因而称为异步计数器。

（1）二进制异步加法计数器。

① 电路结构。以 3 位二进制异步加法计数器为例，电路如图 4.21 所示。该电路由 3

个上升沿触发的D触发器组成，具有以下特点：每个D触发器输入端接该触发器$\overline{Q}$端信号，因而$Q^{n+1}=\overline{Q^n}$，即各D触发器均处于计数状态；计数脉冲加到最低位触发器的CP端，每个触发器的$\overline{Q}$端信号接到相邻高位的CP端。

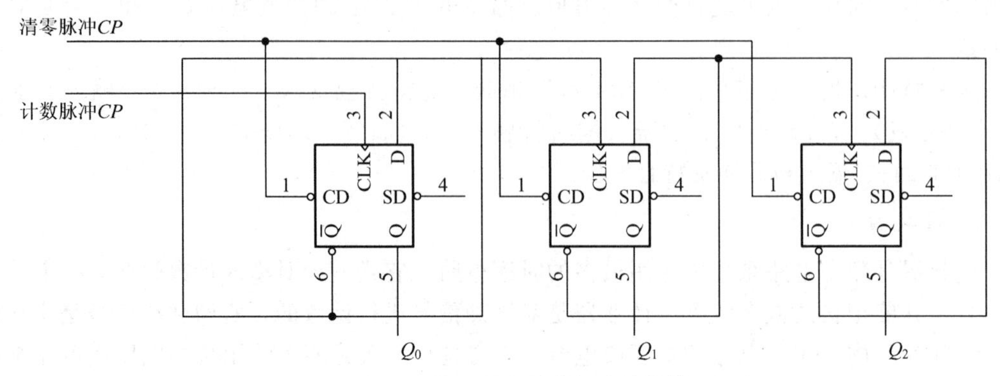

图4.21　3位二进制异步加法计数器

② 原理分析。假设各触发器均处于0态，根据电路结构特点及D触发器的工作特性，不难得到其状态图和时序图，它们分别如图4.22和图4.23所示。其中虚线是考虑触发器的传输延迟时间t_{pd}后的波形。

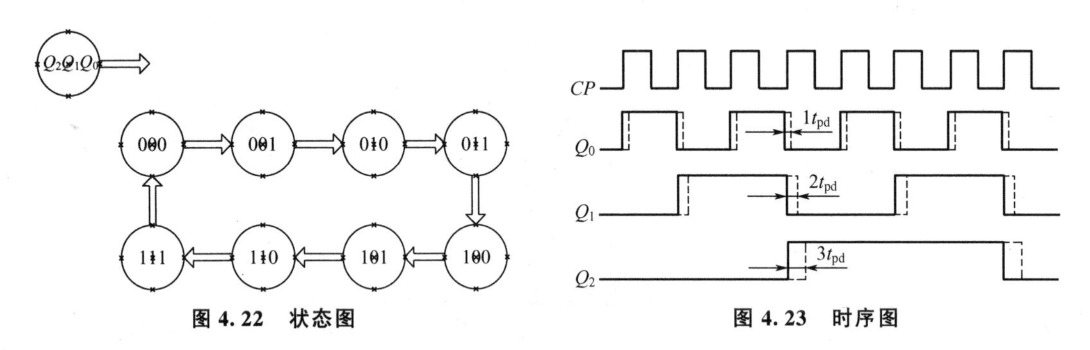

图4.22　状态图　　**图4.23　时序图**

由图4.22所示的状态图可以清楚地看到，从初始状态000（由清零脉冲所置）开始，每输入一个计数脉冲，计数器的状态按二进制递增（加1），输入第8个计数脉冲后，计数器又回到000状态。因此它是八进制加法计数器，也称模八（$M=8$）加计数器。

从图4.23所示的时序图可以清楚地看到Q_0、Q_1、Q_2的周期分别是计数脉冲（CP）周期的2倍、4倍、8倍，也就是说Q_0、Q_1、Q_2分别对CP波形进行了二分频、四分频、八分频，因而计数器也可作为分频器。

需要说明的是，由图4.23中的虚线波形可知，在考虑各触发器的传输延迟时间t_{pd}时，对于一个n位的二进制异步计数器来说，从一个计数脉冲（设为上升沿起作用）到来，到n个触发器都翻转稳定，需要经历的最长时间是nt_{pd}，为保证计数器的状态能正确地反映计数脉冲的个数，下一个计数脉冲（上升沿）必须在nt_{pd}后到来，因此计数脉冲的最小周期$T_{min}=nt_{pd}$。

(2) 二进制异步减法计数器。

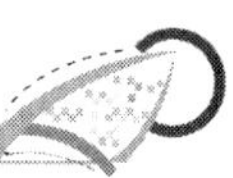

图 4.24 是 3 位二进制异步减法计数器的电路图和状态图。从初态 000 开始，在第一个计数脉冲作用后，触发器 FF_0 由 0 翻转为 1（Q_0 的借位信号），此上升沿使 FF_1 也由 0 翻转为 1（Q_1 的借位信号），这个上升沿又使 FF_2 由 0 翻转为 1，即计数器由 000 变成了 111 状态。在这一过程中，Q_0 向 Q_1 进行了借位，Q_1 向 Q_2 进行了借位。此后，每输入 1 个计数脉冲，计数器的状态按二进制递减（减 1）。输入第 8 个计数脉冲后，计数器又回到 000 状态，完成一次循环。因此，该计数器是八进制（模 8）异步减法计数器，它同样具有分频作用。

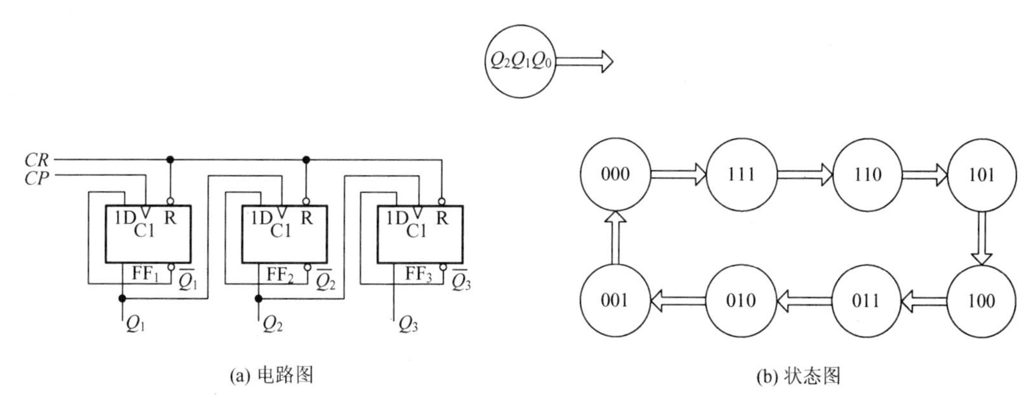

图 4.24 3 位二进制异步减法计数器

综上所述，可对二进制异步计数器归纳出以下两点：

（1）n 位二进制异步计数器由 n 个处于计数工作状态（对于 D 触发器，使 $D_i = \overline{Q_i^n}$；对于 JK 触发器，使 $J_i = K_i = 1$）的触发器组成。各触发器之间的连接方式由加、减计数方式及触发器的触发方式决定。对于加法计数器，若用上升沿触发的触发器组成，则应将低位触发器的 $\overline{Q}$ 端与相邻高一位触发器的时钟脉冲输入端相连（即进位信号应从触发器的 $\overline{Q}$ 端引出）；若用下降沿触发的触发器组成，则应将低位触发器的 Q 端与相邻高一位触发器的时钟脉冲输入端连接。对于减法计数器，各触发器的连接方式则相反。

（2）在二进制异步计数器中，高位触发器的状态翻转必须在低一位触发器产生进位信号（加计数）或借位信号（减计数）之后才能实现，故这种类型的计数器又称为串行计数器。也正因为如此，异步计数器的工作速度较低。

2）二进制同步计数器

为了提高计数速度，可采用同步计数器，其特点是，计数脉冲同时接于各位触发器的时钟脉冲输入端，当计数脉冲到来时，各触发器同时被触发，应该翻转的触发器是同时翻转的，没有各级延迟时间的积累问题。同步计数器也称为并行计数器。

（1）二进制同步加法计数器。图 4.25 所示是用 JK 触发器（但已令 $J = K$）组成的 4 位二进制（$M = 16$）同步加法计数器。

由图 4.25 可见，各位触发器的时钟脉冲输入端接同一计数脉冲 CP，各触发器的驱动方程分别为 $J_0 = K_0 = 1$、$J_1 = K_1 = Q_0$、$J_2 = K_2 = Q_0Q_1$、$J_3 = K_3 = Q_0Q_1Q_2$。

根据同步时序电路的分析方法，可得到该电路的状态表，见表 4 - 9 所示。设从初态 0000 开始，因为 $J_0 = K_0 = 1$，所以每输入一个计数脉冲 CP，最低位触发器 FF_0 就翻转一次，其他位的触发器 FF_i 仅在 $J_i=K_i=Q_{i-1}Q_{i-2}\cdots Q_0=1$ 的条件下，在 CP 下降沿到来时才翻转。

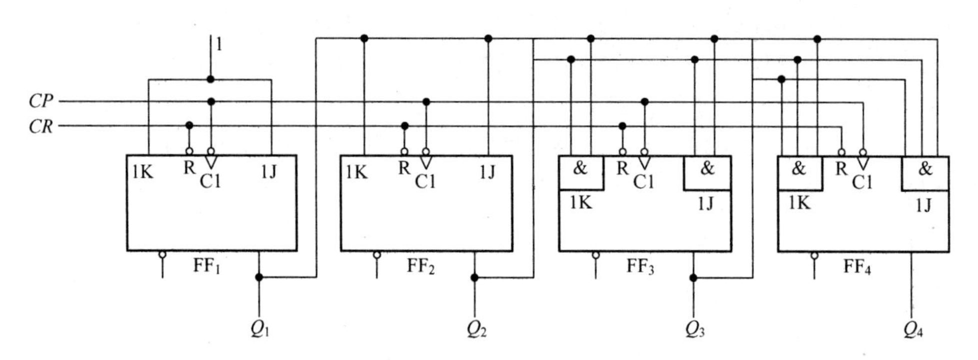

图 4.25　二进制同步加法计数器

表 4-9　二进制同步加法计数器状态表

计算脉冲 CP 的顺序	电路状态				等效十进制数
	Q_3	Q_2	Q_1	Q_0	
0	0	0	0	0	0
1	0	0	0	1	1
2	0	0	1	0	2
3	0	0	1	1	3
4	0	1	0	0	4
5	0	1	0	1	5
6	0	1	1	0	6
7	0	1	1	1	7
8	1	0	0	0	8
9	1	0	0	1	9
10	1	0	1	0	10
11	1	0	1	1	11
12	1	1	0	0	12
13	1	1	0	1	13
14	1	1	1	0	14
15	1	1	1	1	15
16	0	0	0	0	0

图 4.26 是图 4.25 所示电路的时序图，其中虚线是考虑触发器的传输延迟时间 t_{pd} 后的波形。由此图可知，在同步计数器中，由于计数脉冲 CP 同时作用于各个触发器，所有触发器的翻转是同时进行的，都比计数脉冲 CP 的作用时间滞后一个 t_{pd}，因此其工作速度一般要比异步计数器高。

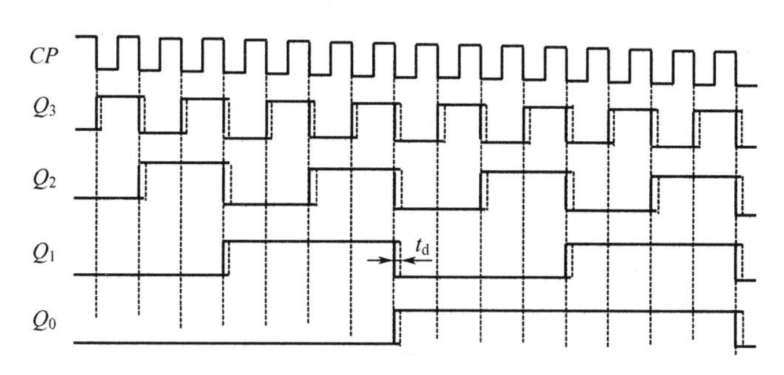

图 4.26　二进制同步加法计数器时序图

应当指出的是，同步计数器的电路结构较异步计数器复杂，需要增加一些输入控制电路，因而其工作速度也要受这些控制电路的传输延迟时间的限制。如果将图 4.25 电路中触发器 FF_1、FF_2 和 FF_3 的驱动信号分别改为

$$J_1=K_1=\overline{Q_0}$$

$$J_2=K_2=\overline{Q_0}\,\overline{Q_1}$$

$$J_3=K_3=\overline{Q_0}\,\overline{Q_1}\,\overline{Q_2}$$

即可构成 4 位二进制同步减法计数器。

(2) 二进制同步可逆计数器。实际应用中，有时要求一个计数器既能做加计数又能做减计数。同时兼有加和减两种计数功能的计数器称为可逆计数器。

4 位二进制同步可逆计数器如图 4.27 所示，它是在前面介绍的 4 位二进制同步加和减计数器的基础上增加一控制电路构成的。由图 4.27 可知，各触发器的驱动方程分别为

$$J_0=K_0=1$$

$$J_1=K_1=\overline{X}\,\overline{Q_0}+XQ_0$$

$$J_2=K_2=\overline{X}\,\overline{Q_0}\,\overline{Q_1}+XQ_0Q_1$$

$$J_3=K_3=\overline{X}\,\overline{Q_0}\,\overline{Q_1}\,\overline{Q_2}+XQ_0Q_1Q_2$$

当加/减控制信号 $X=1$ 时，FF_1～FF_3 中的各 J、K 端分别与低位各触发器的 Q 端接通，进行加计数；当 $X=0$ 时，各 J、K 端分别与低位各触发器的 $\overline{Q}$ 端接通，进行减计数，实现了可逆计数器的功能。

3) 十进制计数器

二进制计数器具有电路结构简单、运算方便等特点，但是日常生活中我们所接触的大部分都是十进制数，特别是当二进制数的位数较多时，阅读非常困难，所以很有必要讨论十进制计数器。

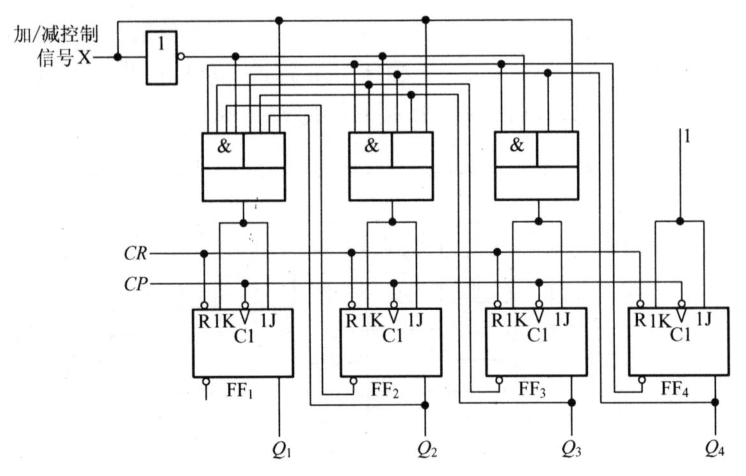

图 4.27　4 位二进制同步可逆计数器

在十进制计数制中，每位数都可能是 0、1、2、…、9 十个数码中的任意一个，且“逢十进一”。根据计数器的构成原理，必须由 4 个触发器的状态来表示 1 位十进制数的 4 位二进制编码。而 4 位编码总共有 16 个状态。所以必须去掉其中的 6 个状态，至于去掉哪 6 个状态，可有不同的选择。这里考虑去掉 1010～1111 这 6 个状态，即采用 8421BCD 码的编码方式来表示 1 位十进制数。

(1) 8421BCD 码十进制异步加法计数器：用 JK 主从触发器组成的 1 位十进制异步加法计数器如图 4.28(a) 所示。

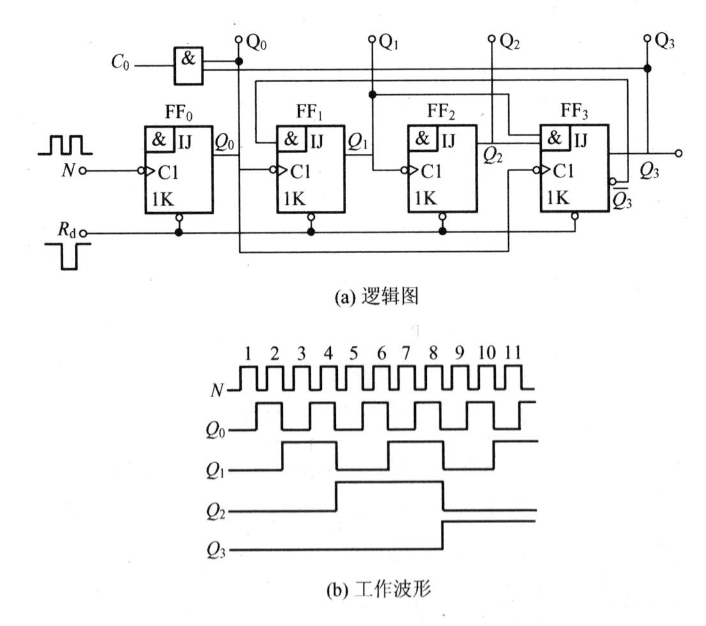

图 4.28　8421BCD 码十进制异步加法计数器

① 电路结构：由 4 个 JK 主从触发器组成，其中 FF_0 始终处于计数状态。Q_0 同时触发 FF_1 和 FF_3，$\overline{Q_3}$ 反馈到 J_1，Q_2Q_1 作为 J_3 端信号。

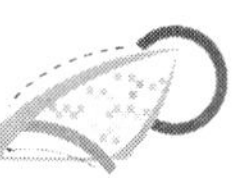

② 工作原理。

a. 工作波形分析法。由电路图可知，在 FF_3 翻转以前，即从状态 0000 到 0111 为止，各触发器翻转情况与二进制异步加法计数器相同。第 8 个脉冲输入后，4 个触发器状态为 1000，此时 $\overline{Q}_3=0$，所以下一个 FF_0 来的负阶跃电压不能使 FF_1 翻转。因而在第 10 个脉冲输入后，触发器状态由 1001 变为 0000，而不是 1010，从而使 4 个触发器跳过 1010～1111 这 6 个状态而复位到原始状态 0000，其工作波形如图 4.28(b) 所示。

当第 10 个脉冲作用后，产生进位输出信号 $C_0=Q_3Q_0$。

b. 状态方程分析法。首先列出各触发器的驱动方程：

$$J_0=K_0=1$$
$$J_1=\overline{Q_3}Q_0，K_1=Q_0$$
$$J_2=K_2=Q_0Q_1$$
$$J_3=Q_0Q_1Q_2，K_3=Q_0$$

触发器在异步工作时，若有 CP 触发沿输入，其状态由特征方程确定，否则维持原态不变。这时触发器的特征方程可变为 $Q^{n+1}=(J\overline{Q}^n+\overline{K}Q^n)CP\downarrow+Q^n\overline{CP}\downarrow$，其中 $CP\downarrow=1$ 表示有 CP 触发沿加入，$CP=0$ 表示没有 CP 触发沿加入。所以可以写出以下状态方程：

$$Q_0^{n+1}=\overline{Q_0}CP_0\downarrow+Q_0\overline{CP_0}\downarrow$$
$$Q_1^{n+1}=\overline{Q_3^n}\,\overline{Q_1^n}CP_1\downarrow+Q_1^n\overline{CP_1}\downarrow$$
$$Q_2^{n+1}=\overline{Q_2^n}CP_2\downarrow+Q_2^n\overline{CP_2}\downarrow$$
$$Q_3^{n+1}=\overline{Q_3^n}Q_2^nQ_1^nCP_3\downarrow+Q_3^n\overline{CP_3}\downarrow$$

根据以上状态方程，即可列出计数器的状态转移表，见表 4-10 所示。

表 4-10　十进制异步加法计数器状态转移表

态序 S	Q_3	Q_2	Q_1	Q_0	对应的十进制数	时钟脉冲 CP_3	CP_2	CP_1	CP_0
0	0	0	0	0	0	0	0	0	0
1	0	0	0	1	1	0	0	0	1
2	0	0	1	0	2	1	0	1	1
3	0	0	1	1	3	0	0	0	1
4	0	1	0	0	4	1	1	1	1
5	0	1	0	1	5	0	0	0	1
6	0	1	1	0	6	1	0	1	1
7	0	1	1	1	7	0	0	0	1
8	1	0	0	0	8	1	1	1	1
9	1	0	0	1	9	0	0	0	1
10	0	0	0	0	0	1	0	1	1

以上两种方法均表明该逻辑电路具有 8421 码十进制异步加法计数的功能。

(2) 8421 码十进制同步加法计数器：

① 电路结构：如图 4.29 所示，由四个主从 JK 触发器组成，各触发器共用同一个计数脉冲，是同步时序逻辑电路。

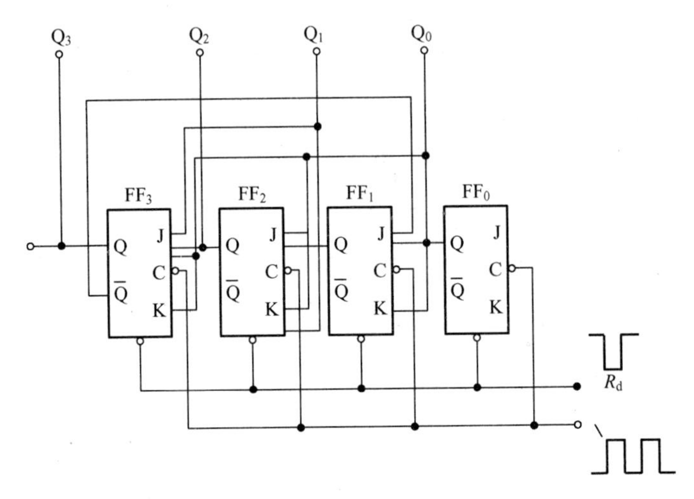

图 4.29　8421 码同步十进制加法计数器

② 工作原理。

a. 各触发器方程为

$$J_0 = K_0 = 1$$

$$J_1 = \overline{Q_3} Q_0,\ K_1 = Q_0$$

$$J_2 = K_2 = Q_0 Q_1$$

$$J_3 = Q_0 Q_1 Q_2,\ K_3 = Q_0$$

b. 将驱动方程代入 JK 触发器特征方程，得状态转移方程为

$$Q_0^{n+1} = \overline{Q_0^n} CP \downarrow$$

$$Q_1^{n+1} = (\overline{Q_3^n}\ \overline{Q_1^n} Q_0^n + Q_1^n\ \overline{Q_0^n}) CP \downarrow$$

$$Q_2^{n+1} = (\overline{Q_2^n} Q_1^n Q_0^n + Q_2^n\ \overline{Q_1^n}\ \overline{Q_0^n}) CP \downarrow$$

$$Q_3^{n+1} = (\overline{Q_3^n} Q_2^n Q_1^n + Q_3^n\ \overline{Q_0^n}) CP \downarrow$$

由于各触发器共用同一个时钟脉冲，故上式中的 $CP\downarrow$ 可忽略不写。

c. 列状态转移表。设计数器状态为 $Q_3Q_2Q_1Q_0 = 0000$，根据状态方程可列出状态转移真值表。所以该电路是 8421 码十进制同步加法计数器。

4) 常用集成计数器

所谓集成计数器，就是把时序电路组成的计数器集成到一块芯片里。集成计数器在一些简单小型数字系统中被广泛应用，因为它们具有体积小、功耗低、功能灵活等优点。集成计数器的类型很多，表 4-11 列举了若干集成计数器产品。

表 4-11　若干集成计数器

CP 脉冲引入方式	型　　号	计数模式	清零方式	预置数方式
同步	74161	4 位二进制加法	异步（低电平）	同步
	74HC161	4 位二进制加法	异步（低电平）	同步
	74HCT161	4 位二进制加法	异步（低电平）	同步
	74LS191	单时钟 4 位二进制可逆	无	异步
	74LS193	双时钟 4 位二进制可逆	异步（低电平）	异步
	CD4017	十进制加法	异步（高电平）	同步
	74LS190	单时钟十进制可逆	无	异步
异步	74LS293	双时钟 4 位二进制加法	异步	无
	74LS290	二-五-十进制加法	异步	异步

CD4017 是 5 位 Johnson 计算器，具有 10 个译码输出端，*CP*、*CR*、*INH* 三个输入端。时钟输入端的斯密特触发器具有脉冲整形功能，对输入时钟脉冲上升和下降时间无限制。*INH* 为低电平时，计算器在时钟上升沿计数；反之，计数功能无效。*CR* 为高电平时，计数器清零。Johnson 计数器提供了快速操作，二输入译码选通和无毛刺译码输出。防锁选通保证了正确的计数顺序。译码输出一般为低电平，只有在对应时钟周期内保持高电平。在每 10 个时钟输入周期 *CO* 信号完成一次进位，并用作多级计数链的下级脉动时钟。

CD4022 是 4 位 Johnson 计算器，具有 8 个译码输出端，*CP*、*CR*、*INH* 输入端。时钟输入端的斯密特触发器具有脉冲整形功能，对输入时钟脉冲上升和下降时间无限制。*INH* 为低电平时，计数器清零，Johnson 计数器提供了快速操作，二输入译码选通和无毛刺译码输出。防锁选通保证了正确的计数顺序。译码输出一般为低电平，只有在对应时钟周期内保持高电平。在每 8 个时钟输入周期 *CO* 信号完成一次进位，并用作多级计数链的下级脉动时钟。

CD4017 与 CD4022 是一对姊妹产品，主要区别是 CD4022 是八进制的，所以译码输出仅有 $Y_0 \sim Y_7$，每输入 8 个脉冲周期，就可得到一个进位输出，它们的引脚相同，不过 CD4022 的 6、9 脚是空脚。

数字电路 CD4017 是十进制计数/分频器，它的内部由计数器及译码器两部分组成，由译码输出实现对脉冲信号的分配，整个输出时序就是 Q_0、Q_1、Q_2、…、Q_9 依次出现与时钟同步的高电平，宽度等于时钟周期。CD4017 引脚图及时序图如图 4.30 所示。

CD4017 有 10 个输出端（$Q_0 \sim Q_9$）和 1 个进位输出端 $\sim Q_{5-9}$。每输入 10 个计数脉冲，$\sim Q_{5-9}$ 就可得到 1 个进位正脉冲，该进位输出信号可作为下一级的时钟信号。

CD4017 有 3 个输入端（*MR*、CP_0 和 $\sim CP_1$），*MR* 为清零端，当在 *MR* 端上加高电平或正脉冲时，其输出 Q_0 为高电平，其余输出端（$Q_1 \sim Q_9$）均为低电平。CP_0 和 $\sim CP_1$

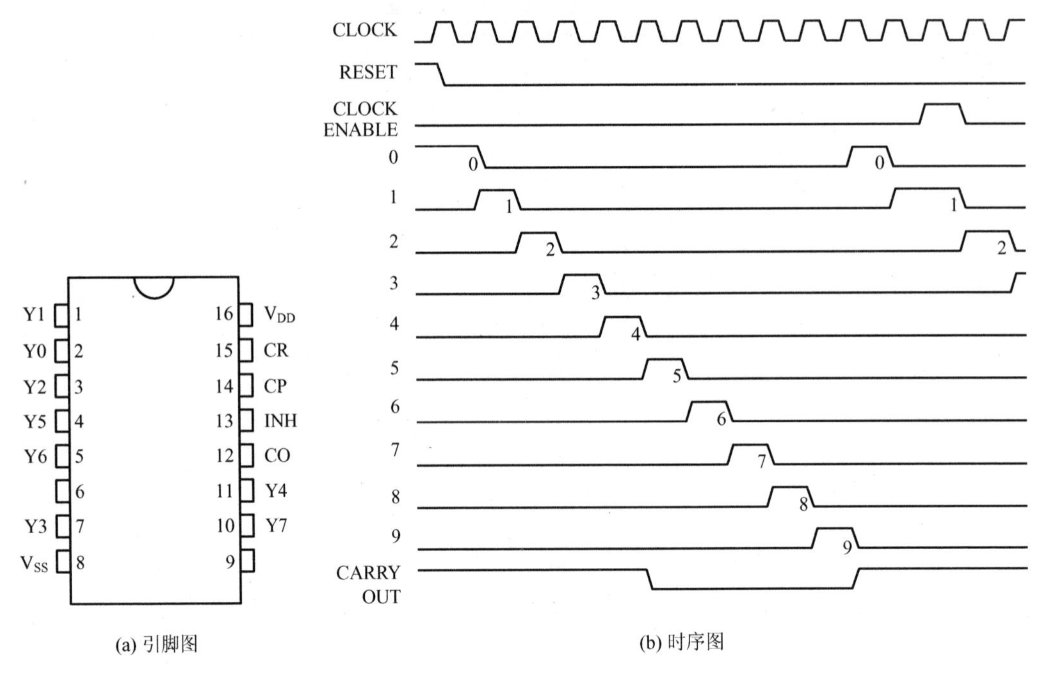

(a) 引脚图　　(b) 时序图

图 4.30　CD4017 引脚图及时序图

是两个时钟输入端，若要用上升沿来计数，则信号由 CP_0 端输入；若要用下降沿来计数，则信号由～CP_1 端输入。设置两个时钟输入端，级联时比较方便，可驱动更多二极管发光。由此可见，当 CD4017 有连续脉冲输入时，其对应的输出端依次变为高电平状态，故可直接用作顺序脉冲发生器。

CD4017 有两个时钟端 CP 和 EN，若用时钟脉冲的上升沿计数，则信号从 CP 端输入；若用下降沿计数，则信号从 EN 端输入。设置两个时钟端是为了级联方便。

3. **译码器**

译码是编码的逆过程，它的功能是将具有特定含义的二进制码进行辨别，并转换成控制信号。具有译码功能的逻辑电路称为译码器。

译码器可分为两种类型，一种是将一系列代码转换成与之相对应的有效信号。这种译码器可称为唯一地址译码器，它常用于计算机中对存储单元地址的译码，即将每一个地址代码转换成一个有效信号，从而选中对应的单元。另一种是将一种代码转换成另一种代码，所以也称为代码转换器。图 4.31 为二进制译码器的一般原理图，它具有 n 个输入端，2^n 个输出端和一个使能输入端。在使能输入端为有效电平时，对应每一组输入代码，只有其中一个输出端为有效电平，其余输出端则为非有效电平。

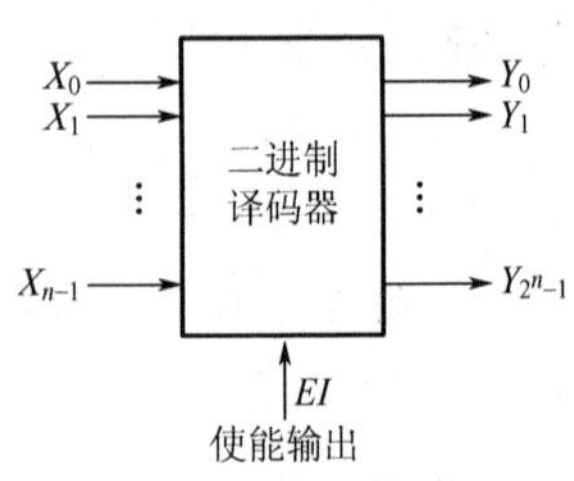

图 4.31　二进制译码器一般原理图

下面首先分析由门电路组成的译码电路，以便熟悉译码器的工作原理和电路结构。二输入变量的二进制译码器逻辑图如图 4.32 所示。由于二输入变量 A、B 共有 4 种不同的状态组合，因而可译出4个输出信号 $Y_0 \sim Y_3$，故图4.32为2线输入、4线输出译码器，简称2-4线译码器。由图可写出各输出端的逻辑表达式

$$Y_0 = \overline{\overline{EI}\,\overline{A}\,\overline{B}}$$

$$Y_1 = \overline{\overline{EI}\,\overline{A}B}$$

$$Y_2 = \overline{\overline{EI}A\,\overline{B}}$$

$$Y_3 = \overline{\overline{EI}AB}$$

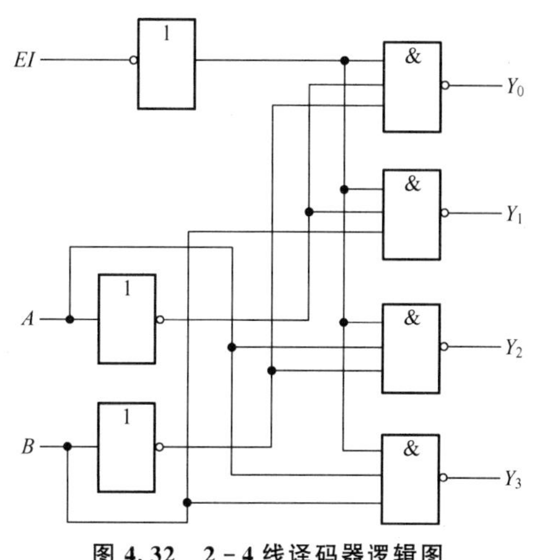

图4.32 2-4线译码器逻辑图

根据上式可列出功能表，见表4-12所示。由表可知，对于正逻辑，当 EI 为1时，无论 A、B 为何种状态，输出全为1，译码器处于非工作状态。而当 EI 为0时，对应于 A、B 的某种状态组合，其中只有一个输出量为0，其余各输出量均为1。例如，$AB=00$ 时，输出 Y_0 为0，$Y_1 \sim Y_3$ 均为1。由此可见，译码器是通过输出端的逻辑电平以识别不同的代码的。

表4-12 2-4线译码器功能表

输入			输出			
E_I	A	B	Y_0	Y_1	Y_2	Y_3
H	×	×	H	H	H	H
L	L	L	L	H	H	H
L	L	H	H	L	H	H
L	H	L	H	H	L	H
L	H	H	H	H	H	L

接下来介绍CD4026芯片。CD4026芯片是一款同时兼备十进制计数和七段译码两大功能的芯片，通常在 CP 脉冲的作用下为共阴极七段LED数码管显示提供输入信号。在一些无须预置数的电子产品中得到了广泛的应用，节约了开发成本。由于CD4026输出端信号有规律可循，经合理反馈后获得进位脉冲信号和本位清零信号，即可实现数字钟计时功能。

CD4026同时具有显示译码功能，可将计数器的十进制计数转换为驱动数码管显示的七位显示码，省去了专门的显示译码器。CD4026的输出a～g直接与LED数码管连接。

CD4026的 CR 为异步清零端，$CR=1$ 时立即使计数器清零。其引脚图及时序图如图4.33所示。

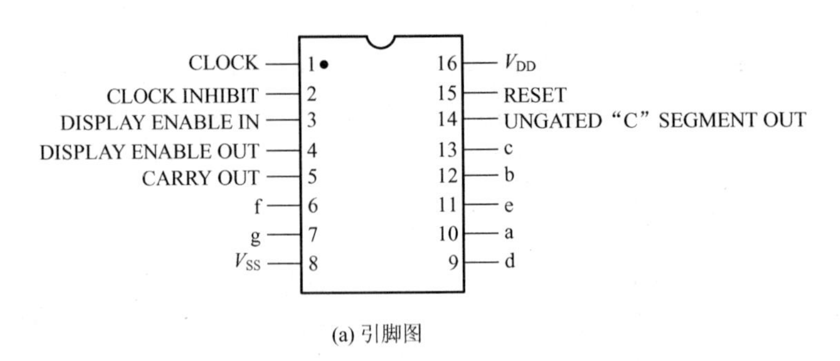

(a) 引脚图

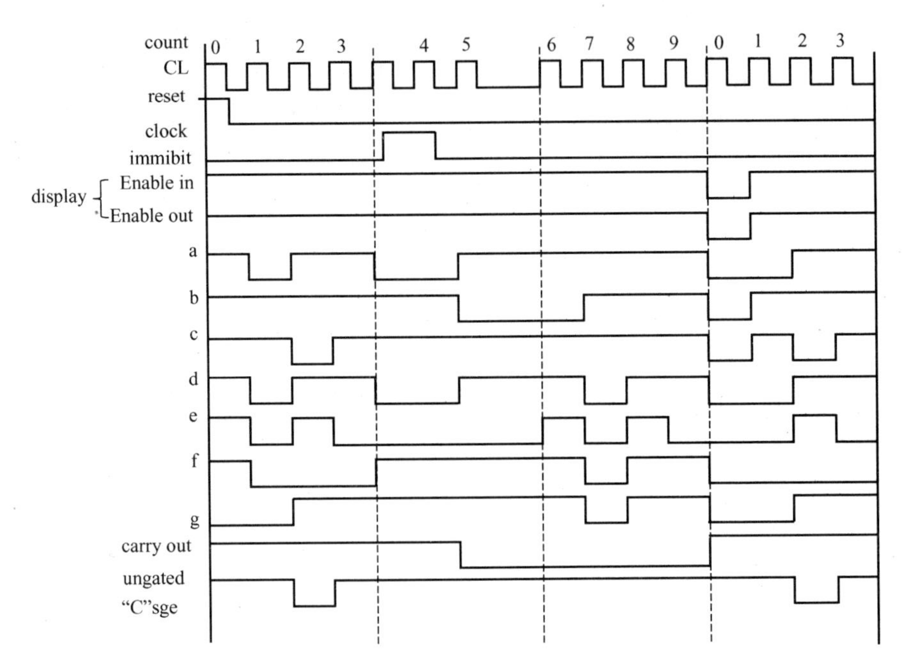

(b) 时序图

图 4.33　CD4026 引脚图及时序图

【项目拓展】

拓展 1　设计一款单片机控制的频率计，设计指标如下：

（1）测量范围为 20Hz～400kHz，可测方波、正弦波、三角波；

（2）测量误差为±2Hz；

（3）频率大于 350kHz 时，蜂鸣器报警，提示到达高频率；

（4）液晶显示。

参考思路：

待测信号先送入整形放大模块处理成闸门可识别的方波信号，再进入单片机系统，单片机系统通过定时器/计数器对信号进行脉冲计数，将得到的频率数据在液晶显示屏上进行显示。最终能实现对输入幅度在 50mV～5V 之间，频率在 20Hz～400kHz 之间的待测

信号进行频率计数，输出采用液晶显示，并且在超过 350kHz 时蜂鸣器报警提示到达高频。频率计的总体设计框图如图 4.34 所示。

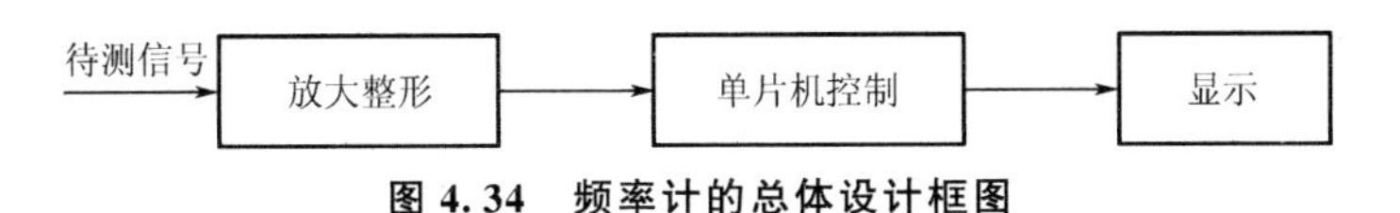

图 4.34 频率计的总体设计框图

基于 STC89C52RC 单片机的频率计的测量范围为 20Hz～400kHz。采用小数点 2 位显示以确保其显示精度。频率计由放大整形模块、STC89C52RC 单片机模块、1602 液晶显示模块和系统软件构成。整个系统采用模块化设计思路构建。

拓展 2 设计一款挡位可以自动切换的频率计，设计指标如下：

(1) 用 6 位数码管显示 Hz、kHz、MHz 三个频段的待测信号的频率值；

(2) 测量误差为±2Hz；

(3) 频率测量范围为 1Hz～1MHz；

(4) 能测量三角波、方波和正弦波等多种波形信号的频率值。

参考思路：

本系统设计的是一种以单片机为主控制的频率计。该频率计首先是以信号放大整形后的方波对不同频率范围的信号直接由接口电路送给单片机，由单片机的计数器对其进行计数，最后通过显示电路显示数值。数字频率计主要由以下几部分组成：①时基电路；②逻辑控制电路；③可控制的显示电路。因为单片机内部振荡频率很高，所以一个机器周期的量化误差相当小，可以提高低频信号测量的准确性。本设计主要是以单片机 AT89C52 为核心，通过计数电路及软件程序的编写，实现脉冲频率的显示。整体设计思路如图 4.35 表示。

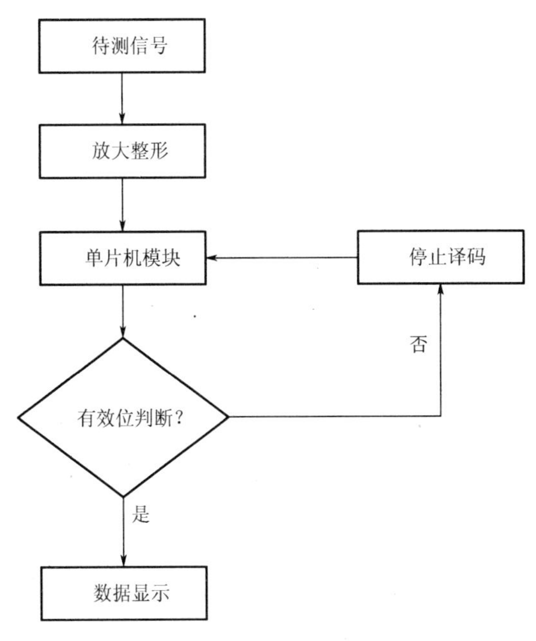

图 4.35 程序设计流程图

课后习题

1. 比较测频法和测周法的±1误差。
2. 当信号频率在100kHz以上时，在允许的误差范围内，如何实现测量。
3. 如何实现自动换挡频率计。
4. 如何实现超量程报警功能？

【参考图文】

项目 5

数字钟的设计与制作

【教学目标】

本项目的主要任务是设计并制作一个数字钟，从项目背景、项目要求、任务分析、任务实施、知识链接、项目拓展等几个方面开展项目教学，使学生完整地参与整个项目，在项目制作过程中学习和掌握相关知识。

通过本项目的学习，学生应能根据设计任务要求，完成硬件电路设计和相关元器件的选型，了解数字钟的各构成部分；掌握信号发生电路、计数电路、译码驱动电路、校时电路、显示电路的基本工作原理，能正确分析、制作与调试数字钟电路，会进行电路的测试和故障原因分析。

【教学要求】

教学内容	能力要求	相关知识
数字频率计	(1) 了解数字钟的用途和种类 (2) 掌握信号发生电路、计数电路、译码驱动电路、校时电路、显示电路的基本工作原理 (3) 能正确分析、制作与调试数字钟电路 (4) 会进行电路的测试和故障原因分析	(1) 555 芯片原理及应用 (2) 二进制、十进制计数器等计数器工作原理 (3) 译码显示原理

【项目背景】

数字钟（图 5.1）是用数字集成电路构成的，用数码显示的，具有实现时、分、秒数字显示的计时装置。数字集成电路的发展和石英晶体振荡器的使用，使得数字钟的精度与传统机械表相比，具有走时准确、显示直观、无机械传动装置等特点。数字钟已成为人们日常生活中的必需品，广泛用于个人家庭及办公室等公共场所，小到人们日常生活中的电子手表、电子闹钟，大到车站、码头、机场等公共场所的大型数字显示电子钟，给人们的生活、学习、工作、娱乐带来极大的方便。数字钟在控制系统中，也常用来作定时控制的时钟源。

图 5.1 数字钟

钟表的数字化给人们的生产生活带来了极大的方便，而且大大扩展了钟表原先的报时功能。诸如定时自动报警、按时自动打铃、时间程序自动控制、定时广播、定时启闭电路、定时开关烘箱、通断动力设备，甚至各种定时电气的自动启用等，所有这些，都是以钟表数字化为基础的。因此，研究数字钟及扩大其应用，有着非常现实的意义。

【项目要求】

(1) 设计以 24h 为一个周期的时钟，显示时、分、秒。

(2) 计时过程具有报时功能，当时间到达整点前 5s 进行蜂鸣报时。

(3) 走时精度高于普通机械时钟，并且有校时功能，可以分别对时及分进行单独校时，使其校正到标准时间。走时精度要求每天误差小于 1s，任何时候都可对数字钟进行校准。

【任务分析】

根据数字钟项目的要求，通过小组合作的方式展开任务分析，主要涉及常用数字钟的种类，六十进制、二十四进制计数集成电路分析，数字钟原理等相关知识。通过技术指标、成本要求、安装要求、检测内容展开任务分析，使学生充分了解产品设计要求。通过小组合作学习的方式完成表 5 - 1 所示的任务分析过程工作单。

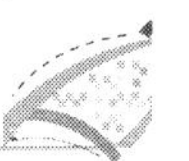

表 5-1　任务分析过程工作单

<table>
<tr><td>项目</td><td colspan="2">数字钟的设计与制作</td><td>任务名称</td><td colspan="2">数字钟的设计与制作任务分析</td></tr>
<tr><td colspan="6">学习记录</td></tr>
<tr><td>班级</td><td></td><td>小组编号</td><td></td><td>成员</td><td></td></tr>
<tr><td colspan="6">说明：小组成员根据数字钟设计的任务要求，认真学习相关知识，并将学习过程的内容（要点）进行记录，同时也将学习中存在的问题进行记录，填写下表</td></tr>
<tr><td colspan="2">数字钟的发展历程</td><td colspan="4">数字集成电路数字钟、基于单片机数字钟、基于 FPGA 数字钟</td></tr>
<tr><td colspan="2">常用数字钟种类</td><td colspan="4">数码管显示数字钟、液晶显示数字钟、投影显示数字钟</td></tr>
<tr><td colspan="2">数字钟的实现方法</td><td colspan="4">可用中小规模集成电路组成电子钟，也可以利用专用的电子钟芯片配以显示电路及其所需要的外围电路组成电子钟，还可以利用单片机来实现电子钟，等等</td></tr>
<tr><td colspan="6">任务分析的工作过程</td></tr>
<tr><td>开始时间</td><td colspan="2"></td><td>完成时间</td><td colspan="2"></td></tr>
<tr><td colspan="6">说明：根据小组成员的学习结果，通过分析与讨论，完成本项目的任务分析，填写下表</td></tr>
<tr><td>技术指标</td><td colspan="5">以 24h 为一个周期的时钟；具有报时功能，当时间到达整点前 5s 进行蜂鸣报时</td></tr>
<tr><td>成本要求</td><td colspan="5">成本控制在 20 元人民币以内</td></tr>
<tr><td>安装要求</td><td colspan="5">预留电源接入接口</td></tr>
<tr><td>检测内容</td><td colspan="5">数字钟的功能是否符合设计要求</td></tr>
</table>

1. 数字钟的发展历程

数字钟是一种用数字电路实现时、分、秒计时的装置，与机械性时钟相比具有更高的准确性和直观性，且无机械装置，具有更长的使用寿命，因此得到了广泛的使用。数字钟从原理上讲是一种典型的数字电路，其中包括了组合逻辑电路和时序电路。数字钟一般由振荡器、分频器、译码器、显示器等部分组成，这些都是数字电路中最基本的、应用最广的电路。当前市场上已有现成数字钟集成电路芯片出售，价格较便宜。

数字集成电路技术的发展与先进稳定的石英振荡器技术的应用使数字钟具有走时准确、性能稳定、携带方便等特点，数字钟是目前人们生活和工作不可或缺的报时用品。高精度的计时工具大多数使用了石英晶振，由于电子钟、石英表、石英钟都采用了石英晶振技术，因此走时精度高、稳定性好、使用方便、不需要经常调校。数字式电子钟用集成电路计时和译码，代替了传统时钟的“机械式传动”装置，用 LED 数码管或液晶显示器代替传统的指针式显示器，减小了计时误差，这种表具有时、分、秒显示时间的功能，还可以进行时和分的校对，具有简单、方便的校时功能。近年来，随着科技的发展和社会的进步，人们对计时器的要求也越来越高，多功能计时器不论在性能还是在样式上都发生了质的变化，为人们的生活带来了便利。

单片机在多功能计时器中的应用已非常普遍。由单片机作为计时器的核心控制器，可以通过它的时钟信号进行计时实现计时功能，将其时间数据经单片机输出，利用显示器显示出来。通过键盘可以进行定时、校时功能。输出设备显示器可以用液晶显示技术和数码管显示技术完成。单片机自20世纪70年代问世以来，以其极高的性能价格比，受到人们的重视和关注，应用很广、发展很快。单片机体积小，质量小，抗干扰能力强，环境要求不高，价格低廉，可靠性高，灵活性好，开发较为容易。由于具有上述优点，在我国，单片机已广泛地应用在工业自动化控制、自动检测、智能仪器仪表、家用电器、电力电子、机电一体化设备等各个方面，而51单片机是各单片机中最为典型和最有代表性的一种。

MCS-51系列中的一片89C51芯片，内部构造了完整的计算机硬件系统，从CPU、存储器到I/O端口，一应俱全。只要写入程序，就可完成中央控制或数据采集、处理及通信传输。MCS-51单片机指令系统中为适应控制的需要设有极强的位处理功能，具有加、减、乘、除指令；CPU时钟高达12MHz，完成单字节乘法或除法运算器件分军用和民用两级。民用产品主要用于办公室及机房环境，工作温度在0～70℃；军用产品要求在恶劣环境条件下稳定工作，工作温度在－65～125℃；而工业级产品的性能介于以上两者之间，在－40～85℃温度环境即可满足要求。工业级产品可靠性比民用产品强，而价格较军用产品低。在单片机应用中，可以根据实际工作环境，合理选择相应等级的电路芯片，保证系统可靠性等需要。

当今电子产品正向功能多元化、体积最小化、功耗最低化的方向发展，它与传统的电子产品在设计上的显著区别是大量使用大规模可编程逻辑器件，使产品的性能提高，体积缩小，功耗降低，同时广泛运用现代计算机技术，提高产品的自动化程度和竞争力，缩短研发周期。EDA技术正是为了适应现代电子技术的要求，吸收众多学科最新科技成果而形成的一门新技术。

VHDL是一种全方位的硬件描述语言，具有极强的描述能力，能支持系统行为级、寄存器传输级和逻辑门级这三个不同层次的设计；支持结构、数据流、行为三种描述形式的混合描述，覆盖面广，抽象能力强，因此在实际应用中越来越广泛。ASIC是专用的系统集成电路，是一种带有逻辑处理的加速处理器；而FPGA是特殊的ASIC芯片，与其他的ASIC芯片相比，它具有设计开发周期短、设计制造成本低、开发工具先进、标准产品无须测试、质量稳定及可实时在线检测等优点。CPLD/FPGA几乎能完成任何数字器件的功能，上至高性能CPU，下至简单的74系列电路。它如同一张白纸或是一堆积木，工程师可以通过传统的原理图输入或硬件描述语言自由地设计一个数字系统。通过软件仿真可以事先验证设计的正确性，在PCB完成以后，利用CPLD/FPGA的在线修改功能，随时修改设计而不必改动硬件电路。使用CPLD/FPGA开发数字电路，可以大大缩短设计时间，减少PCB面积，提高系统的可靠性。这些优点使得CPLD/FPGA技术在20世纪90年代以后得到飞速发展，同时也大大推动了EDA软件和硬件描述语言HDL的进步。

2. 常用数字钟的种类

1）数码管显示数字钟

数码管（图5.2）的主要特点如下：①能在低电压、小电流条件下驱动发光，能与

CMOS、ITL电路兼容。②发光响应时间极短（<0.1μs），高频特性好，单色性好，亮度高。③体积小，质量小，抗冲击性能好。④寿命长，使用寿命在10万h以上，甚至可达100万h；成本低。因此它被广泛用作数字仪器仪表、数控装置、计算机的数显器件。⑤可以用常用数字集成电路直接驱动，如CD4511、74LS48等，也可以用单片机直接驱动。

图5.2　数码管

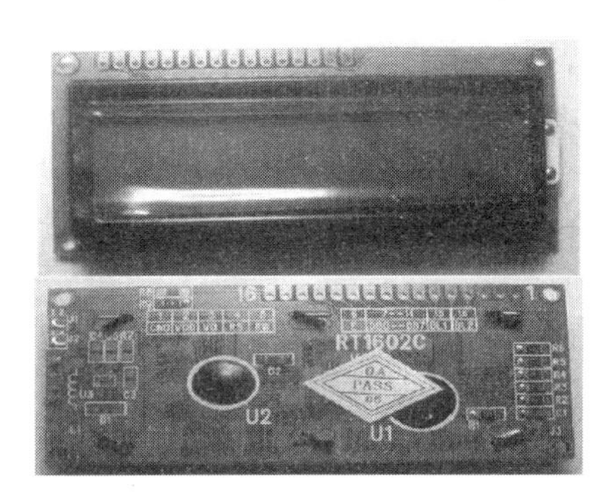

图5.3　液晶1602

2）液晶显示数字钟

在日常生活中，人们对液晶显示器（图5.3）并不陌生。液晶显示模块已作为很多电子产品的通过器件，如在计算器、万用表、电子钟及很多家用电子产品中都可以看到，显示的主要是数字、专用符号和图形。在单片机系统中应用液晶显示器作为输出器件有以下几个优点：①显示质量高。由于液晶显示器每一个点在收到信号后就一直保持那种色彩和亮度，恒定发光，而不像阴极射线管显示器（CRT）那样需要不断刷新亮点。因此，液晶显示器画质高且不会闪烁。②数字式接口。液晶显示器都是数字式的，和单片机系统的接口更加简单可靠，操作更加方便。③体积小、质量小。液晶显示器通过显示屏上的电极控制液晶分子状态来达到显示的目的，在质量上比相同显示面积的传统显示器要轻得多。④相对而言功耗低，液晶显示器的功耗主要消耗在其内部的电极和驱动IC上，因而耗电量比其他显示器要少得多。

3）投影显示数字钟

投影仪是一种用来放大显示图像的投影装置。目前已经应用于会议室演示，以及在家庭中通过连接DVD影碟机等设备在大屏幕上观看电影。在电影院也同样已开始取代老电影胶片的数码影院放映机，被用作面向硬盘数字数据的银幕。

说到投影仪显示图像的原理，基本上所有类型的投影仪都一样。投影仪先将光线照射到图像显示元件上来产生影像，然后通过镜头进行投影。投影仪的图像显示元件包括利用透光产生图像的透过型和利用反射光产生图像的反射型。无论哪一种类型，都是将投影灯的光线分成红、绿、蓝三色，再产生各种颜色的图像。因为元件本身只能进行单色显示，因此就要利用三枚元件分别生成三色成分。然后再通过棱镜将这三色图像合成为一个图像，最后通过镜头投影到屏幕上。

投影显示数字钟（图5.4）把时间直接投影到墙上，其是用高亮的红色LED圆灯照

图 5.4　投影显示数字钟

射反白的 LCD，得到时间的显示，然后通过两个凸透镜放大射到墙上，至于清晰度则是调节两个凸透镜间的距离实现的。

3. 数字钟的实现方法

可用中小规模集成电路组成电子钟，也可以利用专用的电子钟芯片配以显示电路及其所需要的外围电路组成电子钟，还可以利用单片机来实现电子钟，等等。这些方法都各有其特点，其中利用单片机实现的电子钟编程灵活，并便于功能的扩展，很精确。

由于电子钟一直是跳动的，所以最好选择方形的。至于它在我们生活中起到什么作用，这里不再一一叙述。

【任务实施】

任务 1　系统方案设计

数字钟由信号发生器、“时、分、秒”计数器、译码器及显示器、校时电路、整点报时电路等组成。秒信号发生器是整个系统的时基信号，它直接决定计时系统的精度。将标准秒脉冲信号送入“秒计数器”，该计数器采用六十进制计数器，每累计 60s 发出一个“分脉冲”信号，该信号将作为“分计数器”的时钟脉冲。“分计数器”也采用六十进制计数器，每累计 60min，发出一个“时脉冲”信号，该信号将被送到“时计数器”。“时计数器”采用二十四进制计数器，可以实现一天 24h 的累计，实现的方法是反馈清零法。译码显示电路将“时、分、秒”计数器的输出状态经七段显示译码器译码，通过 6 位 LED 显示器显示出来。整点报时电路根据计时系统的输出状态产生一个脉冲信号，然后去触发音频发生器实现报时。校时电路对“时、分、秒”显示数字进行校对调整。

1. 整体方案选择与论证

方案一：首先由一个 555 定时器产生振荡周期为 1s 的标准秒脉冲，由 74LS161 采用清零法分别组成六十进制秒计数器、六十进制分计数器和二十四进制时计数器。使用 555 定时器的输出作为秒计数器的 *CP* 脉冲，把秒计数器的进位输出作为分计数器的 *CP* 脉冲，分计数器的进位输出作为时计数器的 *CP* 脉冲。使用 74LS48 作为驱动器，共阴极数码管作为显示器。

方案二：首先由 32768Hz 的石英晶振和由 CD4518 构成的分频器构成产生振荡周期为 1s 的标准秒脉冲，由 CD4518 采用清零法分别组成六十进制秒计数器、六十进制分计数器和二十四进制时计数器。使用由 32768Hz 的石英晶振和由 CD4518 构成的分频器构成的产生振荡周期为 1s 的标准秒脉冲，把秒计数器的进位输出作为分计数器的 *CP* 脉冲，分计数器的进位输出作为时计数器的 *CP* 脉冲。使用 CD4511 作为驱动器，共阴极数码管作为

显示器。

对上述两个方案进行分析后，方案一、方案二都很正确，但是方案一由555定时器构成的多谐振荡器的振荡频率没有方案二中石英晶振的振荡频率稳定，所以选用方案二。

2. 方案确定

经过仔细分析和论证，确定系统各模块最终方案见表5-2所示。

表5-2 主要器件选用清单

功能	选用的器件
信号发生器	32768Hz石英晶振、CD4060
计数器	CD4518
译码驱动	CD4511
校时电路	CD4013
整点报时电路	HCF4068、CD4073、CD4069、CD4071

根据上述的论证分析，通过小组讨论，完成表5-3所示的方案设计工作单。

表5-3 方案设计工作单

<table>
<tr><td>项目名称</td><td colspan="2">数字钟的设计与制作</td><td>任务名称</td><td colspan="2">数字钟的方案设计</td></tr>
<tr><td colspan="6">方案设计分工</td></tr>
<tr><td>子任务</td><td colspan="2">提交材料</td><td colspan="2">承担成员</td><td>完成工作时间</td></tr>
<tr><td>信号发生器模块</td><td colspan="2">振荡器芯片选型分析</td><td colspan="2"></td><td></td></tr>
<tr><td>计数器模块</td><td colspan="2">计数器芯片选型分析</td><td colspan="2"></td><td></td></tr>
<tr><td>译码驱动模块</td><td colspan="2">译码驱动芯片选型分析</td><td colspan="2"></td><td></td></tr>
<tr><td>校时电路模块</td><td colspan="2">校时芯片选型分析</td><td colspan="2"></td><td></td></tr>
<tr><td>整点报时电路模块</td><td colspan="2">整点报时电路选型分析</td><td colspan="2"></td><td></td></tr>
<tr><td>外形方案</td><td colspan="2">图纸</td><td colspan="2"></td><td></td></tr>
<tr><td>方案汇报</td><td colspan="2">PPT</td><td colspan="2"></td><td></td></tr>
<tr><td colspan="6">学习记录</td></tr>
<tr><td>班级</td><td></td><td>小组编号</td><td></td><td>成员</td><td></td></tr>
<tr><td colspan="6">说明：小组成员根据方案设计的任务要求，认真学习相关知识，并将学习过程的内容（要点）进行记录，同时也将学习中存在的问题进行记录，填写下表</td></tr>
</table>

（续）

项目名称	数字钟的设计与制作	任务名称	数字钟的方案设计
方案设计的工作过程			
开始时间		完成时间	
说明：根据小组成员的学习结果，通过小组分析与讨论，最后形成设计方案，填写下表			
结构框图	画出原理图		
原理说明	对各个框图原理功能进行阐述		
关键器件选型	确定各个器件型号		
实施计划	列出实施计划		
存在问题及建议			

任务 2　硬件电路设计

根据任务要求设计一个数字钟系统。工作原理是：多功能数字钟电路由主体电路和扩展电路两大部分组成。其中主体电路完成数字钟的基本功能，扩展电路完成数字钟的扩展功能。振荡器产生的高脉冲信号作为数字钟的振源，再经分频器输出标准秒脉冲。秒计数器计满 60 后向分计数器个位进位，分计数器计满 60 后向时计数器个位进位并且时计数器按照“24 翻 1”的规律计数。计数器的输出经译码器送显示器。计时出现误差时电路进行校时、校分。扩展电路必须在主体电路正常运行的情况下才能进行扩展功能。

整个系统原理框图如图 5.5 所示。由图 5.5 可知，本系统主要由分频器、计数器、译码器、显示器、校时电路、整点报时电路六个部分构成。

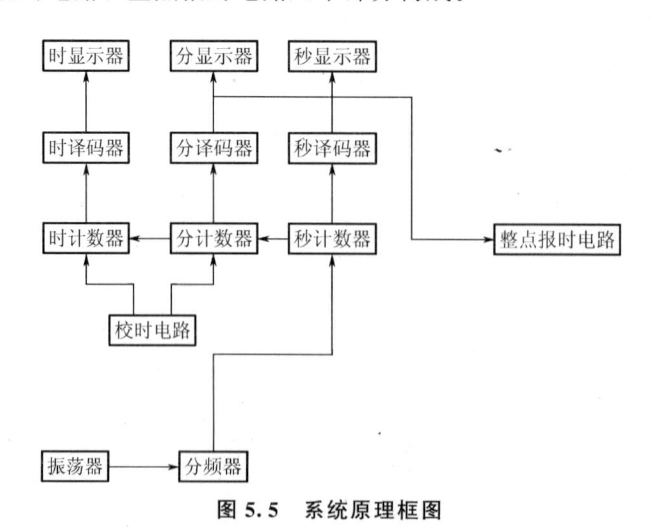

图 5.5　系统原理框图

1. 秒脉冲发生器电路设计

秒脉冲发生器电路由 CD4060 芯片及外围辅助电路组成，电路原理图如图 5.6 所示。

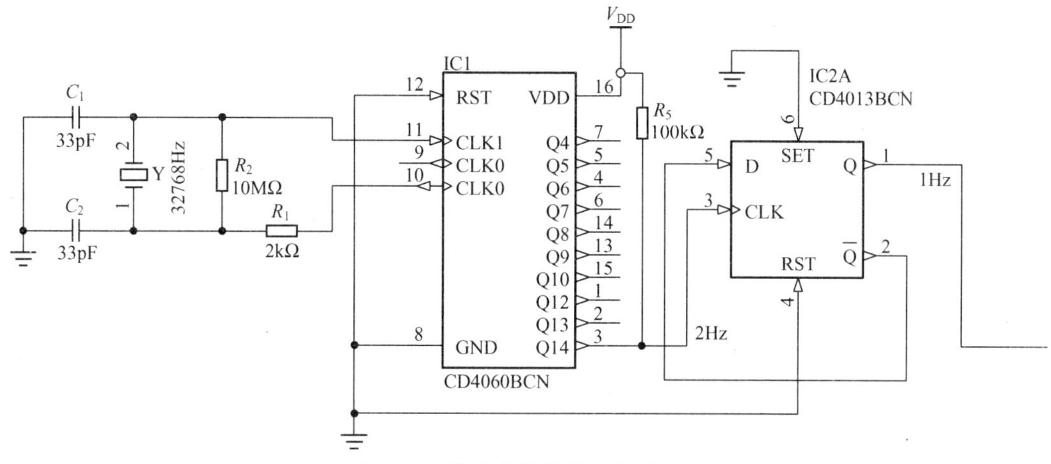

图 5.6 秒脉冲发生器电路原理图

秒脉冲发生器产生频率为 1Hz 的时间基准信号。数字钟大多采用 32768Hz 的石英晶振，经过 CD4060 和 CD4013 的 15 级二分频后，获得 1Hz 的秒脉冲。该电路主要核心器件是 CD4060。CD4060 是 14 级二进制计数器/分频器。它与外接电阻、电容、石英晶体共同组成振荡器。石英晶体产生 32768(2^{15})Hz 的脉冲信号，经 CD4060 进行 14 级二分频后，3 脚获得 2Hz 的脉冲信号，再经过一级 D 触发器（CD4013）二分频后，输出获得 1Hz 的时基秒脉冲。R_2 是反馈电阻，为非门提供偏置，可使 CD4060 内非门电路工作在电压传输特性的过渡区，即线性放大区。R_2 的阻值可在几 MΩ 到几十 MΩ 之间选择，一般取 10MΩ。C_1、C_2 与晶体构成一个谐振型网络，完成对振荡频率的控制功能，同时提供了一个 180°的相移，从而和非门构成一个正反馈网络，实现了振荡器的功能。由于晶振具有较高的频率稳定性及准确性，从而保证了输出频率的稳定和准确。C_2 可以是微调电容，可将振荡频率调整到精确值。

2. 计数器电路设计

“秒”“分”“时”计数器电路均采用双 BCD 同步加法计数器 HCC4518，如图 5.7 所示。计数器电路由两个独立十进制计数器单元构成，每一个计数器单元有两个时钟输入端，即 *CLK* 和 *EN* 端。当选用上升沿触发计数时，信号从 *CLK* 端口输入，此时另一个时钟端 *EN* 必须接高电平。当选用下降沿输入时，信号应由 *EN* 接入，这时候 *CLK* 端应接低电平。

为了适应 8421BCD 码译码器工作方式，“秒”“分”计数器是六十进制计数器，个位采用十进制计数器，十位采用六进制计数器，其输出为两位 8421BCD 码形式，如图 5.7(a) 所示。当计数器的数值达到 60 时，IC3B 输出 0110，即 Q_3 为 0、Q_2 为 1、Q_1 为 1、Q_0 为 0，Q_2 和 Q_1 经 CD4081 逻辑与操作，CD4081 的 3 脚输出高电平，IC3B 的 15 脚也变为高电平，IC3B 的输出端清零，完成秒钟和分钟的计数。

“时”计数器是二十四进制计数器，个位采用十进制计数器，十位采用二进制计数器，其输出也为 8421BCD 码，如图 5.7(b) 所示。当计数器的数值达到 24 时，IC5B、IC5A 输出 0010、0100，IC5B 的 Q_1 和 IC5A 的 Q_2 经 CD4081 逻辑与操作，CD4081 的 10 脚输

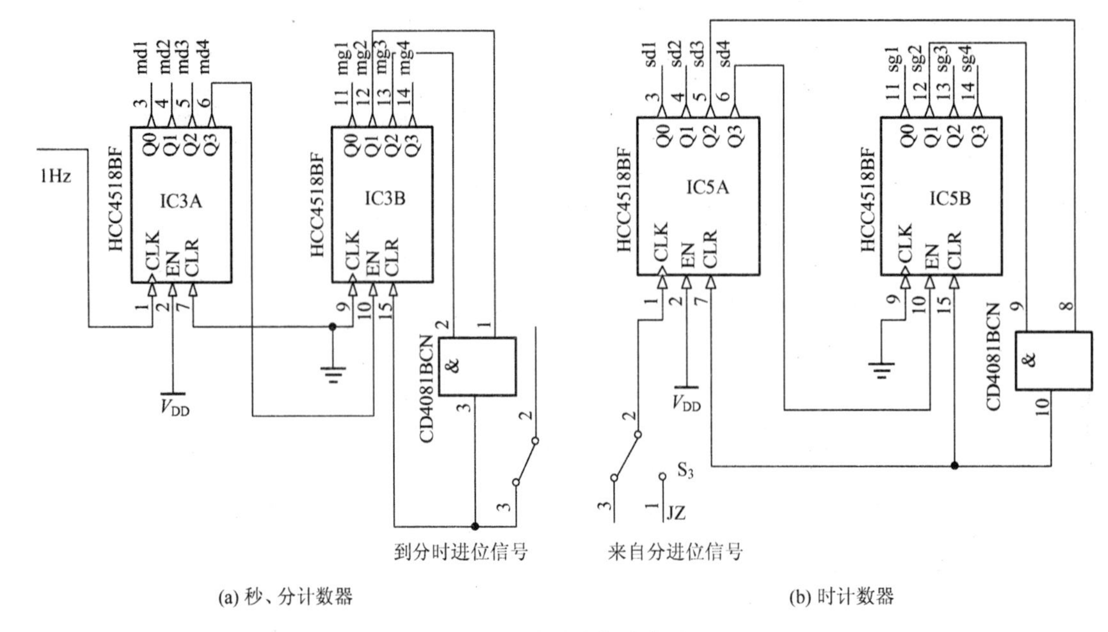

(a) 秒、分计数器　　(b) 时计数器

图 5.7　计时计数器电路

出高电平，IC5 的 7 脚和 15 脚也变为高电平，IC5 的输出端清零，此时此刻即为零点钟，完成小时的计数。

3. 译码、显示电路

译码、显示电路的作用是将“时、分、秒”计数器输出的 4 位二进制代码翻译并显示出相应的十进制的状态，通过 LED 数字发光元件显示数字笔画。通常译码器与显示器是配套使用的，CD4511 七个输出端与数码管之间均接有 300Ω 的电阻，此电阻起限流作用，以保护 CD4511 和数码管的安全运行。如果选择共阴极发光二极管数码显示器 BS201/202，则译码驱动器应选配 74LS48 或 CD4511。本设计中选用的就是 BS201 与 CD4511 配套使用，如图 5.8 所示。

CD4511 是一个用于驱动共阴极 LED（数码管）显示器的 BCD 码——七段码译码器，特点：具有 BCD 转换、消隐和锁存控制、七段译码及驱动功能的 CMOS 电路能提供较大的拉电流，可直接驱动 LED 显示器。

另外，CD4511 显示数“6”时，a 段消隐；显示数“9”时，d 段消隐，所以显示 6、9 这两个数时，字形不太美观。所谓共阴 LED 数码管，是指七段 LED 的阴极是连在一起的，在应用中应接地。限流电阻要根据电源电压来选取，电源电压为 5V 时可使用 300Ω 的限流电阻。

4. 校时电路

校时电路是数字钟不可缺少的部分，每当数字钟与实际时间不符时，需要根据标准时间进行校时。当数字钟接通电源或者计时出现错误时，需要校正时间，校时是数字钟应具备的基本功能。为了电路简单，只对时和分进行校时。校时电路要求在对时进行校正时不

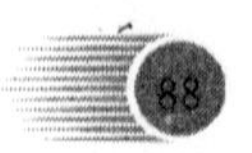

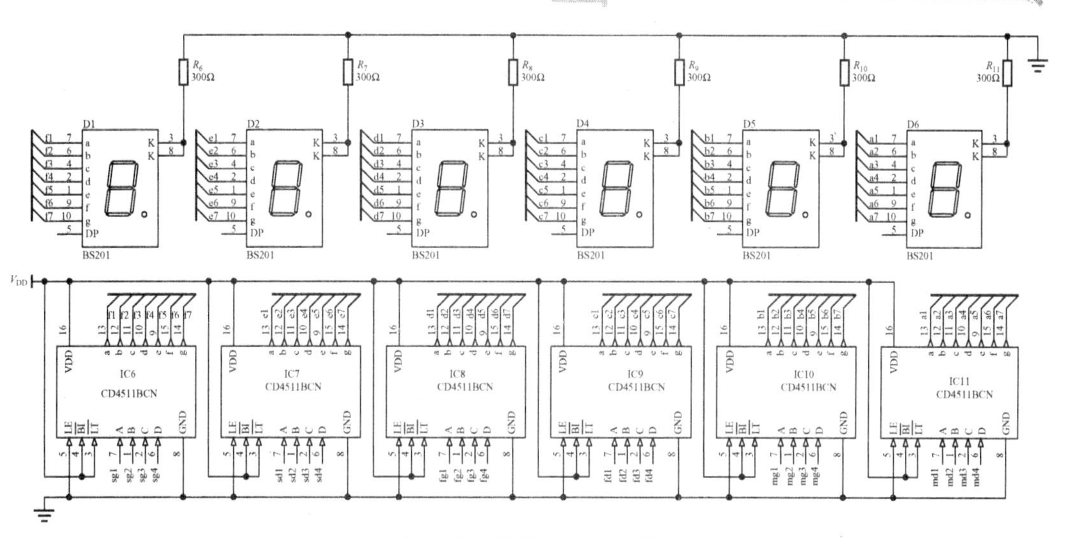

图 5.8 译码、显示电路

影响分和秒的正常计数，在对分进行校正时不影响秒和时。时间校准电路：其作用是当计时器刚接通电源或走时出现误差时，实现对“时”“分”“秒”的校准。

因此，应截断分个位和时个位的直接计数通路，并采用正常计时信号与校正信号可以随时切换的电路接入其中。即为用 CMOS 与门实现的时或分校时电路，S_2 开关常闭输入端与低位的进位信号相连；S_2 开关常开输入端与校正信号相连，校正信号可直接取自分频器产生的 1Hz 或 2Hz（不可太高或太低）信号；S_2 开关输出端则与分或时个位计时输入端相连。当 S_2 开关打向上时，因校时电路断开，数字钟正常计时不校正；而 S_2 开关打向下时，校时脉冲 2Hz 可以顺利通过与门，但与门另外一端需置高电平，这时校时电路处于校时状态。

实际使用时，因为电路开关存在抖动问题，所以一般会接一个 D 触发器构成开关消抖动电路，当 S_1 开关打向上时，D 触发器复位输出低电平，封锁与门，2Hz 校时脉冲不能通过与门；当 S_1 开关打向下时，D 触发器置位输出高电平，开通与门，2Hz 校时脉冲通过与门；所以整个校时电路就如图 5.9 所示。

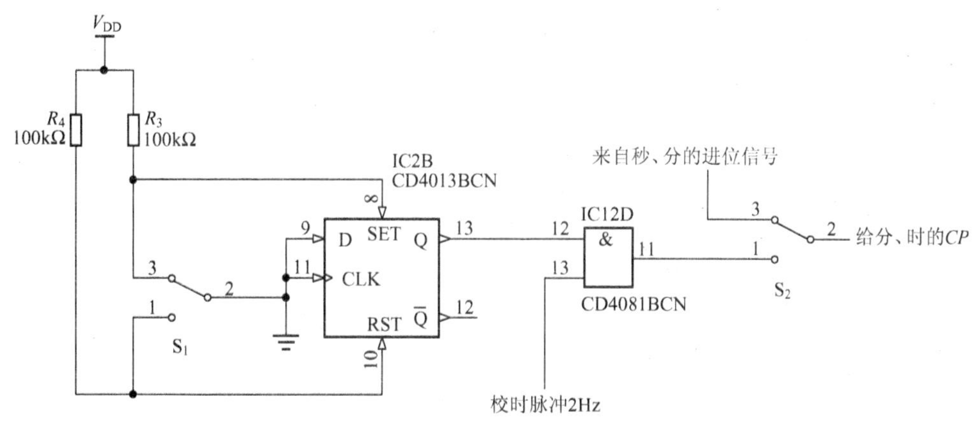

图 5.9 校时电路

5. 整点报时电路

一般时钟都应具备整点报时功能，即在时间出现整点前数秒内，数字钟会自动报时，以示提醒。其作用方式是发出连续的或有节奏的音频声波，较复杂的也可以是实时语音提示。

整点报时电路如图 5.10 所示，包括控制和音响两部分。每当“分”和“秒”计数器计到 59 分 51 秒时，自动驱动音响电路发出五次连续 1s 的鸣叫，前四次音调低，最后一次音调高。最后一声鸣叫结束时，计数器正好为整点（“00”分“00”秒）。

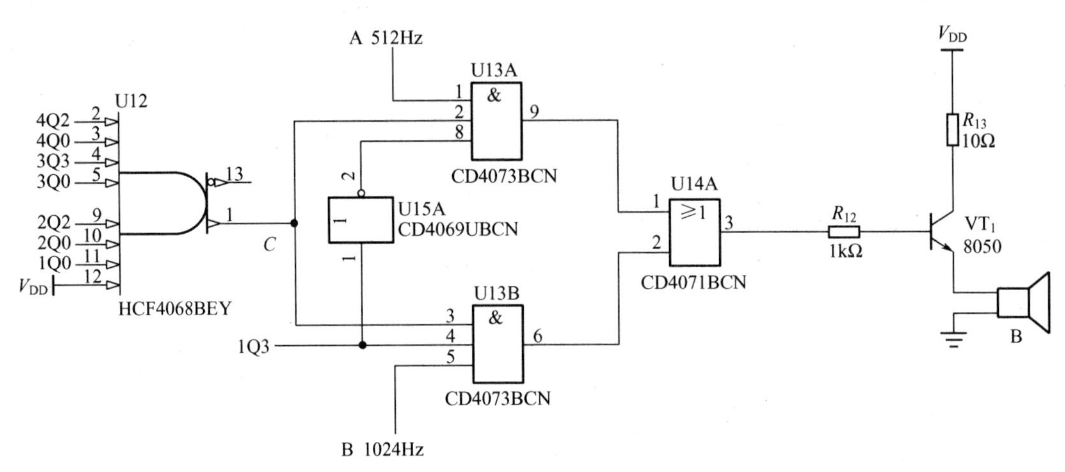

图 5.10 整点报时电路

1）控制电路

每当分、秒计数器计到 59 分 50 秒时，即开始鸣叫报时，此间只有秒个位计数，所以

$$4Q34Q24Q14Q0=0101$$

$$3Q33Q23Q13Q0=1001$$

$$2Q32Q22Q12Q0=0101$$

$$1Q31Q21Q11Q0=0000$$

4Q2＝4Q0＝3Q3＝3Q0＝2Q2＝2Q0＝1，另外，时钟到达 51 秒、53 秒、55 秒、57 秒和 59 秒（即 1Q0＝1）时就鸣叫。为此，将 4Q2、4Q0、3Q3、3Q0、2Q2、2Q0 和 1Q0 逻辑相与作为控制信号 C，即

$$C=4Q2\cdot 4Q0\cdot 3Q3\cdot 3Q0\cdot 2Q2\cdot 2Q0\cdot 1Q0$$

$$Y=A\cdot C\cdot 1QD+B\cdot C\cdot 1QD$$

所以，在第 51、53、55 和 57 秒时，1Q3＝0，$Y=A$，扬声器以 512Hz 音频鸣叫四次。在第 59 秒时，1Q3＝1，Y＝B，扬声器以 1024kHz 音频鸣叫最后一响。报时电路中的 512Hz 低音频信号 A 和 1024Hz 高音频信号 B 分别取自 CD4060 的 Q_6 和 Q_5。

2）音响电路

高、低两种频率通过或门输出驱动晶体管 VT，带动扬声器鸣叫。音响电路采用射级输出器接法驱动扬声器，R_{12}、R_{13}用来限流。

根据上述的硬件模块设计分析，通过小组讨论，完成表 5－4 所示的硬件设计工作单。

表 5-4　硬件设计工作单

<table>
<tr><td>项目名称</td><td colspan="3">数字钟的设计与制作</td><td>任务名称</td><td colspan="2">数字钟的硬件设计</td></tr>
<tr><td colspan="7">硬件设计分工</td></tr>
<tr><td colspan="2">子任务</td><td colspan="2">提交材料</td><td colspan="2">承担成员</td><td>完成工作时间</td></tr>
<tr><td colspan="2">原理图设计</td><td colspan="2">原理图、器件清单</td><td colspan="2"></td><td></td></tr>
<tr><td colspan="2">PCB 设计</td><td colspan="2">PCB 图</td><td colspan="2"></td><td></td></tr>
<tr><td colspan="2">硬件安装与调试</td><td colspan="2">调试记录</td><td colspan="2"></td><td></td></tr>
<tr><td colspan="2">外壳设计与加工</td><td colspan="2">面板图、外壳</td><td colspan="2"></td><td></td></tr>
<tr><td colspan="7">学习记录</td></tr>
<tr><td>班级</td><td></td><td>小组编号</td><td></td><td>成员</td><td colspan="2"></td></tr>
<tr><td colspan="7">说明：小组成员根据硬件设计的任务要求，认真学习相关知识，并将学习过程的内容（要点）进行记录，同时也将学习中存在的问题进行记录，填写下表</td></tr>
<tr><td colspan="7"></td></tr>
<tr><td colspan="7">硬件设计的工作过程</td></tr>
<tr><td>开始时间</td><td colspan="3"></td><td>完成时间</td><td colspan="2"></td></tr>
<tr><td colspan="7">说明：根据硬件系统的基本结构，画出系统各模块的原理图，并说明工作原理，填写下表</td></tr>
<tr><td colspan="2">秒脉冲发生器电路</td><td colspan="5">提供标准秒脉冲信号及另外辅助信号，保证计时准确</td></tr>
<tr><td colspan="2">计数器电路</td><td colspan="5">完成对秒脉冲信号的计数与进位级联</td></tr>
<tr><td colspan="2">译码、显示电路</td><td colspan="5">完成对计数电路的计数值的显示</td></tr>
<tr><td colspan="2">校时电路</td><td colspan="5">能快速对时、分进行校时</td></tr>
<tr><td colspan="2">整点报时电路</td><td colspan="5">能在整点前 5s 到整点进行准时报时</td></tr>
</table>

任务 3　硬件电路的制作

根据上述各个模块电路的设计，系统总原理图、PCB 图和实物图分别如图 5.11～图 5.13所示。表 5-5 中列出了制作数字钟的主要元器件和装配时所需的零部件。

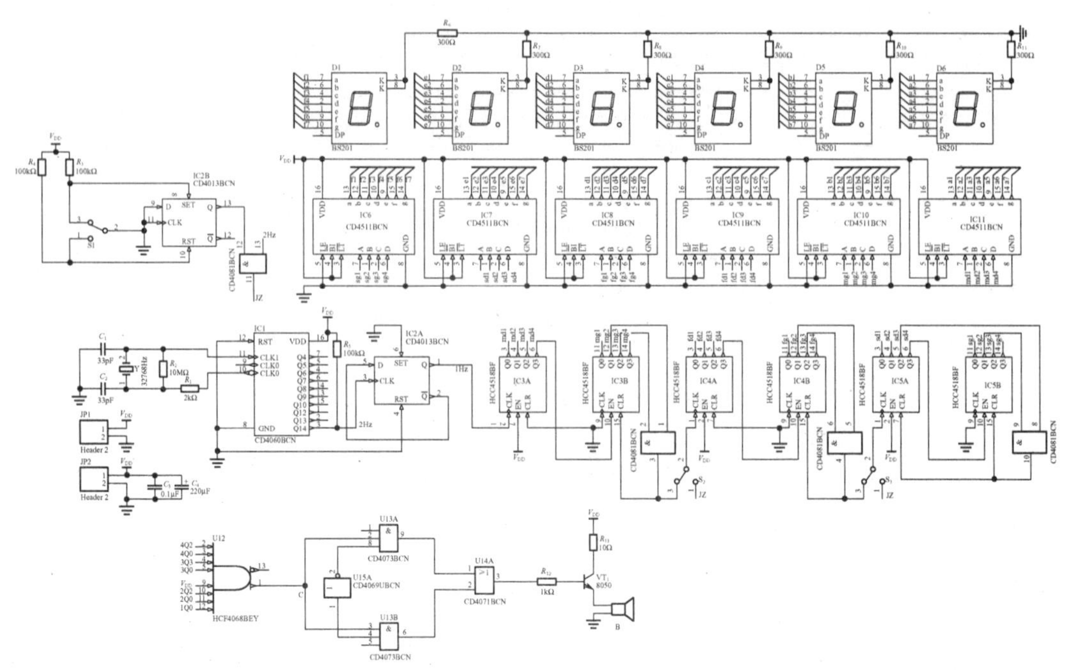

图 5.11　系统总原理图

【参考图文】

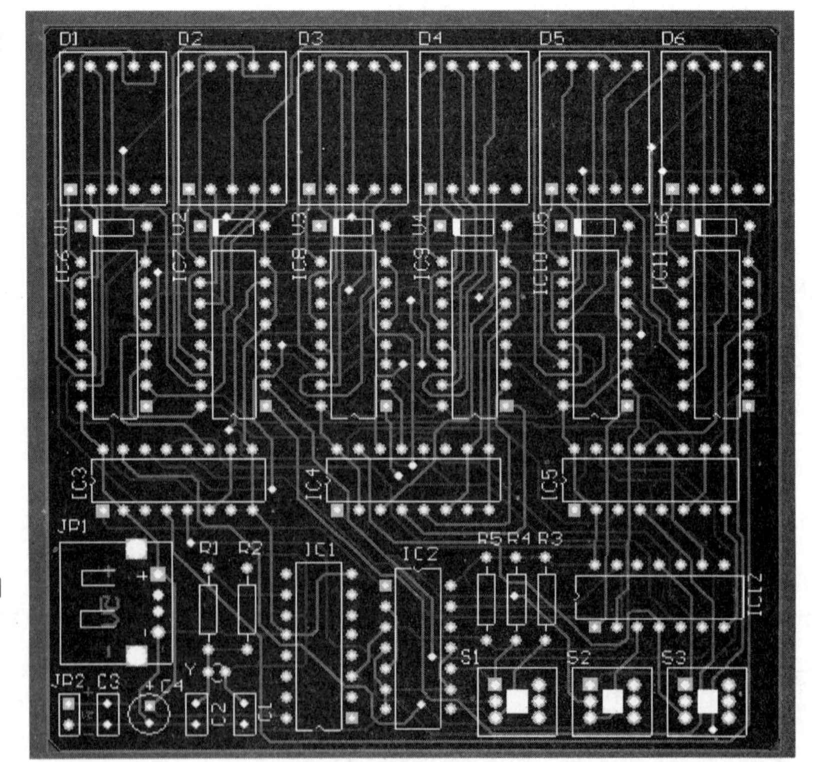

【参考图文】

图 5.12　数字钟 PCB 图

图 5.13　数字钟实物图

表 5-5　数字钟所需元器件及零部件清单

元器件代号	名　称	规格型号	数　量
C_1、C_2	电容器	33pF	2
C_3	电容器	0.1μF	1
C_4	电容器	220μF	1
D1～D6	数码管	0.5in，共阴极	6
IC1	时基集成电路	CD4060BCN	1
IC2	双 D 触发器	CD4013BCN	1
IC3	双 BCD 同步加法计数器	HCC4518BF	3
IC6～IC11	BCD 码——七段码译码器	CD4511BCN	6
IC12	四输入与门	CD4081BCN	1
SP	扬声器	8Ω/0.5W	1
VT_1	晶体管	8050	1
R_1	电阻器	2kΩ	1
R_2	电阻器	10MΩ	1
R_3～R_5	电阻器	100kΩ	3
R_6～R_{11}	电阻器	300Ω	6
R_{12}	电阻器	1kΩ	1
R_{13}	电阻器	10Ω	1
S_1～S_3	自锁开关	8×8 自锁开关	3
U12	八输入与门集成块	HCF4068BEY	1
U13	三输入与门集成块	CD4073BCN	1
U14	二输入或门集成块	CD4071BCN	1
U15	反相器（非门）	CD4069UBCN	1
Y	石英晶振	32768Hz	1

由于数字钟电路是由15片不同逻辑功能的CMOS数字集成电路和部分阻容元器件构成的，在试制过程中采用了万能板，其连接线路的复杂程度可想而知。如果要用PCB来实现这个产品，就要考虑用双面PCB。

焊装数字钟之前要有熟练的手工焊接技术，了解焊接工艺规范，这样才能保证安装的产品性能稳定；然后将检测合格的元器件在PCB上按照工艺规范装配完成。

任务4　数字钟的技术参数调试

1. 调试仪器

本系统调试所用仪器见表5-6所示。

表5-6　数字钟调试仪器

序号	仪器名称	仪器型号
1	万用表	GEM-8245
2	直流5V电源	YL135实验台或自制
3	示波器	通用

该数字钟的装接与调试应分步骤进行，不要一次性把所有元器件都装接完，应该先装接一部分，把这部分的功能调试正确；再焊接下一部分电路，然后调试下一部分功能，以防电路复杂，产生前后级的关联问题。

2. 秒信号发生器的调试

这部分电路装接完成后，进入调试阶段。调试步骤如下：

(1) 确认电源接入无误；

(2) 判断CD4060是否正常工作。

判断CD4060是否正常工作可用以下三种方法：①用万用表检测；②用逻辑笔测试；③用示波器观察波形。下面介绍使用数字型万用表检测CD4060的情况：

将数字型万用表调至直流电压20V挡，黑表笔接地，红表笔接CD4060的2脚，正常情况下数字应在1.7～3V之间快速跳动，移动红表笔测试CD4060的3脚，数字也应跳动，只是明显感觉到跳动范围增加，在2～4V之间变化。如果上述2、3脚电压均成功跳动，说明CD4060工作正常。

3. 时、分计数器的调试

调试时、分计数器的基本测试方法和手段同前所述，根据逻辑关系判断，一般是先检测该电路板输入端的信号，再检测各输出端的信号变化。

4. 译码显示电路的调试

译码显示单元元器件安装完成，通电后，显示板上的数码管应有不稳定的数码显示，有的数码管位时而亮，时而熄灭，用手触摸CD4511的输入端时，显示的数字会有剧烈地跳动，说明显示板基本正常。

5. 整机电路调试

(1) 检查电源是否短路；

(2) 数字钟供电电压的测量。

数字钟的供电电压应为 5～9V，建议使用 5V 直流稳压电源供电，总耗小于 60mA。通过万用表或逻辑笔或示波器等设备，检测数字逻辑集成电路各输入和输出端电位。例如，用逻辑笔检测译码驱动集成电路 CD4511 输出端的电位情况。当数字集成电路各引脚电位随着信号的有无或脉冲数量的变化而发生改变时，说明数字集成电路工作正常。

通过小组讨论，完成表 5－7 所示的整机测试与技术文件编写工作单。

表 5－7　整机测试与技术文件编写工作单

<table>
<tr><td>项目名称</td><td colspan="2">数字钟的设计与制作</td><td>任务名称</td><td colspan="2">数字钟的整机测试与技术文件编写</td></tr>
<tr><td colspan="6">整机测试与技术文件编写分工</td></tr>
<tr><td>子任务</td><td colspan="2">提交材料</td><td colspan="2">承担成员</td><td>完成工作时间</td></tr>
<tr><td>制订测试方案</td><td colspan="2">测试方案</td><td colspan="2"></td><td></td></tr>
<tr><td>整机测试</td><td colspan="2">测试记录</td><td colspan="2"></td><td></td></tr>
<tr><td>编写使用说明书</td><td colspan="2">使用说明书</td><td colspan="2"></td><td></td></tr>
<tr><td>编写设计报告</td><td colspan="2">设计报告</td><td colspan="2"></td><td></td></tr>
<tr><td colspan="6">学习记录</td></tr>
<tr><td>班级</td><td></td><td>小组编号</td><td></td><td>成员</td><td></td></tr>
<tr><td colspan="6">说明：小组成员根据数字钟整机测试与技术文件编写的任务要求，认真学习相关知识，并将学习过程的内容（要点）进行记录，同时也将学习中存在的问题进行记录，填写下表</td></tr>
<tr><td colspan="6"></td></tr>
</table>

<table>
<tr><td colspan="4">整机测试与技术文件编写的工作过程</td></tr>
<tr><td>开始时间</td><td colspan="2"></td><td>完成时间</td></tr>
<tr><td colspan="4">说明：按照任务要求进行测试，填写下表，并对测试结果进行分析</td></tr>
<tr><td>测试项目</td><td>测试内容</td><td>测试结果</td><td>误差</td></tr>
<tr><td rowspan="2">精度测试</td><td>CD4060 的 3 脚</td><td></td><td></td></tr>
<tr><td>实际显示值</td><td></td><td></td></tr>
<tr><td>测试结果分析</td><td colspan="3"></td></tr>
</table>

6. 数字钟使用说明

接入电源后，如各部分功能都正常，6 位数码管分别显示时、分及秒；调时开关 S_1～

S_3 工作正常。

S_1：分或时计数调整按钮，短按下一次加 1，一直按下连续加 1，松开不计数；

S_2：分调整设置，按下调整，松开不调整；

S_3：时调整设置，按下调整，松开不调整。

【知识链接】

1. 14 位二进制分频器/振荡器 CD4060

CD4060 由一振荡器和 14 级二进制串行计数器位组成，振荡器的结构可以是 RC 或晶振电路，CR 为高电平时，计数器清零且振荡器使用无效。所有的计数器位均为主从触发器。在 CP_1（和 CP_0）的下降沿，计数器以二进制进行计数。在时钟脉冲线上使用施密特触发器对时钟上升和下降时间无限制。

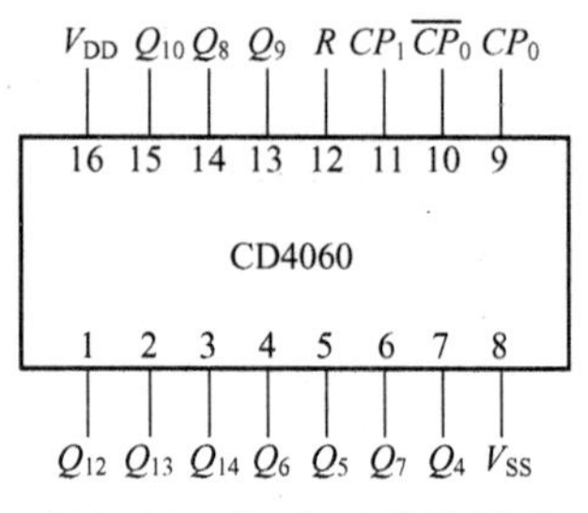

图 5.14　CD4060 的引脚图

CD4060 的引脚排列如图 5.14 所示，表 5－8 所示为 CD4060 的功能表，图 5.15 所示为 CD4060 的内部逻辑图。

表 5－8　CD4060 的功能表

R	*CP*	逻辑功能
1	×	清零 $Q_1 \sim Q_{14}=0$
0	↑	不变
0	↓	计数

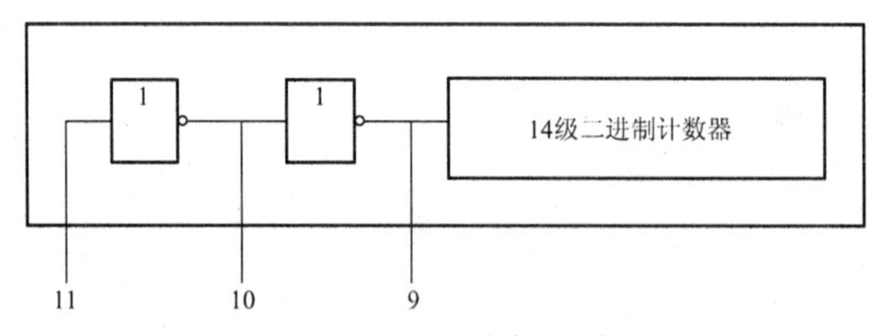

图 5.15　CD4060 的内部逻辑图

2. 双 BCD 同步计数器

CD4518 是一个同步加法计数器，在一个封装中含有两个可互换二/十进制计数器。CD4518 控制功能：CD4518 有两个时钟输入端 CP 和 EN，若用时钟上升沿触发，信号由 CP 输入，此时 EN 端为高电平；若用时钟下降沿触发，信号由 EN 输入，此时 CP 端为低电平，同时复位端 CR 也保持低电平，只有满足了这些条件时，电路才会处于计数状态，否则没办法工作。

将数片 CD4518 串行级联时，尽管每片 CD4518 属并行计数，但就整体而言已变成串行计数了。需要指出，CD4518 未设置进位端，但可利用 Q_4 作输出端。有人误将第一级的 Q_4 端接到第二级的 CP 端，结果发现计数变成“逢八进一”了。原因在于 Q_4 是在 CP_8 作用下产生正跳变的，其上升沿不能作进位脉冲，只有其下降沿才是“逢十进一”的进位信号。正确接法应是将低位的 Q_4 端接高位的 EN 端，高位计数器的 CP 端接 V_{SS}。

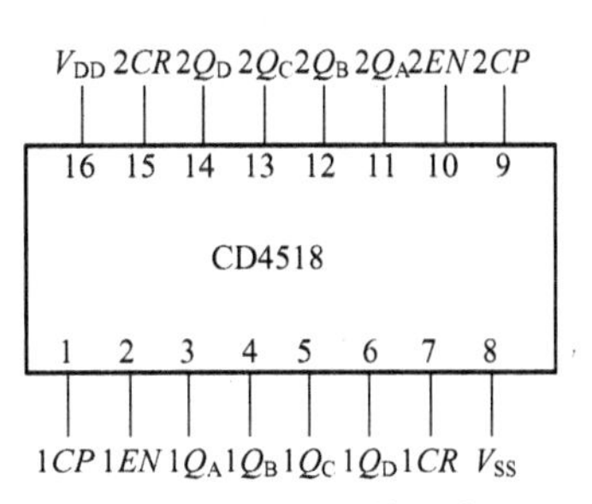

图 5.16 CD4518 的引脚图

CD4518 的引脚排列和功能分别如图 5.16 和表 5－9 所示。

表 5－9 CD4518 功能表

CR	*CP*	*EN*	功 能
1	×	×	清零 $Q_D \sim Q_A = 0$
0	↑	1	计数
0	0	↓	计数
0	↓	×	不变
0	×	↑	不变
0	↑	0	不变
0	1	↓	不变

3. BCD 码——七段码译码器 CD4511

CD4511 是一片 CMOS BCD——锁存/七段译码/驱动器，用于驱动共阴极 LED（数码管）显示器的 BCD 码——七段码译码器，具有 BCD 转换、消隐和锁存控制、七段译码及驱动功能的 CMOS 电路能提供较大的拉电流，可直接驱动共阴极 LED 数码管。

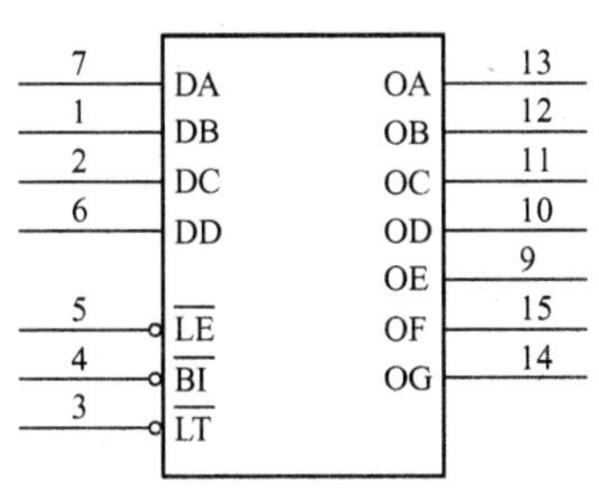

图 5.17 CD4511 的引脚图

CD4511 的引脚排列如图 5.17 所示。其中 A、B、C、D 为 BCD 码输入，A 为最低位。$\overline{LT}$ 为灯测试端，加高电平时，显示器正常显示；加低电平时，显示器一直显示数码“8”，各笔段都被点亮，以检查显示器是否有故障。$\overline{BI}$ 为消隐功能端，低电平时使所有笔段均消隐；正常显示时，$\overline{BI}$ 端应加高电平。$\overline{LE}$ 是锁存控制端，高电平时锁存，低电平时传输数据。$a \sim g$ 是 7 段输出，可驱动共阴 LED 数码管。

CD4511 的真值表见表 5－10 所示。CD4511 有拒绝伪码的特点，当输入数据超过十进制数 9（1001）时，显示字形也自行消隐。

表 5-10　CD4511 真值表

输入							输出							
$\overline{LE}$	$\overline{BI}$	$\overline{LT}$	D	C	B	A	a	b	c	d	e	f	g	显示字形
×	×	0	×	×	×	×	1	1	1	1	1	1	1	8
×	0	1	×	×	×	×	0	0	0	0	0	0	0	消隐
0	1	1	0	0	0	0	1	1	1	1	1	1	0	0
0	1	1	0	0	0	1	0	1	1	0	0	0	0	1
0	1	1	0	0	1	0	1	1	0	1	1	0	1	2
0	1	1	0	0	1	1	1	1	1	1	0	0	1	3
0	1	1	0	1	0	0	0	1	1	0	0	1	1	4
0	1	1	0	1	0	1	1	0	1	1	0	1	1	5
0	1	1	0	1	1	0	0	0	1	1	1	1	1	6
0	1	1	0	1	1	1	1	1	1	0	0	0	0	7
0	1	1	1	0	0	0	1	1	1	1	1	1	1	8
0	1	1	1	0	0	1	1	1	1	0	0	1	1	9
0	1	1		0	1	0	0	0	0	0	0	0	0	消隐
0	1	1	1	0	1	1	0	0	0	0	0	0	0	消隐
0	1	1	1	1	0	0	0	0	0	0	0	0	0	消隐
0	1	1	1	1	0	1	0	0	0	0	0	0	0	消隐
0	1	1	1	1	1	0	0	0	0	0	0	0	0	消隐
0	1	1	1	1	1	1	0	0	0	0	0	0	0	消隐
1	1	1	×	×	×	×	锁存							锁存

【参考视频】

【项目拓展】

拓展 1　设计一款基于单片机控制的数字钟，设计指标如下：

数字钟显示范围为 00：00：00～23：59：59。通过几个开关进行控制，其中开关 S_1 用于切换时间设置（调节时钟）和时钟运行（正常运行）状态；开关 S_2 用于切换修改时、分、秒数值；开关 S_3 用于使相应数值加 1 调节；开关 S_4 用于减 1 调节；开关 S_5 用于设定闹钟，闹钟同样可以设定初值，并且设定好后到时间放出一段乐曲作为闹铃。

选做增加项目：还可增加秒表功能（精确到 0.01s）或年月日设定功能。

参考思路：

硬件电路是一个系统的重要部分，在本次设计中主要是以 AT89C51 为核心控制器，外加一些控制电路来实现数字钟的基本功能。单片机芯片作为控制系统的核心部件，它除了具备微机 CPU 的数值计算功能外，还具有灵活强大的控制功能，以便实时检测系统的输入量，控制系统的输出量，实现自动控制。外围控制电路主要包括晶振电路模块、复位电路模块、按键电路模块及数码管显示电路模块，通过这些控制电路的连接构成完整的电路，其结构框图如图 5.18 所示。单片机程序设计如图 5.19 所示。

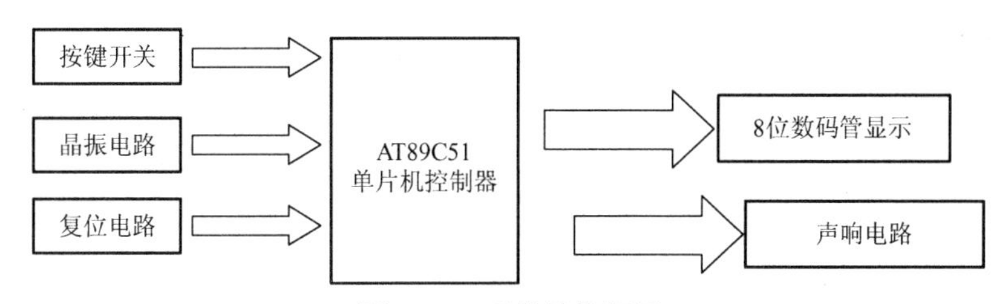

图 5.18 系统结构框图

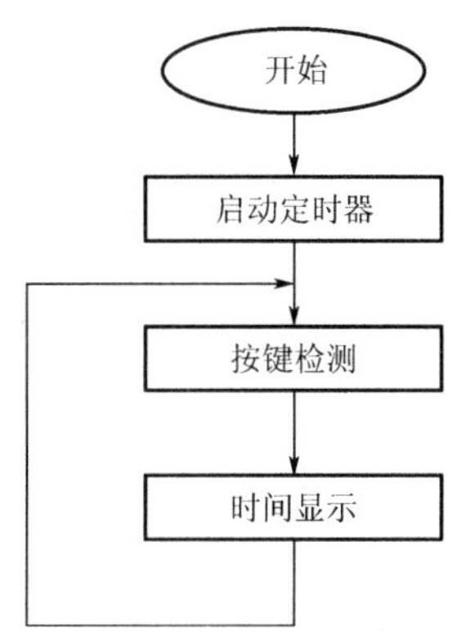

图 5.19 程序设计框图

拓展 2 在 FPGA 开发平台上实现多功能数字钟，设计指标如下：

(1) 计时：时间以 24h 制显示，第二位数码管的小数点闪烁表征秒表；

(2) 校时：分 4 位数码管进行校时，可以实现校时的改变，用数码管小数点表示所校位所在；

(3) 闹钟：设定闹钟时间，用蜂鸣器提示，并且可以实现闹钟的停止；

(4) 跑表：启动、暂停、清零。

参考思路：

(1) 按键功能：S_1 完成四个功能的切换显示并通过 LED1 与 LED2 显示功能选择；时间设置中用 S_2 设置小时，S_3 设置分钟；闹钟功能中的时间设置同“时间设置”，S_4 关闭闹钟；跑表功能中 S_2 开始，S_3 暂停，S_4 清零。

(2) 模块设计：计时、校时、跑表和闹钟。

(3) 显示设计：在功能切换时数码管的显示也发生变化，计时功能中，显示小时、分钟并且通过第三位数码管的小数点的闪烁表示秒表的计时；校时和闹钟功能中，显示小时、分钟并且通过显示数码管的小数点表征当前数码管的数据处于校时状态；跑表数码管显示的最高位为秒，且无小数点点亮。同时用两个 LED 的点亮情况来表征当前所在的功能状态，计时 LED1、LED2 均亮，校时 LED1 灭、LED2 亮，闹钟 LED1 亮、LED2 灭，跑表 LED1、LED2 均灭。

系统分为 5 个模块：Freq _ div 模块、Clock _ cnt 模块、Clock _ ctl 模块、Key _ ctl 模块和 Display 模块。系统框图如图 5.20 所示。

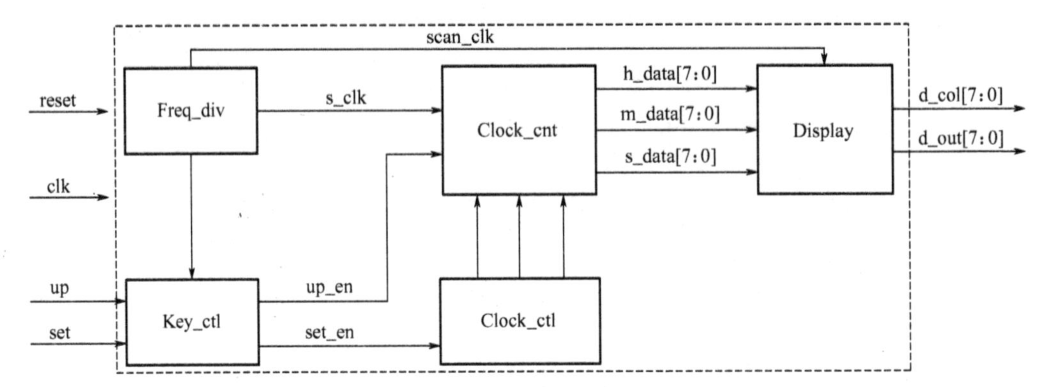

图 5.20　系统结构框图

输入信号：

clk：系统时钟；

reset：系统复位；

set：工作模式选择按键；

up：调时按键。

输出信号：

d _ col [7：0]：8 位 LED 动态选择；

d _ out [7：0]：LED 显示数据。

课 后 习 题

1. 利用 CD4518 如何构成异步 8421 码十进制加法计数器？如何清零和置九？

2. 如果需增加闹钟功能和蜂鸣功能，则电路应如何设计？

3. 简述如何提高秒脉冲发生器的秒脉冲精度。

4. 如何实现时间在 22 点后，数码管显示时间亮度自动调暗，当时间在 6 点后恢复亮度？

【参考图文】

项目 6 多路抢答器的设计与制作

【教学目标】

本项目的主要任务是设计并制作一个多路抢答器，从项目背景、项目要求、任务分析、任务实施、知识链接、项目拓展等几个方面开展项目教学，使学生完整地参与整个项目，在项目制作过程中学习和掌握相关知识。

通过本项目的学习，学生应能根据设计任务要求，完成硬件电路设计和相关元器件的选型，了解多路抢答器的各构成部分；掌握定时电路、报警电路、时序控制电路、显示电路的基本工作原理，能正确分析、制作与调试多路抢答器，会进行电路的测试和故障原因分析。

【教学要求】

教学内容	能力要求	相关知识
多路抢答器	(1) 了解多路抢答器的用途和种类 (2) 掌握定时电路、报警电路、时序控制电路、显示电路的基本工作原理 (3) 能正确分析、制作与调试多路抢答器电路 (4) 会进行电路的测试和故障原因分析	(1) 555 芯片原理及应用 (2) 二进制、十进制计数器等计数器工作原理 (3) 译码显示原理 (4) 卡诺图、时序逻辑电路设计方法

【项目背景】

进入 21 世纪越来越多的电子产品出现在人们的日常生活中，例如企业、学校和电视台等单位常举办各种智力竞赛，抢答计分器是必要设备。过去，在举行的各种竞赛中我们经常看到有抢答的环节，举办方多数采用让选手通过举答题板的方法判断选手的答题权，这在某种程度上会因为主持人的主观误断造成比赛的不公平。于是人们开始寻求一种能不依人的主观意愿来判断的设备来规范比赛。为了克服这种现象的惯性发生，人们利用各种资源和条件设计出很多的抢答器，从最初的简单抢答按钮，到后来的显示选手号的抢答器，再到现在的数显抢答器，其功能在不断地趋于完善，不但可以用来倒计时抢答，还兼具报警、计分显示等功能。这些更准确地仪器使得竞赛变得更加精彩纷呈，也使比赛更突显其公平、公正的原则。

今天，随着科技的不断进步，抢答器的制作也更加追求精益求精，人们摆脱了耗费很多元件仅来实现用指示灯和一些电路来实现简单的抢答功能，使第一个抢答的参赛者的编号能通过指示灯显示出来，避免不合理的现象发生。但这种电路不易于扩展，而且当有更高要求时无法实现，如参赛人数的增加。随着数字电路的发展，数字抢答器诞生了，它易于扩展，可靠性好，集成度高，而且费用低，功能更加多样化，是一种高效能的产品，如图 6.1 和图 6.2 所示。如今在市场上销售的抢答器大多采用可编程逻辑元器件，或利用单片机技术进行设计，本次设计主要利用常见的 74LS 系列集成电路芯片、CD 系列集成电路芯片和 555 芯片，并通过划分功能模块进行各个部分的设计，最后完成八路智力竞赛抢答器的设计。

图 6.1　六路抢答器

图 6.2　多路抢答器

本设计就是用几个触发器以及晶体管巧妙地设计抢答器，使以上问题得以解决，即使两组的抢答时间相差几微秒，也可分辨出哪组优先答题。

【项目要求】

设计一个多路竞赛抢答器，可同时供8名选手参加比赛，并具有定时抢答功能。具体功能要求如下：

基本功能：

(1) 设计一个智力竞赛抢答器，可同时供8名选手或8个代表队参加比赛，他们的选号分别是0、1、2、3、4、5、6、7，各用一个抢答按钮，按钮的编号与选手的编号相对应，分别是S_0、S_1、S_2、S_3、S_4、S_5、S_6、S_7。

(2) 给节目主持人设置一个控制开关，用来控制系统的清零（编号显示数码管灭灯）和抢答器的开始。

(3) 抢答器具有数据锁存和显示的功能。抢答开始后，若有选手按动抢答按钮，编号立即锁存，并在LED数码管上显示出选手的编号，同时扬声器给出音响提示。此外，要封锁输入电路，禁止其他选手抢答。优先抢答选手的编号一直保持到主持人将系统清零为止。

扩展功能：

(1) 抢答器具有定时抢答的功能，且一次抢答的时间可以由主持人设定（如30s）。当节目主持人按“开始”键后，要求定时器立即减计时，并用显示器显示。

(2) 参加选手在设定的时间内抢答，抢答有效，定时器停止工作，显示器上显示选手的编号，并保持到主持人将系统清零为止。

如果定时抢答的时间已到，却没有选手抢答，则本次抢答无效，并封锁输入电路，禁止选手超时后抢答，时间显示器上显示0。

【任务分析】

根据多路抢答器项目的要求，通过小组合作的方式展开任务分析，主要涉及多路抢答器的发展历程、多路抢答器的种类、整体框图的分析、各单元电路的原理与制作等相关知识。通过技术指标、成本要求、安装要求、检测内容展开任务分析，使学生充分了解产品设计要求。通过小组合作学习的方式完成表6-1所示的任务分析过程工作单。

表6-1　任务分析过程工作单

<table>
<tr><td>项目</td><td colspan="2">多路抢答器的设计与制作</td><td colspan="2">任务名称</td><td colspan="2">多路抢答器的设计与制作任务分析</td></tr>
<tr><td colspan="7">学习记录</td></tr>
<tr><td>班级</td><td></td><td>小组编号</td><td></td><td>成员</td><td colspan="2"></td></tr>
<tr><td colspan="7">说明：小组成员根据多路抢答器设计的任务要求，认真学习相关知识，并将学习过程的内容（要点）进行记录，同时也将学习中存在的问题进行记录，填写下表</td></tr>
</table>

（续）

项目	多路抢答器的设计与制作	任务名称	多路抢答器的设计与制作任务分析
抢答器的发展历程	举手抢答、电子抢答器、智能型抢答器		
抢答器的种类	电子抢答器、智能抢答器、手机抢答器		
抢答器的用途	在竞赛、文体娱乐活动（抢答活动）中，能准确、公正、直观地判断出抢答者的机器。通过抢答者的指示灯显示、数码显示和警示显示等手段指示出第一抢答者		
任务分析的工作过程			
开始时间		完成时间	
说明：根据小组成员的学习结果，通过分析与讨论，完成本项目的任务分析，填写下表			
技术指标	具有八路抢答功能，且具有定时抢答功能		
成本要求	成本控制在 20 元人民币以内		
安装要求	预留外接抢答按钮接口		
检测内容	八路抢答按钮和控制按钮的功能是否符合设计要求		

1. 多路抢答器的发展历程

国内抢答器的发展基本上是与中国的改革开放同步的。在 20 世纪 80 年代初，很多活动是用敲锣的方式发开始指令的，旁边站一个人监视着赛场谁先举手，谁先举手则谁抢答成功。

随着电子技术的进步，出现了以二极管编码方式作为主要电路的最基本电子抢答器和用继电器作转换的电子抢答器，哪组选手抢答到了，他们面前的灯就亮起。当然这种抢答器现在看来是很简单且低级的，但当时做出一套这样的抢答器，其价格都很高。这个阶段虽然有能完成这样功能的电子设备，但当时还没有将其定义成一种商业产品，且在这种方式停留了至少 10 年。

后来随着改革开放不断深入，各方面要求需要更公平，这时基本型电子抢答器问世了。基本型电子抢答器基本功能：带优先抢答功能、自动发出开始指令，且抢答完成后可以显示对应台号及“叮咚”提示。计分方式采用手翻计分牌。

再后来带语音提示的智能抢答器问世。语音抢答器基本功能：带抢答功能和电子计分功能，可以发出“3 2 1 开始”指令，自动判断抢答成功及抢答犯规的台号，并能语音报出“××号台抢答成功”或“××号台犯规”。选手得分可以自动加减并电子屏显示。这种方式现在正在流行使用。

当前另一种方式：多媒体计算机抢答器系统，采用软件与硬件结合的方式，依托计算机技术实现选手介绍、评委介绍、自动出题、自动计分、比分自动排名等，使竞赛更加丰富且更有活力。

2. 抢答器的种类

1）电子抢答器

电子抢答器电路采用 74 系列常用集成电路进行设计。抢答器除具有基本的抢答功能

外，还具有定时、计时和报警功能。主持人通过时间预设开关预设供抢答的时间，系统将完成自动倒计时。若在规定的时间内有人抢答，则计时自动停止；若在规定的时间内无人抢答，则系统中的蜂鸣器发响，提示主持人本轮抢答无效，实现报警功能，若超过抢答时间则抢答无效。

该抢答器主要运用到了编码器、译码器和锁存器：它采用 74LS148 芯片来实现抢答器的选号，采用 74LS279 芯片实现对号码的锁存，采用 74LS192 芯片实现十进制的减法计数，采用 555 芯片产生秒脉冲信号来共同实现倒计时功能，然后实现报警信号的输出。

2）智能抢答器

智能抢答器使用 AT89C51 单片机作为核心控制器件，与数码管、报警器等构成八路抢答器，利用了单片机的延时电路、按键复位电路、时钟电路、定时/中断电路等。设计的抢答器具有实时显示抢答选手的号码和抢答时间的特点，而复位电路则使其能再开始新的一轮答题和比赛，与此同时还利用汇编语言编程，使其能够实现一些基本的功能。

3）手机抢答器

手机抢答器是在移动终端技术和软件技术发展的成果中诞生的。手机抢答器既具有电子抢答器的信号发送、判断、识别等功能，又具有计算机抢答器多媒体展示及智能处理的功能，最主要的是智能手机成本低，社会已成普及使用之趋势，几乎人手一台，这也为知识竞赛抢答器的高成本投入转为零成本投入成为可能。只要在相应的手机和计算机上安装软件，就可以实现市面上所有抢答器的功能。

3. 抢答器的用途

工厂、学校和电视台等单位常举办各种智力竞赛，抢答计分器是必要设备。在各种竞赛中，人们经常看到有抢答的环节，以前举办方多数采用让选手通过举答题板的方法判断选手的答题权，这在某种程度上会因为主持人的主观误断造成比赛的不公平。抢答器用于解决这个问题。

【任务实施】

任务 1　系统方案设计

接通电源后，主持人将开关拨到“清零”状态，抢答器处于禁止状态，编号显示器灭灯，定时器显示设定时间；主持人将开关置“开始”状态，宣布“开始”，抢答器工作。定时器倒计时，当定时时间到，却没有选手抢答时，封锁输入电路，禁止选手超时后抢答。选手在定时时间内抢答时，抢答器完成：优先判断、编号锁存、编号显示、扬声器提示。当一轮抢答之后，定时器停止、禁止二次抢答、定时器显示剩余时间。如果再次抢答必须由主持人再次操作“清除”和“开始”状态开关。

1. 电路方案选择与论证

方案一：

（1）本方案定时抢答器由主体电路和扩展电路两部分组成。主体电路完成基本的抢答功能，即开始抢答后，当选手按动抢答键时，能显示选手的编号，同时能封锁输入电路，禁止其他选手抢答；扩展电路完成定时抢答的功能。

(2) 定时抢答器的工作过程是：接通电源时，节目主持人将开关置于“消除”位置，抢答器处于禁止工作状态，编号显示器灭灯，定时器倒计时，当定时时间到，却没有选手抢答时，系统报警，并封锁输入电路，禁止选手超时后抢答。当选手在定时时间内按动抢答键时，抢答器要完成以下四项工作：优先编码电路立即分辨出抢答者的编号，并由锁存器进行锁存，然后由译码显示电路显示编号；扬声器发出短暂的声响，提醒节目主持人注意；控制电路要对输入编码电路进行封锁，避免其他选手再次进行抢答；控制电路要使定时器停止工作，时间显示器上显示剩余的抢答时间，并保持到主持人将系统消零为止，当选手将问题回答完毕，主持人操作控制开关，使系统回复到禁止工作状态，以便进行下一轮抢答。

方案二：本方案完成的功能，当主持人宣布抢答开始的时候，按下“开始”按钮，此时电路进入抢答状态，选手的输入采用了扫描式的输入，之后把相应的信息送往单片机，再由单片机输出到显示输出电路中。此时有人第一按下相应的抢答按钮，经过单片机的控制选择，在七段显示器上显示相应的号码，并锁存，同时禁止其他按钮的输入。

基于以上两种方案作以简要分析，第一种方案电路较为复杂，但无须进行软件设计，直接进行线路的连接就可以运行。第二种方案电路较为简单，需要进行复杂的软件设计，并需要进行很长时间调试，费工费时。所以决定选择第一种方案。

2. 方案确定

经过仔细分析和论证，确定系统各单元电路器件选用清单，见表 6 - 2 所示。

表 6 - 2　主要器件选用清单

功　　能	选用的器件
抢答器主电路	74LS148、74LS279、74LS48
定时电路	NE555、74LS192、74LS48
报警电路	NE555
时序控制电路	74LS00、74LS04、74LS10

根据上述的论证分析，通过小组讨论，完成表 6 - 3 所示的方案设计工作单。

表 6 - 3　方案设计工作单

项目名称	多路抢答器的设计与制作	任务名称	多路抢答器的方案设计
方案设计分工			
子任务	提交材料	承担成员	完成工作时间
抢答器主电路	主电路芯片选型分析		
定时电路选型	定时电路选型分析		

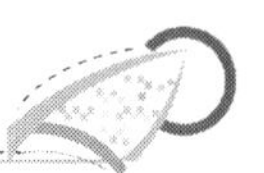

（续）

项目名称	多路抢答器的设计与制作	任务名称	多路抢答器的方案设计
报警电路选型	报警电路选型分析		
时序控制电路选型	时序控制电路选型分析		
外形方案	图纸		
方案汇报	PPT		
学习记录			
班级		小组编号		成员	
说明：小组成员根据方案设计的任务要求，认真学习相关知识，并将学习过程的内容（要点）进行记录，同时也将学习中存在的问题进行记录，填写下表			

方案设计的工作过程			
开始时间		完成时间	
说明：根据小组成员的学习结果，通过小组分析与讨论，最后形成设计方案，填写下表			
结构框图	画出原理图		
原理说明	对各个框图原理功能进行阐述		
关键器件选型	确定各个器件型号		
实施计划	列出实施计划		
存在问题及建议			

任务2　硬件电路设计

1. 总体思路

（1）本项目的根本任务是准确判断出第一抢答者的信号并将其锁存。实现这一功能可选择使用触发器或锁存器等。在得到第一信号之后应立即将电路的输入封锁，即使其他组的抢答信号无效。同时还必须注意，第一抢答信号应该在主持人发出抢答命令之后才有效。

（2）当电路形成第一抢答信号之后，用编码、译码及数码显示电路显示出抢答者的组别，也可以用发光二极管直接指示出组别。

（3）在主持人没有按下“开始”抢答按钮前，参赛者的抢答开关无效；当主持人按下“开始”抢答按钮后，开始进行10s倒计时，此时，若有组别抢答，显示该组别并使抢答指示灯亮，表示“已有人抢答”；当计时时间到，仍无组别抢答，则计时指示灯灭，表示“时间已到”。主持人清零后开始新一轮抢答。

2. 整体框图

多路抢答器的整体框图如图 6.3 所示。该抢答器的电路主要分主体电路和扩展电路两部分。主体电路主要由抢答按钮、编码电路、锁存电路、译码显示及报警电路组成；扩展电路主要由秒脉冲信号发生电路、译码显示电路及时序控制电路组成。

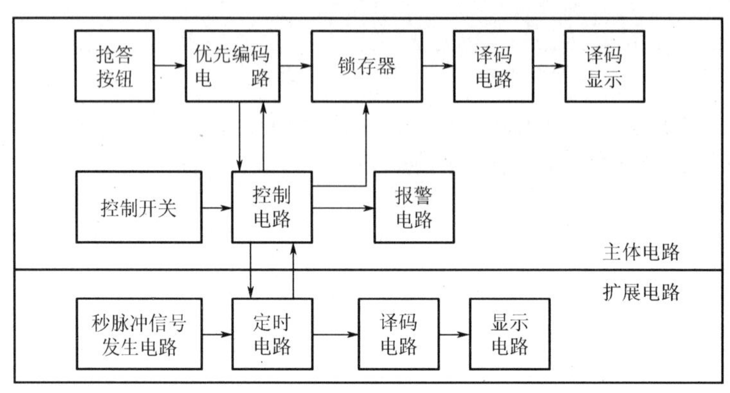

图 6.3　多路抢答器的整体框图

任务 3　单元电路设计

1. 抢答器主电路的设计

抢答电路的功能有两个：一是能分辨出选手按键的先后，并锁存优先抢答者的编号，供译码显示电路用；二是要使其他选手的按键操作无效。选用优先编码器 74LS148 和 74LS279 锁存器可以完成上述功能。其工作原理是：当主持人控制开关 S_8 处于“清除”位置时，RS 触发器的 R 端为低电平，输出端（$4Q$～$1Q$）全部为低电平。于是 74LS48 的 $\overline{BI}=0$，显示器灭灯；通过时序控制电路 74LS148 的选通输入端 $\overline{EI}=0$，74LS148 处于工作状态，此时锁存电路不工作。当主持人开关 S_8 拨到“开始”位置时，优先编码电路和锁存电路同时处于工作状态，即抢答器处于等待工作状态，等待输入端 S_7～S_0 输入信号，当有选手将键按下时（如按下 S_5），74LS148 的输出＝010，经 RS 锁存器后，$1Q=1$，$BI=1$，74LS279 处于工作状态，$3Q2Q1Q=101$，经 74LS48 译码后，显示器显示出“5”。此外，$1Q=1$，使 74LS148 的$\overline{EI}$端为高电平，74LS148 处于禁止工作状态，封锁了其他按键的输入。当按下的键松开后，74LS148 的$\overline{GS}$为高电平，但由于 $1Q$ 维持高电平不变，所以 74LS148 仍处于禁止工作状态，其他按键的输入信号不会被接收。这就保证了抢答者的优先性及抢答电路的准确性。当优先抢答者回答完问题后，由主持人操作控制开关 S_8，使抢答电路复位，以便进行下一轮抢答。根据功能描述，抢答器主电路设计如图 6.4 所示。

2. 定时电路的设计

由节目主持人根据抢答题的难易程度，设定一次抢答的时间，通过预置时间电路对计

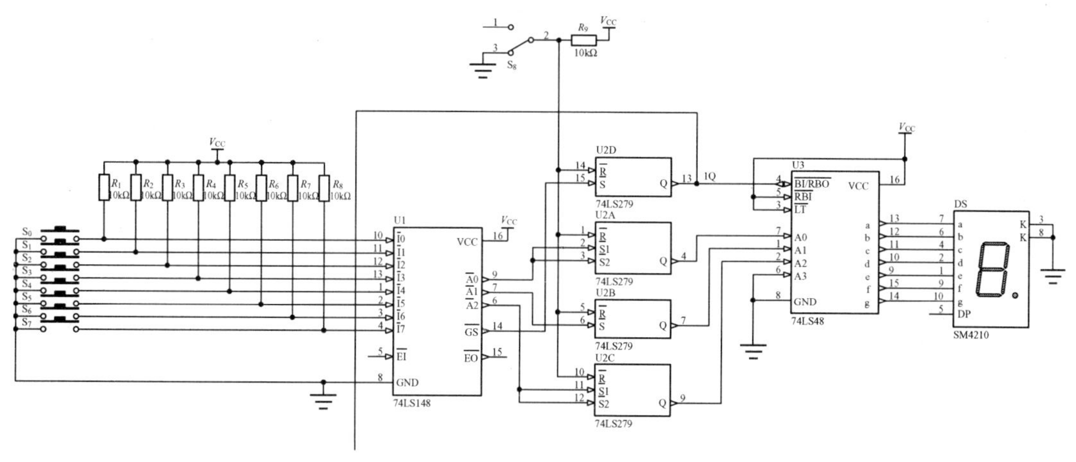

图 6.4 抢答器主电路

数器进行预置，计数器的时钟脉冲由秒脉冲电路提供。可预置时间的电路选用十进制同步加减计数器 74LS192 进行设计，为了缩减成本，本设计以 10s 为例，具体电路如图 6.5 所示。

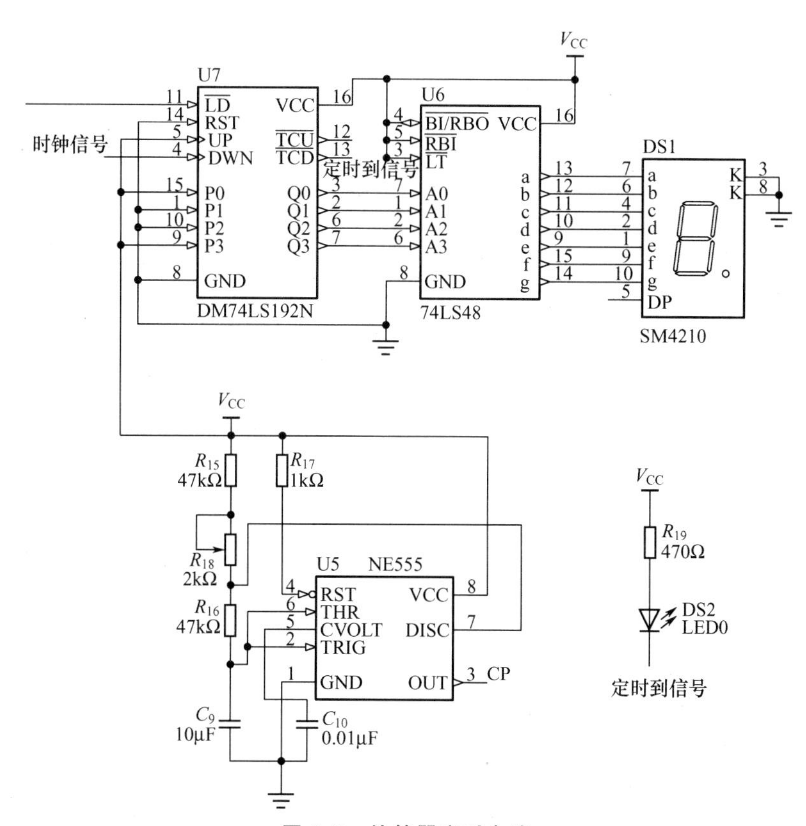

图 6.5 抢答器定时电路

秒脉冲发生器电路的原理在项目 5 中已有详细介绍，此电路中，对于秒脉冲发生电路的元件，要求温度稳定性能要好，所以电阻采用金属膜电阻，定时电容 C_9 使用温度性能较好的钽电容。74LS192 的资料在后面的“知识链接”中介绍，请读者往下看。

3. 报警电路的设计

这部分电路由 555 定时器和晶体管构成。报警电路如图 6.6 所示。其中 555 芯片构成多谐振荡器，振荡频率 $f_o=1.43/[(R_1+2R_2)C]$，其输出信号经晶体管推动扬声器。

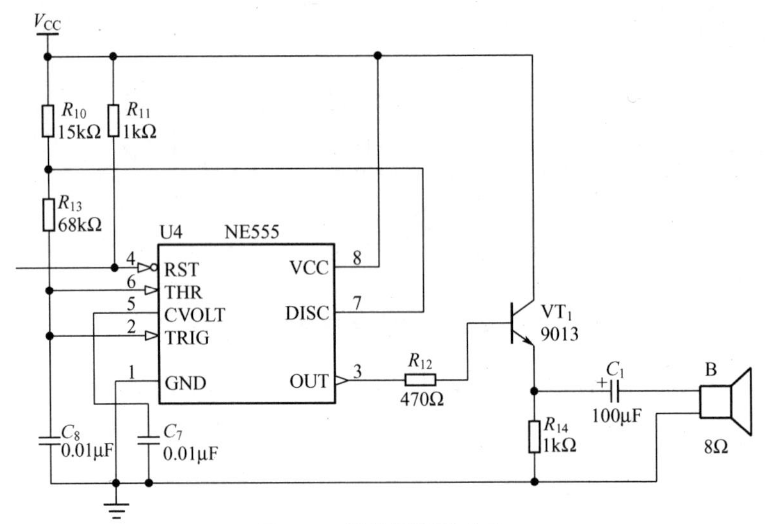

图 6.6　抢答器报警电路

4. 时序控制电路的设计

时序控制电路是八路抢答器设计的关键，因为它要完成以下三项功能：

（1）主持人将控制开关拨到“开始”位置时，抢答电路和定时电路进入正常抢答工作状态；

（2）当参赛选手按动抢答键时，扬声器发声，抢答电路和定时电路停止工作；

（3）当设定的抢答时间到，无人抢答时，指示灯显示时间到，同时抢答电路和定时电路停止工作。

根据上面的功能要求以及抢答器电路，我们设计的时序控制电路如图 6.7 所示。图中，门 G1 的作用是控制时钟信号 CP 的放行与禁止，门 G2 的作用是控制 74LS148 的输入使能端 $\overline{EI}$。电路图的工作原理是：主持人控制开关从“清除”位置拨到“开始”位置时，来自于抢答电路中的 74LS279 的输出 $1Q=0$，经 $G3$ 反相，$A=1$，则从 555 输出端来的时钟信号 CP 能够加到 74LS192 的 CP_D 时钟输入端，定时电路进行递减计时。同时，在定时时间未到时，来自于定时电路的 74LS192 的借位输出端 $\overline{TCD}=1$，门 G2 的输出 $\overline{EI}=0$，使 74LS148 处于正常工作状态，从而实现功能（1）的要求。当选手在定时时间内按动抢答键时，$1Q=1$，经 G3 反相，$A=0$，封锁 CP 信号，定时器处于保持工作状态；同时，门 G2 的输出 $\overline{EI}=1$，74LS148 处于禁止工作状态，从而实现功能（2）的要求。当定时时间到时，来自 74LS192 的 $\overline{TCD}=0$，$\overline{EI}=1$，74LS148 处于禁止工作状态，禁止选手进行抢答。同时，门 G1 处于关门状态，封锁 CP 信号，使定时电路保持 0 状态不变，从而实现功能（3）的要求。

根据上述的硬件模块设计分析，通过小组讨论，完成表 6－4 所示的硬件设计工作单。

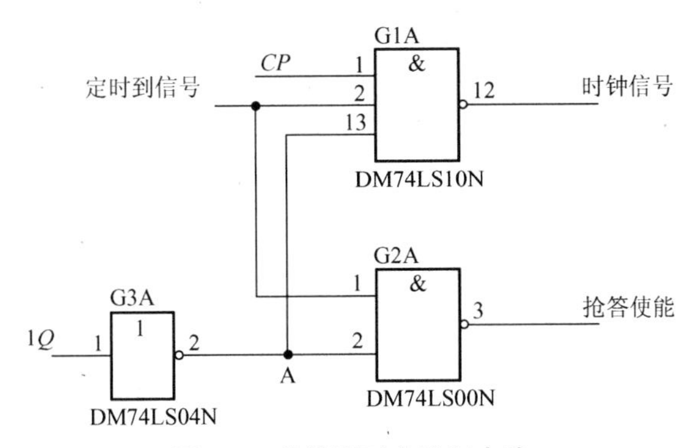

图 6.7　抢答器时序控制电路

表 6-4　硬件设计工作单

项目名称	多路抢答器的设计与制作		任务名称		多路抢答器的硬件设计
硬件设计分工					
子任务	提交材料		承担成员		完成工作时间
原理图设计	原理图、器件清单				
PCB 设计	PCB 图				
硬件安装与调试	调试记录				
外壳设计与加工	面板图、外壳				
学习记录					
班级		小组编号		成员	
说明：小组成员根据硬件设计的任务要求，认真学习相关知识，并将学习过程的内容（要点）进行记录，同时也将学习中存在的问题进行记录，填写下表					
硬件设计的工作过程					
开始时间			完成时间		
说明：根据硬件系统的基本结构，画出系统各模块的原理图，并说明工作原理，填写下表					
抢答器主电路	对抢答信号进行编码和锁存，提高抢答电路的正确性，能正确显示抢答信号				
定时电路	能准确定时，并正确显示时间				
报警电路	有抢答时，能准确报警，并有延时功能				
时序控制电路	能准确控制抢答器的主电路和扩展电路之间的功能				

任务 4　硬件电路的制作

1. 系统总体原理图

根据上述各个模块电路的设计，系统总原理图、PCB 图和实物图分别如图 6.8～图 6.10所示。

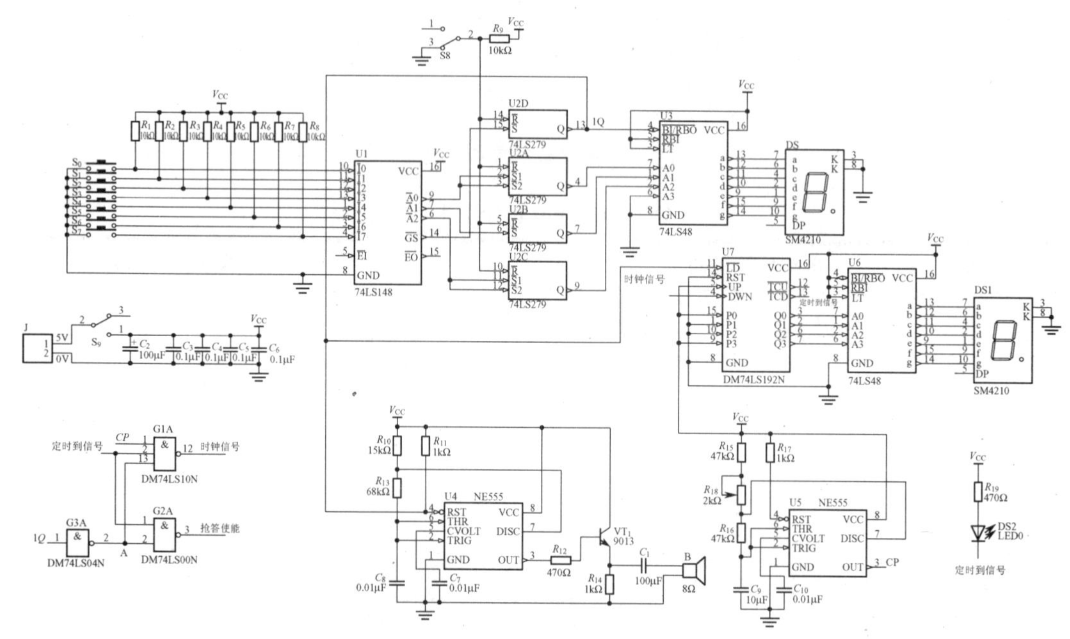

图 6.8　系统总体原理图

【参考图文】

【参考图文】

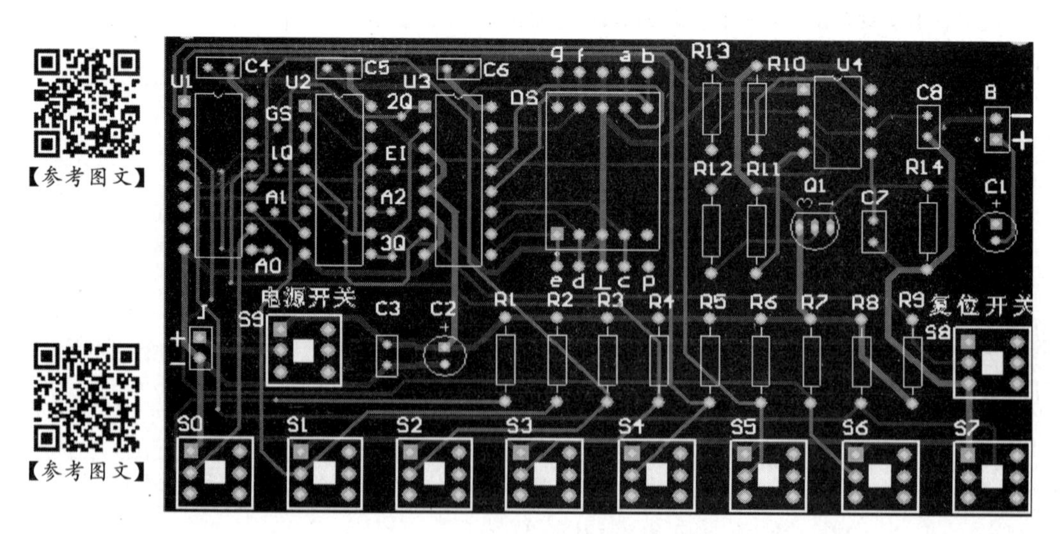

图 6.9　PCB 图

根据任务 2 硬件电路的设计，表 6－5 中列出了制作抢答器的主要元器件和装配时所需的零部件。

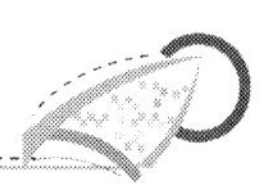

图 6.10　系统实物图

【参考图文】

表 6-5　多路抢答器所需元器件及零部件清单

名　称	规　格	数　量
数码管	0.5in，共阴极	2
RS 锁存器	74LS279	1
译码驱动	74LS48	2
优先编码器	74LS148	1
十进制计数器	74LS192	1
三输入与非门	74LS10	1
二输入与非门	74LS00	1
非门	74LS04	1
时基电路	NE555	2
电位器	2kΩ（3269）	1
自锁按钮	8×8	2
不自锁按钮	8×8	8
电容	0.01μF	3
	100μF	2
	0.1μF	4
电阻	10kΩ	9
	15kΩ	1
	1kΩ	3
	68kΩ	1
	470Ω	2
	47kΩ	2
发光二极管	红 ϕ5	1
晶体管	9013	1
扬声器	8Ω/0.5W	1
接口	2 脚	2

焊装抢答器之前要有熟练的手工焊接技术，了解焊接工艺规范，这样才能保证安装的产品性能稳定；然后将检测合格的元器件在PCB上按照工艺规范装配完成。

任务5　抢答器的系统调试

1. 调试仪器

本系统调试所用仪器见表6-6所示。

表6-6　系统调试所用仪器

序号	仪器名称	仪器型号
1	万用表	GEM-8245
2	直流5V电源	YL135实验台或自制

2. 多路抢答器的使用说明

(1) 多路抢答器电路制作完成后，抢答器先不通电源；将直流稳压电源的电压调到5V；然后按“接通连线→打开电源开关→观察有无异常（有无冒烟、有无异味、元器件是否烫手、电源有无短路等）”的顺序进行操作。通电观察，完全正常后才可进行下一步调试。

(2) 当主持人将控制开关打到“清零”位置时，数码管不显示，报警电路不报警；当主持人将控制开关打到“开始”位置时，抢答电路和定时电路进入正常工作状态，计时开始。

(3) 当参赛选手S_0～S_7按动“抢答”键时，数码管显示对应抢答选手数字，扬声器发声，抢答电路和定时电路停止工作，计时结束。

(4) 当设定的抢答时间（10s）到，仍旧无人抢答时，抢答电路和定时电路停止工作。

3. 数据测试

按照原理图进行通电连接，电源采用+5V。

(1) 进行八路抢答，并依次按下抢答按键，用万用表的直流电压挡分别测量集成优先编码器74LS148、集成RS触发电路74LS279输出的逻辑电平，记录于表6-7，并通过译码显示电路进行验证。

表6-7　抢答电路中的逻辑电平

	按键S_0	按键S_1	按键S_2	按键S_3	按键S_4	按键S_5	按键S_6	按键S_7
$\overline{Y_2}\,\overline{Y_1}\,\overline{Y_0}$								
$Q_4Q_3Q_2$								
74LS148输出								

(2) 555定时电路的输出端（第三引脚）直接与74LS192的CP_D端相连，电源采用+5V。对74LS192进行时间预置，设置10s，并进行验证。当抢答有效时，报警电路发

出声音报警，并进行验证。

4. 误差分析

通过小组讨论，完成表6－8所示的整机测试与技术文件编写工作单。

表6－8　整机测试与技术文件编写工作单

项目名称	多路抢答器的设计与制作	任务名称	多路抢答器的整机测试与技术文件编写
整机测试与技术文件编写分工			
子任务	提交材料	承担成员	完成工作时间
制订测试方案	测试方案		
整机测试	测试记录		
编写使用说明书	使用说明书		
编写设计报告	设计报告		

学习记录					
班级		小组编号		成员	

说明：小组成员根据多路抢答器整机测试与技术文件编写的任务要求，进行认真学习，并将学习过程的内容（要点）进行记录，同时也将学习中存在的问题进行记录，填写下表

整机测试与技术文件编写的工作过程			
开始时间		完成时间	

说明：按照任务要求进行测试，填写下表，并对测试结果进行分析

测试项目	测试内容	测试结果			误差
功能测试	输入按键				
	实际显示值				
测试结果分析					

【知识链接】

1. 集成 RS 触发器 74LS279 介绍

集成 RS 触发器 74LS279 内部包含 4 个 RS 触发电路，引脚排列和逻辑符号如图 6.11 所示，图中小圆圈表示低电平有效。集成 RS 触发器 74LS279 内部电路原理图如图 6.12 所示。真值表见表 6－9 所示。

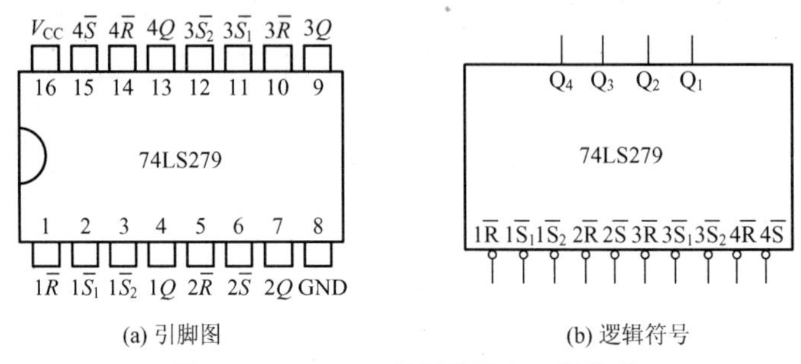

(a) 引脚图　　(b) 逻辑符号

图 6.11　74LS279 的引脚图和逻辑符号

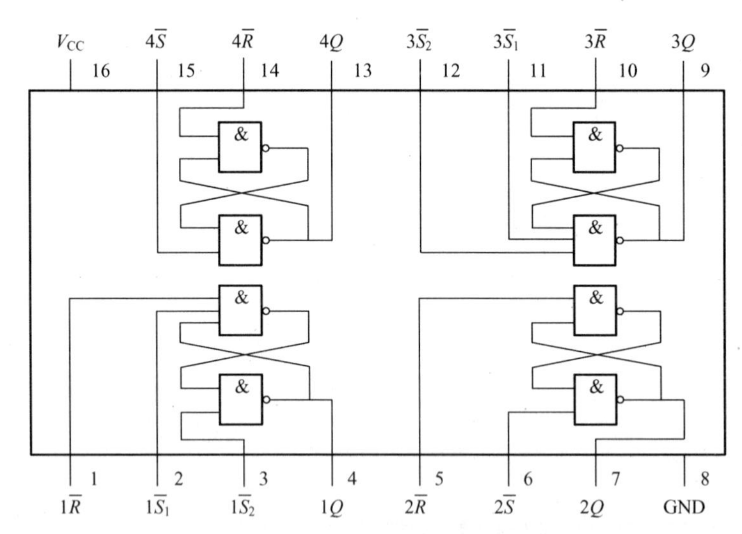

图 6.12　74LS279 内部电路原理图

表 6－9　RS 触发器真值表

输　入		输　出
$\overline{S}$(1)	$\overline{R}$	Q
0	0	×
0	1	1
1	0	0
1	1	Q_0

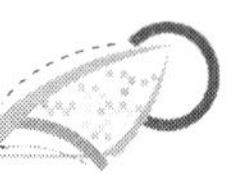

集成 RS 触发器 74LS279 完成的主要功能是对来自于优先编码电路 74LS148 的编码信号进行锁存，并送到集成译码电路 74LS48 的输入端。

2. 优先编码器 74LS148 介绍

74LS148 是 8－3 线优先编码器。它允许多个输入信号同时有效，但只对一个优先级最高的输入信号进行编码。引脚排列和逻辑符号如图 6.13 所示。其真值表见表 6－10 所示。

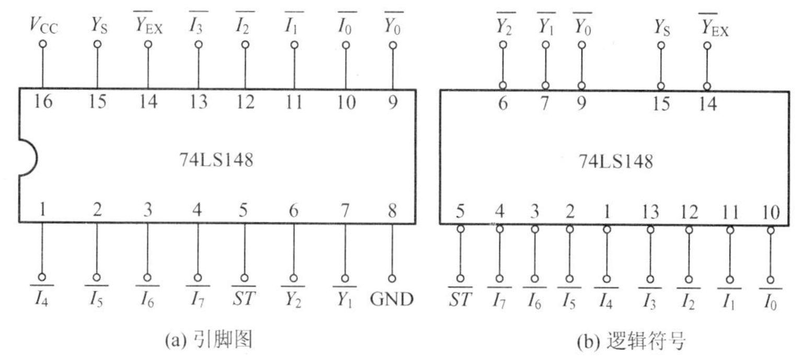

(a) 引脚图　　(b) 逻辑符号

图 6.13　74LS148 的引脚图和逻辑符号

$I_0I_1I_2I_3I_4I_5I_6I_7$（0～7）：编码输入端（低电平有效）。

$\overline{ST}$（$\overline{EI}$）：选通输入端（低电平有效）。

$Y_0Y_1Y_2$（A_0、A_1、A_2）：3 位二进制编码输出信号即编码输出端（低电平有效）。

Y_{EX}（GS）：片优先编码输出端即宽展端（低电平有效）。

Y_S（EO）：选通输出端，即使能输出端。

表 6－10　74LS148 的功能真值表

输入									输出				
$\overline{ST}$	$\overline{IN_0}$	$\overline{IN_1}$	$\overline{IN_2}$	$\overline{IN_3}$	$\overline{IN_4}$	$\overline{IN_5}$	$\overline{IN_6}$	$\overline{IN_7}$	$\overline{Y_2}$	$\overline{Y_1}$	$\overline{Y_0}$	$\overline{Y_{EX}}$	Y_S
1	×	×	×	×	×	×	×	×	1	1	1	1	1
0	1	1	1	1	1	1	1	1	1	1	1	1	0
0	×	×	×	×	×	×	×	0	0	0	0	0	1
0	×	×	×	×	×	×	0	1	0	0	1	0	1
0	×	×	×	×	×	0	1	1	0	1	0	0	1
0	×	×	×	×	0	1	1	1	0	1	1	0	1
0	×	×	×	0	1	1	1	1	1	0	0	0	1
0	×	×	0	1	1	1	1	1	1	0	1	0	1
0	×	0	1	1	1	1	1	1	1	1	0	0	1
0	0	1	1	1	1	1	1	1	1	1	1	0	1

3. 同步十进制可逆计数器 74LS192 介绍

74LS192 是同步十进制可逆计数器，它具有双时钟输入，并具有计数和清除功能，其引脚排列和逻辑符号如图 6.14 所示。

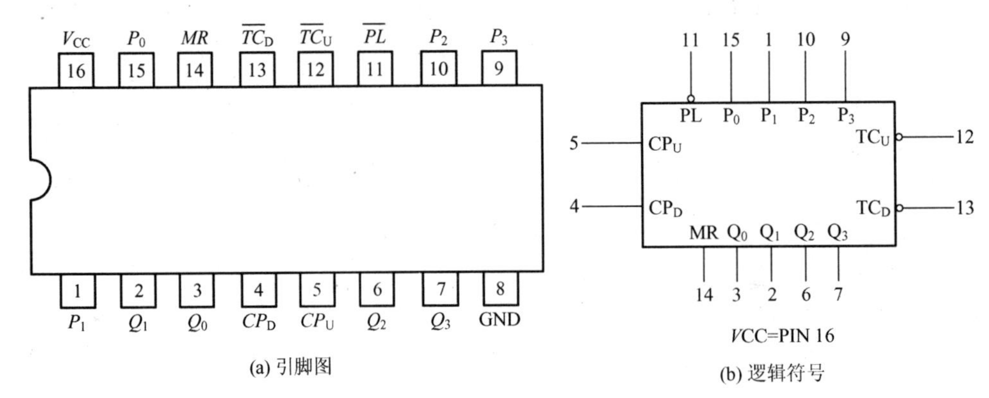

(a) 引脚图

(b) 逻辑符号

图 6.14　74LS192 的引脚图和逻辑符号

其中，$\overline{PL}$为置数端，CP_U 为加计数端，CP_D 为减计数端，$\overline{TC_U}$ 为非同步进位输出端，$\overline{TC_D}$ 为非同步借位输出端，P_0、P_1、P_2、P_3 为计数器的输入端，MR 为清除端，Q_0、Q_1、Q_2、Q_3 为计数器的输出端。其真值表见表 6－11 所示。

表 6－11　74LS192 真值表

输　入								输　出			
MR	$\overline{PL}$	CP_U	CP_D	P_3	P_2	P_1	P_0	Q_3	Q_2	Q_1	Q_0
1	×	×	×	×	×	×	×	0	0	0	0
0	0	×	×	d	c	b	a	d	c	b	a
0	1	↑	1	×	×	×	×	加计数			
0	1	1	↑	×	×	×	×	减计数			

分析真值表可知，74LS192 有如下功能：

(1) 清零功能。当 MR 为 1 时，计数器清零。

(2) 置数功能。当 $MR=0$、$\overline{PL}=0$ 时，计数器完成置数功能，$Q_3Q_2Q_1Q_0=P_3P_2P_1P_0$。

(3) 计数功能。当 $MR=0$、$\overline{PL}=1$、$CP_D=1$ 时，在时钟脉冲 CP_U 的作用下，完成加计数功能；当 $MR=0$、$\overline{PL}=1$、$CP_U=1$ 时，在时钟脉冲 CP_D 的作用下，完成减计数功能。

【项目拓展】

【参考视频】

拓展 1　设计一款单片机控制的多路抢答器，设计指标如下：

1. 基本功能

(1) 设计一个智力竞赛抢答器，可同时供 8 名选手或 8 个代表队参加比赛，他们的编

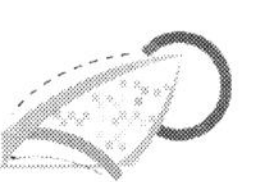

号分别为0、1、2、3、4、5、6、7，各用一个抢答按钮，按钮的编号与选手的编号相对应，分别为S_0～S_7。

(2) 给节目主持人设置一个控制开关，用来控制系统的清零和抢答的开始。

(3) 抢答器具有数据锁存和显示的功能。抢答开始后，若有选手按动抢答按钮，编号立即锁存，并在LED数码管行显示出选手的编号，扬声器给出音响提示，同时封锁输入电路，禁止其他选手抢答。优先抢答的选手的编号一直保持到主持人将系统清零为止。

(4) 如果主持人未按“抢答开始”键，而有人按了抢答按键，此为犯规抢答，LED上不断闪烁FF并且犯规报警器响个不停，直到主持人按下“停止”键为止。

2. 扩展功能

(1) 抢答器具有定时抢答的功能，且一次抢答的时间可以由主持人设定（如30s）。当主持人按下“开始”键后，要求定时器立即减计时，并用显示器显示，同时扬声器发出短暂的声响，声响持续时间0.5s左右。

(2) 参赛选手在设定的时间内抢答，抢答有效，定时显示器停止工作，显示器上显示选手的编号和抢答时刻的时间，并保持到主持人将系统清零为止。

(3) 如果定时器抢答的时间已到，却没有选手抢答，本次抢答无效，系统短暂报警，并封锁输入电路，禁止选手超时后抢答。

3. 参考思路

抢答器的工作原理是采用单片机最小系统（时钟电路、复位电路），用查询式键盘进行抢答。采用动态显示组号。主持人按下开始抢答键后选手才可以开始抢答。若主持人没有按下开始抢答键（P3.0），而有选手抢答则为抢答违规，此时报警器响起并显示此选手的组号，需要主持人按下开始抢答开关重新抢答。在主持人按下开始抢答键（P3.0），蜂鸣器响声提示，且数码管进行30s倒计时（30s内抢答有效），有选手在30s抢答，蜂鸣器响声提示并显示其组号，同时开始60s倒计时（60s内必须回答完问题），60s后主持人按下复位开关为下一题的抢答做准备；若此30s内没有选手抢答，则此次抢答作废，由主持人按下复位开关进行下一轮抢答。此设计包括单片机最小系统、抢答按键模块（8个按键）、显示模块、抢答开关模块、蜂鸣器音频输出模块。图6.15所示为总体框图。

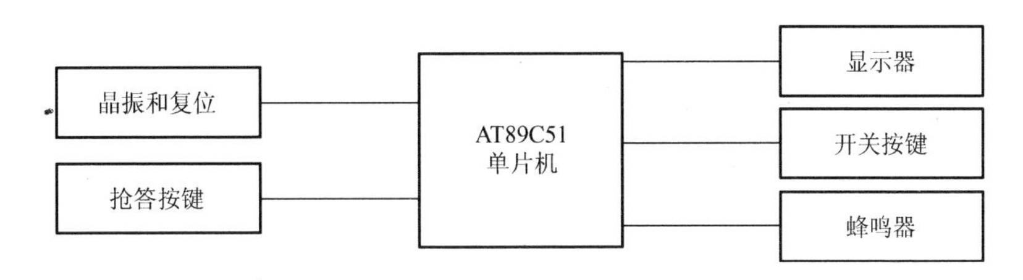

图6.15　单片机控制的多路抢答器框图

拓展2　设计一款FPGA控制的多路抢答器设计指标如下：

(1) 抢答开始按键由主持人操控，在主持人宣布抢答开始后，按下此按键，各选手方可开始抢答，并显示相应选手号和回答剩余时间，当抢答时间剩余5s，给予响铃提示；

(2) 如果主持人没有按下开始键而选手抢答，则视为犯规，并显示违规选手号和错误码，给予响声提示；

（3）主持人按结束键，可进行新一轮的抢答；

（4）抢答时间结束且无人抢答时，执行相应操作；

（5）可通过按键设置抢答时间和回答时间，抢答器具备限时抢答功能，限时时间可以自行设置为0～99s；

（6）当主持人对分数进行加减完毕之后，在对应的数码管上显示抢答者的分数，然后进入下一轮抢答。

参考思路：

此次设计了一个基于FPGA芯片的数字抢答器：本抢答器有13个按键及主频时钟作为输入端，其中八个输入端为八个选手的抢答按键，剩下五个按键分别为主持人开始按键、主复位按键、倒计时复位按键、显示切换按键、倒计时设置按键。有三个数码管进行显示，其中一个显示抢答者组号，另外两个分别用来显示抢答剩余时间和显示抢答时间的设置，因为要复用这两个数码管，所以要用按键做一个显示切换。用蜂鸣器来提示是否有人犯规抢答，抢到题目时用数码管显示该选手号，蜂鸣器也用作时间剩余5s时的提示。开始抢答时，主持人宣布抢答开始，并按下开始抢答按键，各选手开始抢答，其中任意一组抢到题目，则电路进行自锁，其他各组再按按键即为无效，抢到题目后蜂鸣器响，作答结束后依据回答答案是否正确由主持人选择进入加减分模块，每个选手初始分数为五分，答对一道加一分，错一道减一分，不抢答则分数不加不减。图6.16为FPGA控制的多路抢答器框图。

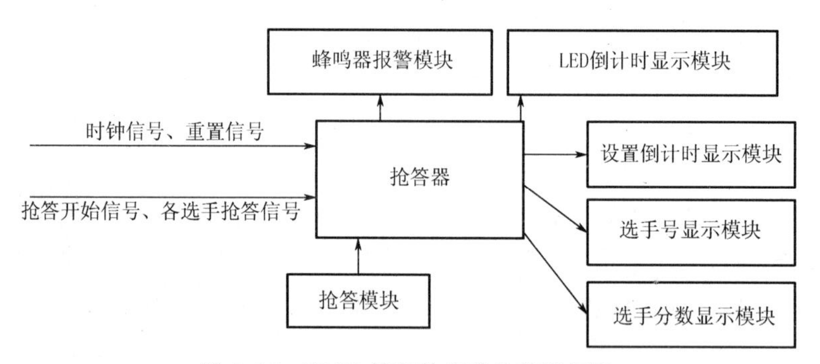

图6.16　FPGA控制的多路抢答器框图

课后习题

1. 如果同时有两个或者两个以上的选手按下抢答按键，会有什么情况发生？
2. 如何改成四路抢答器？
3. 如果要设置30s的抢答延时，应该如何对74LS192进行设置？
4. 如果报警时间设置10s的延时，应该如何对电路进行设置？

【参考图文】

项目 7 基于单片机的数控恒流源的设计与制作

【教学目标】

本项目的主要任务是设计并制作一个基于单片机的数控恒流源，从项目背景、项目要求、任务分析、任务实施、知识链接、项目拓展等几个方面开展项目教学，使学生完整地参与整个项目，在项目制作过程中学习和掌握相关知识。

通过本项目的学习，学生应能根据设计任务要求，完成硬件电路设计和相关元器件的选型，了解基于单片机的数控恒流源的各构成部分；掌握单片机最小系统、按键电路、D/A 转换电路、扩流电路、液晶显示电路、电源电路基本工作原理，能正确分析、制作与调试数控恒流源，会进行电路的测试和故障原因分析。

【教学要求】

教学内容	能力要求	相关知识
基于单片机的数控恒流源	(1) 了解数控恒流源的用途和种类 (2) 掌握单片机最小系统、按键电路、D/A 转换电路、扩流电路、液晶显示电路、电源电路基本工作原理 (3) 能够进行 D/A 转换程序设计、按键程序设计、显示程序设计 (4) 能正确分析、制作与调试数控恒流源电路，并会进行电路的测试和故障原因分析	(1) 单片机最小系统、定时器、计时器设定及工作原理 (2) 稳压电源的设计原理 (3) PWM 波、中断、按键扫描、液晶显示程序设计

【项目背景】

随着现代技术的发展，恒定电流源的应用将十分重要，如机器人、工业自动化、卫星通信、电力通信、智能化仪器仪表及其他数字控制等方面都迫切需要应用恒定电流器件，因此，研究和开发恒流源器件具有十分重要的意义。

恒流源是能够向负载提供恒定电流的电源，因此恒流源的应用范围非常广泛，并且在许多情况下是必不可少的。例如，在用通常的充电器对蓄电池充电时，随着蓄电池端电压的逐渐升高，充电电流就会相应减少。为了保证恒流充电，必须随时提高充电器的输出电压，但采用恒流源充电后就可以不必调整其输出电压，从而使劳动强度降低，生产效率提高。恒流源还被广泛用于测量电路中，例如电阻器阻值的测量和分级，电缆电阻的测量等，且电流越稳定，测量越准确。市场上也有一些十分成熟的电流源，被广泛应用于液压支架控制器、抑爆器、采煤机、救生舱、人员定位系统、井下 3G 通信系统等方面，如图 7.1所示。

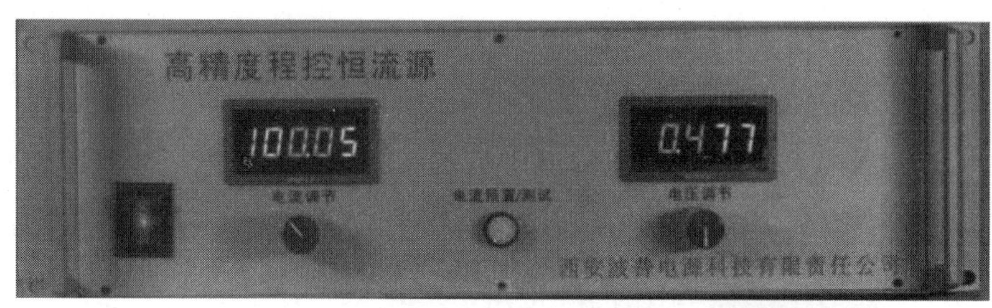

图 7.1　恒流源

许多场合，尤其是高精度测控系统需要高精度的电压源与电流源。微电子工艺的高度发展给我们提供了许多小型化、集成化的高精度电压源，但电流源，特别是工作电流大的高精度电流源仍需使用者自行设计实现。本项目主要运用 STC89C52 单片机设计出数控恒流源，具有高稳定性和高灵敏性的特点。

【项目要求】

【参考图文】

设计一款基于单片机的数控恒流源，具体的技术指标如下：

（1）用户可通过按键设置输出电流，输出电流范围可以达到 0～1A，步进为 0.01A；

（2）输出电流的精度为 0.5%，总纹波电流（峰-峰值）≤1mA；

（3）负载调整率：设置输出电流为 1A，改变负载电阻，使输出电压在 2～10V 情况下，输出电流变化≤1%；

（4）具有输出电流的测量和数字显示功能。

【任务分析】

根据数控恒流源项目的要求，通过小组合作的方式展开任务分析，主要涉及恒流源的发展历程、恒流源的种类、恒流源的用途等相关知识。通过技术指标、成本要求、安装要求、检测内容展开任务分析，使学生充分了解产品设计要求。通过小组合作学习的方式完成表7-1所示的任务分析过程工作单。

表7-1　任务分析过程工作单

<table>
<tr><td>项目</td><td colspan="2">基于单片机的数控恒流源的设计与制作</td><td colspan="2">任务名称</td><td>基于单片机的数控恒流源的设计与制作任务分析</td></tr>
<tr><td colspan="6">学习记录</td></tr>
<tr><td>班级</td><td></td><td>小组编号</td><td></td><td>成员</td><td></td></tr>
<tr><td colspan="6">说明：小组成员根据恒流源设计的任务要求，认真学习相关知识，并将学习过程的内容（要点）进行记录，同时也将学习中存在的问题进行记录，填写下表</td></tr>
<tr><td colspan="2">恒流源的发展历程</td><td colspan="4">电真空器件恒流源、晶体管恒流源、集成电路恒流源</td></tr>
<tr><td colspan="2">恒流源的种类</td><td colspan="4">晶体管恒流源、场效应管恒流源、集成运放恒流源</td></tr>
<tr><td colspan="2">恒流源的用途</td><td colspan="4">计量领域中的应用、半导体器件性能测试中的应用、在传感器中的应用、现代大型仪器中稳定磁场的产生、在其他领域中的应用</td></tr>
<tr><td colspan="6">任务分析的工作过程</td></tr>
<tr><td>开始时间</td><td colspan="2"></td><td colspan="2">完成时间</td><td></td></tr>
<tr><td colspan="6">说明：根据小组成员的学习结果，通过分析与讨论，完成本项目的任务分析，填写下表</td></tr>
<tr><td>技术指标</td><td colspan="5">输出电流0～1A，步进为0.01A，精度为0.5%</td></tr>
<tr><td>成本要求</td><td colspan="5">成本控制在20元人民币以内</td></tr>
<tr><td>安装要求</td><td colspan="5">预留电流测试端口</td></tr>
<tr><td>检测内容</td><td colspan="5">输出电流值、电流的步进值</td></tr>
</table>

1. 恒流源的发展历程

1）电真空器件恒流源的诞生

世界上最早的恒流源，大约出现在20世纪50年代早期，当时采用的电真空器件是镇流管，由于镇流管有稳定电流的功能，所以多用于交流电路，常被用来稳定电子管的灯丝电流。电子管通常不能单独作为恒流器件，但可用它来构成各种恒流电路。由于电子管是高压小电流器件，因此用简单的晶体管电路难于获得的高压小电流恒流源，用电子管电路却容易实现，并且性能相当好。

2）晶体管恒流源的产生和分类

进入20世纪60年代，随着半导体技术的发展，设计和制造出了各种类型性能优越的晶体管恒流源，并在实际中获得了广泛的应用。晶体管恒流源电路可封装在同一外壳内，成为一个具有恒流功能的独立器件，用它可构成直接调整型恒流源。用晶体管作为调整元件的各种开环和闭环的恒流源，在许多电子电路中得到了应用。但晶体管恒流源的电流稳定度一般不会太高，很难达到0.01%/min，且最大输出电流也不过几安培，它适用于那些对稳定度要求不太高的场合。

3）集成电路恒流源的出现和种类

到了70年代，半导体集成技术的发展，使得恒流源的研制进入了一个新的阶段。长期以来采用分立元件组装的各种恒流源，现在可以集成在一块很小的硅片上而仅需外接少量元件。集成电路恒流源不仅减小了体积和质量，简化了设计和调试步骤，而且提高了稳定性和可靠性。在各种恒流源电路中，集成电路恒流源的性能堪称最佳。

2. 恒流源的种类

按照组成恒流源的器件不同，一般可以分为三类：晶体管恒流源、场效应管恒流源、集成运放恒流源。

1）晶体管恒流源

这类恒流源以晶体管为主要组成器件，利用晶体管集电极电压变化对电流影响小，并在电路中采用电流负反馈提高输出电流的恒定性。由晶体管构成的恒流源，广泛用作差动放大器的射极公共电阻，或作为放大电路的有源负载，或作为偏流使用，也可作为脉冲产生电路的充放电电流。由于晶体管参数受温度影响，实际应用中大多会采用温度补偿及稳压措施，以增强电流负反馈的深度来稳定输出电流。其基本电路如图7.2所示。

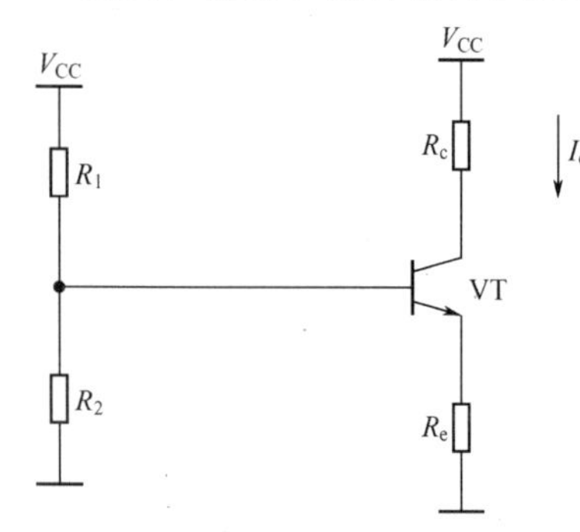

图7.2　晶体管恒流源基本电路

2）场效应管恒流源

场效应管恒流源基本电路如图7.3所示。通常，将场效应管和晶体管配合使用，其恒流效果会更佳。

3）集成运放恒流源

由于温度对集成运放参数的影响不如对晶体管或场效应管参数的影响显著，由集成运放构成的恒流源具有稳定性更好、恒流性能更高的优点。尤其在负载一端需接地，要求大电流的场合，集成运放恒流源更是获得了广泛的应用。集成运放恒流源如图7.4所示。

3. 恒流源的用途

1）在计量领域中的应用

电流表的校验宜用恒流源，将待校的电流表与标准电流表串接于恒流源电路中，调节恒流源的输出电流至被校表的满度值和零度值，检查各电流表指示是否正确；在广泛应用的DDZ系列自动化仪表中，为避免传输线阻抗对电压信号的影响，其现场传输信号均以恒流给定器提供的0～10mA（适用于DDZ－Ⅱ系列自动化仪表）或4～20mA（适用于

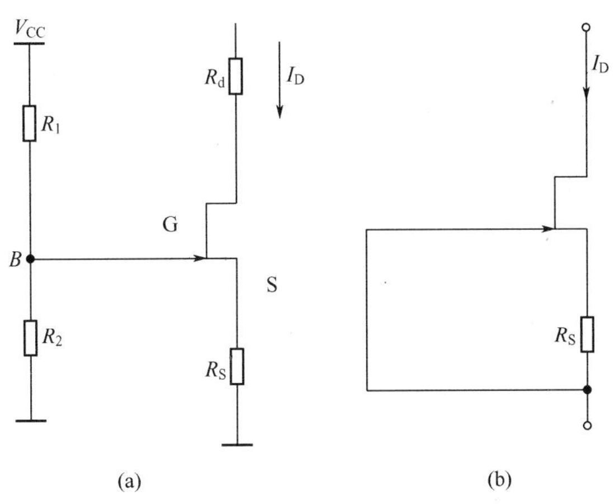

图 7.3 场效应管恒流源基本电路

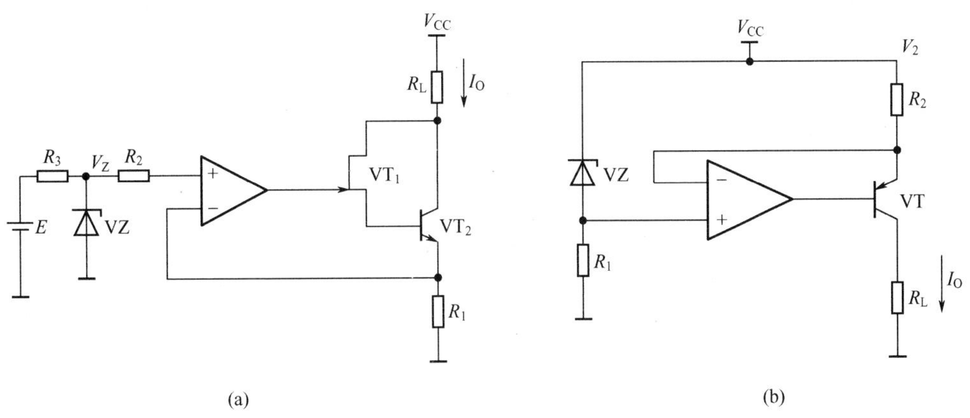

图 7.4 集成运放恒流源基本电路

DDZ-Ⅲ系列自动化仪表）直流电流作为统一的标准信号，便于对各种信号进行变换和运算，并使电气数模之间的转换均能统一规定，有利于与气动仪表、数字仪表的配合使用。在某些精密测量领域中，恒流源充当着不可替代的角色，如给电桥供电、用电流电压法测电阻值等。各种辉光放电光源，如光谱仪中的氢灯、氖灯，一旦被点燃，管内稀薄气体迅速电离，由于离化过程的不稳定性并恒有增加的倾向，放电管中的电流将随之上升。因此，在灯管上加以恒定电压时，它是不稳定的，其电流值可能增大到使灯管损坏。为了稳定放电电流，从而稳定灯管的工作状态，最好采用恒流源供电。

2）在半导体器件性能测试中的应用

半导体器件参数的测量常常用到恒流源。例如，测量晶体管的反向击穿电压时，若预先将恒流源调至测试条件要求的电流值，则对不同击穿电压的晶体管无须调整就可由电表或图示仪表直接读出击穿电压的数值，不仅提高了测试效率，延长了仪表的使用寿命，而且限制了反向电流，不致损坏被测晶体管。半导体器件参数的测量也必须采用恒流源。例如，用光电导衰退法测量材料的少数载流子寿命，用半导体霍尔效应测量材料的电导率、迁移率和载流子浓度等。因为半导体材料的电阻率对温度、光照极为敏感，若采用稳压电源，当电阻率改变时，测试电流也会变化，从而影响被测材料的参数值。为了保持测试电流不变，只有采用恒流源供电。

3）在传感器中的应用

目前，在科技和生产部门广泛应用的各类物性型敏感器件，如热敏、力敏、光敏、磁敏、湿敏等传感器，常常采用恒流源供电。这不仅因为许多敏感器件是用半导体材料制成的，还因为这样可以避免连接传感器的导线电阻和接触电阻等的影响。

4）现代大型仪器中稳定磁场的产生

在许多医疗诊断仪器中，如CT断层扫描仪和超导磁源成像仪中的磁场均要求很稳定，否则会造成严重的测量误差。如果采用稳压电源，由于电磁铁线圈工作时发热等原因会使其阻值改变，因而供电电流变化，导致磁场不稳定，如果采用恒流源供电就能克服上述缺点。因此，凡是要求磁场十分稳定的装置，就必须采用恒流源供电。所以，在核物理实验装置中，如粒子加速器、质谱仪、B谱仪及云雾室，都必须采用恒流源供电。众所周知，在电子显微镜中焦距越小，放大倍数越大，为了提高放大倍数，就必须使焦距缩短，而焦距与磁场强度有关，如果磁场不稳定，则磁场强度也不稳定，从而使电子在焦点以外的磁场再次聚焦，甚至多次聚焦，而多次聚焦会使成像质量变坏，因此，必须采用恒流源供电。

5）在其他领域中的应用

在用普通的充电机充电时，随着蓄电池端电压的逐渐升高，充电电流相应减小，为保持正常充电，必须随时提高充电机的输出电压。采用恒流源充电，就可以不必调整，即使从充电装置中加入或移去部分蓄电池也不影响正常充电，从而使劳动强度降低，生产效率提高。许多电真空器件，如示波管、显像管、功率发射管等，它们的灯丝冷电阻很小，当用额定电压点燃时，在通电瞬间电流很大，常常超过灯丝额定电流许多倍。这样大的冲击电流容易使灯丝寿命缩短，为了保护灯丝，最好采用恒流源供电。当灯丝从冷到热变化时，通过灯丝的电流保持稳定。对于价格昂贵的大功率发射管或要求电真空器件的工作十分稳定时，恒流源供电尤为重要。

【任务实施】

任务1　系统方案设计

1. 恒流源方案论证

方案一： 采用开关电源的恒流源。

采用开关电源的恒流源电路如图7.5所示。当电源电压降低或负载电阻 R_1 降低时，采样电阻 R_S 上的电压也将减少，则MAX713的12、13引脚输出方波的占空比增大，从而BG1导通时间变长，使电压 U_0 回升到原来的稳定值。BG1关断后，储能元件 E_1、E_2、E_3、E_4 保证负载上的电压不变。当输入电源电压增大或负载电阻值增大引起 U_0 增大时，原理与前类似，电路通过反馈系统使 U_0 下降到原来的稳定值，从而达到稳定负载电流 I_1 的目的。

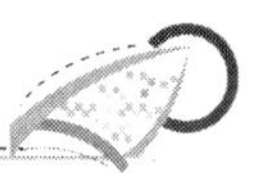

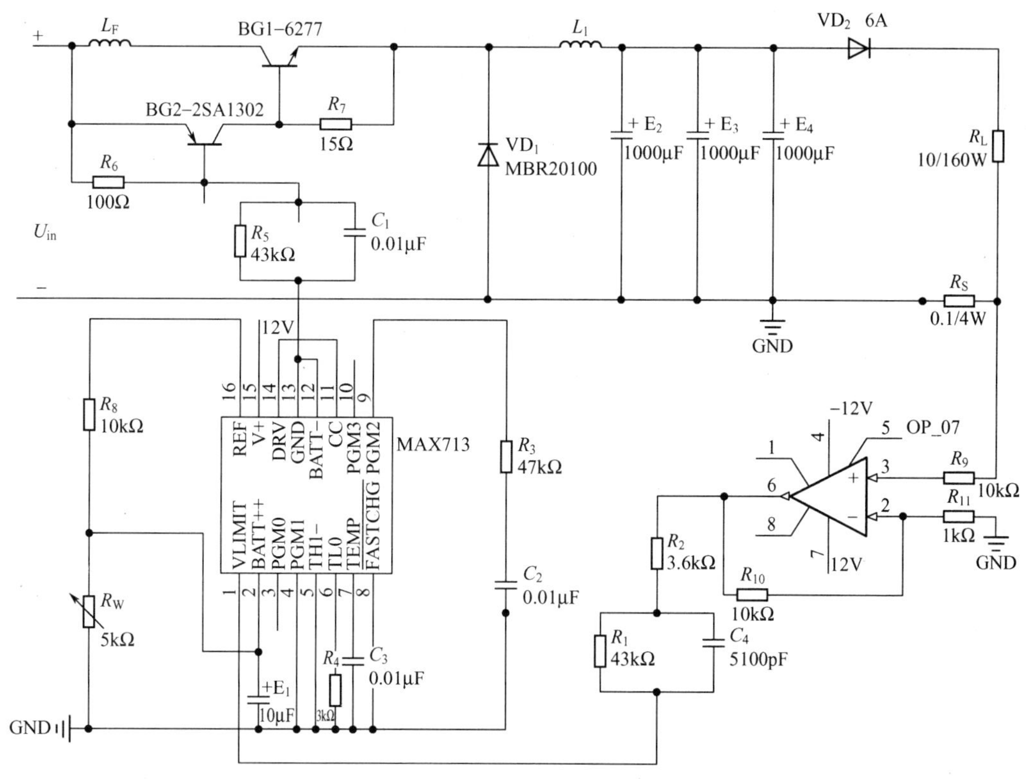

图 7.5 采用开关电源的恒流源

开关电源的功率器件工作在开关状态，功率损耗小，效率高。与之相配套的散热器体积大大减小，同时脉冲变压器体积比工频变压器小了很多。因此采用开关电源的恒流源具有效率高、体积小、质量小等优点。开关电源的控制电路结构复杂，输出纹波较大，在有限的时间内实现比较困难。

方案二：采用集成稳压器构成的开关恒流源。

采用集成稳压器构成的开关恒流源电路如图 7.6 所示。MC7805 为三端固定式集成稳压器，调节 R_W 可以改变电流的大小，其输出电流为

$$I_L = (U_{OUT}/R_W) + I_q \tag{7-1}$$

式中，I_q 为 MC7805 的静态电流，小于 10mA。当 R_W 较小即输出电流较大时，可以忽略 I_q。当负载电阻化时，MC7805 改变自身压差来维持负载通过的电流不变。该方案结构简单，可靠性高，但无法实现数控。

方案三：集成运放和达林顿管构成恒流源电路。

恒流源电路由集成运放和达林顿管构成，电路原理图如图 7.7 所示。运放的同相输入端电压来源于 D/A 的输出，反向输入端与采样电阻 R_3 相连。由于负反馈的作用，D/A 的电压直接决定了采样电阻 R_4 上通过的电流 $I=U/R_4$。因达林顿管共发射极放大系数非常太，故 $I(L)\approx I(R)$。这样，恒流源的输出电流直接取决于 D/A 的输出电压和采样电阻 R_4 的比值。该电流源电路可以结合单片机构成数控电流源。通过键盘预置电流值，单片机输出相应的数字信号给 D/A 转换器，D/A 转换器输出的模拟信号送到运放，控制主

电路电流大小。由于运放的输出电流很小，所以该电路也达不到 2000mA 的要求，需要加上达林顿对管进行扩流。

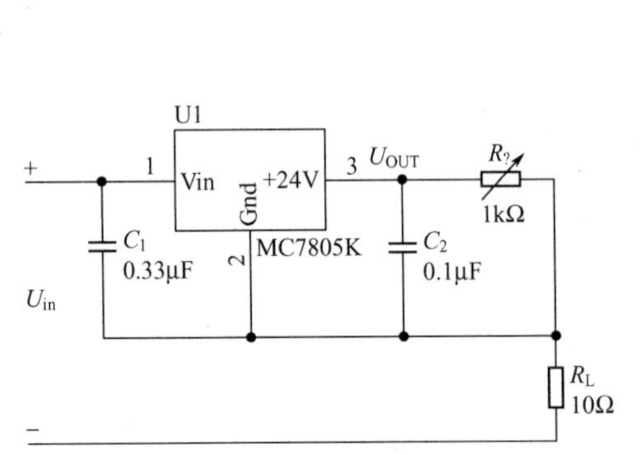

图 7.6　采用集成稳压器构成的开关恒流源

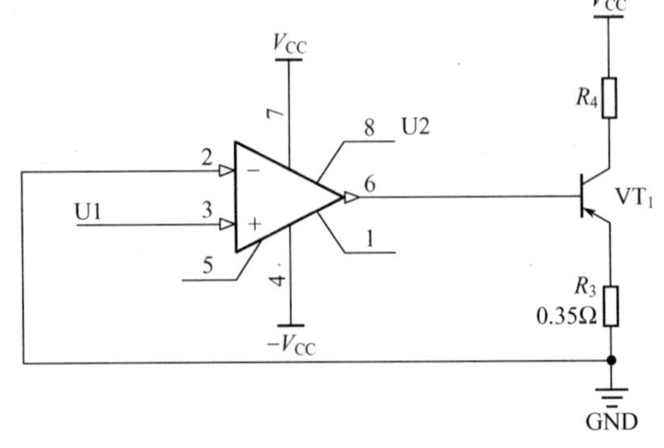

图 7.7　集成运放和达林顿管构成恒流源电路

当输出电流达到一定程度时，采样电阻必然会发热引起自身阻值的变化。这是影响恒流源输出电流值精度的一个关键因素。为此，在设计中采用了温度系数比较小的康铜材料制作的阻值为 2.0Ω 的电阻。系统采用方案三。

2. 显示电路方案论证

方案一： 用数码管显示。数码管亮度高，醒目，但电路复杂，显示信息量少，动态扫描需要占用大量单片机时间和 I/O 口，无法做到实时显示。

方案二： 使用液晶显示。液晶显示模块微功耗，所需要占用的体积小，显示信息量大。内容丰富，界面美观，占用单片机口线少，节省单片机时间。

由于电路的设计要求显示模块能够实时显示出当前的输出电流值，考虑到数码管耗能大，占用时间长，因此采用方案二。

3. 供电电源电路

方案一： 可以选择开关电源。开关电源是现代大众化的电源。高效率、波纹系数大、电压稳定、可调范围宽等，都是开关电源的优点。

方案二： 可以选择稳压电源。稳压电源波纹系数小，且在负载功率变化时能保持输出的电压为定值不变。开关电源波纹系数较大，而设计要求的电压纹波不大于 10mV。

由于设计的输出电流较大，如果采用方案二，可能会导致过多的热量或导致系统不稳定，所以在这里选择方案一，提高系统的效率。

4. 按键方案选择

方案一： 矩阵式键盘，运行方式为矩阵式行列扫描。若采用本方案，当按键较多时，可以减少单片机的 I/O 口被占用的数目，但编程方面，难度大大增加。

方案二： 独立式按键电路，运行方式为端口直接扫描方式。采用本方案，可以独立每个 I/O 口的工作状态，当按键较多时会增加占用单片机的 I/O 口数目，但编程方面极其容易，硬件电路设计简洁方便。

综合考虑两种方案，由于本设计 I/O 口资源并不紧缺，从软件设计的简易度考虑，

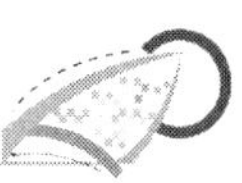

采用方案二。

5. 控制器的选择

方案一： 采用飞利浦公司生产的 LPC900 系列 SOC 芯片作为控制器，这主要是基于 PWM 技术的开关电源方案。该方案适合要求高功率输出的交流系统。

方案二： 采用 STC 单片机进行控制。本设计需要使用的软件资源比较简单，控制比较简单，需要的外围电路不多，只需要 D/A 转换器和几个按键，对硬件要求不高。

方案一需要高频率输出 PWM 波，必然引入纹波噪声，要经过多级滤波才能接入恒流源电路，实现起来比较复杂，且题目对电流精度及纹波要求很高，该方案难以胜任。考虑到 STC 单片机性价比高，设计题目要求对硬件资源需求少，因此采用方案二。

根据上述的论证分析，通过小组讨论，完成表 7-2 所示的方案设计工作单。

表 7-2 方案设计工作单

<table>
<tr><td>项目名称</td><td colspan="2">基于单片机的数控恒流源的设计与制作</td><td colspan="2">任务名称</td><td>基于单片机的数控恒流源的方案设计</td></tr>
<tr><td colspan="6">方案设计分工</td></tr>
<tr><td>子任务</td><td colspan="2">提交材料</td><td colspan="2">承担成员</td><td>完成工作时间</td></tr>
<tr><td>恒流源方案</td><td colspan="2">恒流源方案分析</td><td colspan="2"></td><td></td></tr>
<tr><td>显示电路方案</td><td colspan="2">显示电路选型分析</td><td colspan="2"></td><td></td></tr>
<tr><td>供电电源方案</td><td colspan="2">供电电源分析</td><td colspan="2"></td><td></td></tr>
<tr><td>按键方案</td><td colspan="2">按键方案分析</td><td colspan="2"></td><td></td></tr>
<tr><td>控制器方案</td><td colspan="2">控制器方案分析</td><td colspan="2"></td><td></td></tr>
<tr><td>方案汇报</td><td colspan="2">PPT</td><td colspan="2"></td><td></td></tr>
<tr><td></td><td colspan="2"></td><td colspan="2"></td><td></td></tr>
<tr><td colspan="6">学习记录</td></tr>
<tr><td>班级</td><td></td><td>小组编号</td><td></td><td>成员</td><td></td></tr>
<tr><td colspan="6">说明：小组成员根据方案设计的任务要求，认真学习相关知识，并将学习过程的内容（要点）进行记录，同时也将学习中存在的问题进行记录，填写下表</td></tr>
<tr><td colspan="6"></td></tr>
<tr><td colspan="6">方案设计的工作过程</td></tr>
<tr><td>开始时间</td><td colspan="2"></td><td colspan="2">完成时间</td><td></td></tr>
<tr><td colspan="6">说明：根据小组成员的学习结果，通过小组分析与讨论，最后形成设计方案，填写下表</td></tr>
</table>

（续）

项目名称	基于单片机的数控恒流源的设计与制作	任务名称	基于单片机的数控恒流源的方案设计
结构框图	画出原理框图		
原理说明	对各个框图原理功能进行阐述		
关键器件选型	确定各个器件型号		
实施计划	列出实施计划		
存在问题及建议			

6. 方案确定

经过分析和论证，确定系统方案，具体器件选型见表 7－3 所示。

表 7－3　器件选型

功　　能	选用器件
主控处理	STC89C52
显示电路	LCD1602
数模转换模块	TLC5615
扩流模块	TIP31C
功能按键	轻触按键

7. 系统总体方案设计

本系统以 STC89C52 单片机为主控模块，读取按键信息，控制 D/A 转换模块，通过扩流模增大输出电流，利用液晶完成设定电流和输出电流的显示，完成数控恒流源的设计。本系统主要由单片机主控模块、按键模块、D/A 转换模块、扩流模块、液晶显示模块、电源模块等六个部分组成，其系统总体框图如图 7.8 所示。

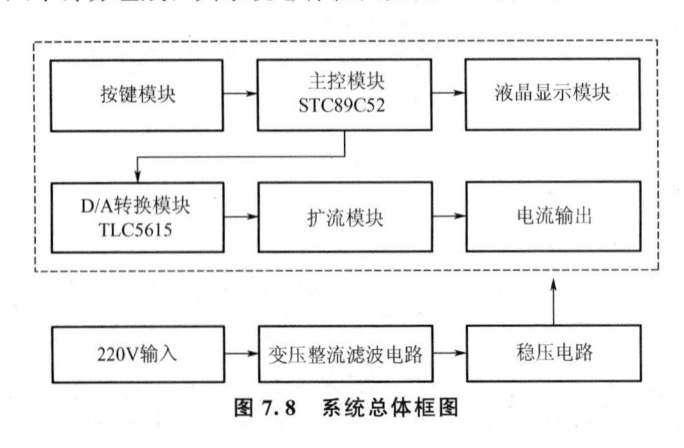

图 7.8　系统总体框图

任务2　硬件电路设计

【参考视频】

1. 主控模块设计

本系统的核心控制器件选用的是 STC52 系列，主要控制液晶模块、键盘模块和 D/A 转换模块。通过外接键盘电路来输入要设置的输出直流电流，设置步进达到 0.01A，并且由 LCD 液晶电路显示电流设定值和实际值。单片机主控模块的电路原理图如图 7.9 所示。

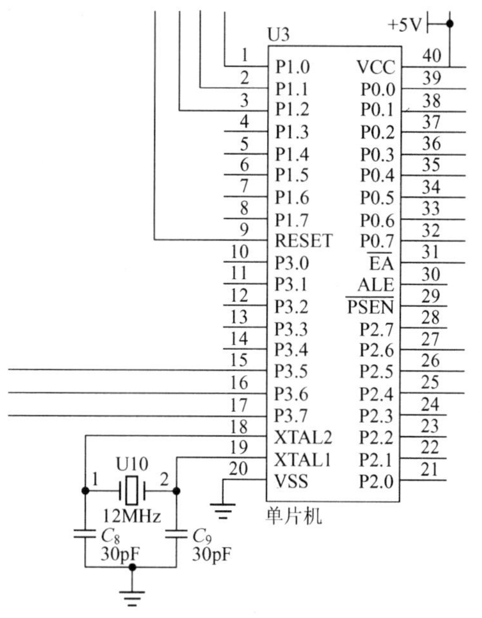

图 7.9　单片机模块原理图

如图 7.8 所示，本系统设计以 52 系列单片机作为控制单元的主模块，首先对外界输入的值进行设定，然后进行内部转换，最终输出电流值。而且通过软件编程来解决数据误差和预置电流步进控制，各种功能更容易实现的同时能使硬件电路也更加紧凑。通过单片机内部程序的控制，再经过 D/A 转换并由运放隔离放大就可以得到输出电流。由单片机分析处理获得反馈回路中的表格数据，使电压更稳定，构成一个稳定的压控恒流源。

2. LCD 液晶模块设计

本系统采用 LCD1602 显示输出的电流值，实现人机交互。显示电路与主控模块的连接设计电路如图 7.10 所示。用 STC89C52 单片机 P2 口，与 P1.2、P1.1、1.0 作为液晶的 EN、*R*/*W*、*RS* 端口。本模块设计先对显示模块清屏，再将显示模式设置为整个显示，实时显示输出电流值。

3. D/A 模块设计

本系统选用具有串行接口的 D/A 转换器 TLC5615 进行 D/A 转换。其输出值为电压型，TLC5615 的输出电压可以利用公式 $I=U/R$，在之后的输出电路中外接负载来改变最终的输出电流值。图 7.11 所示是 D/A 转换电路与单片机模块的接口电路。在电路中，单片机端口 P3.5 与 P3.6 分别模拟 TLC5615 的串行时钟输入 SCLK 和片选信号，待转换的二进制数从单片机 P3.7 输出，写入 TLC5615 的串行数据输入端 DIN。

4. 扩流模块设计

本系统采用 TIP31C 进行扩流，扩大输出电流值。D/A 输出的功率有限制，因此我们还需要额外加上扩流电路，功率放大电路如图 7.12 所示。其中 LM358 的同相输入端连接 D/A 的输出端，D/A 通过运放加上大功率晶体管 TIP31C 进行扩流，使输出电流可以达到 1A 以上，同时也避免了烧坏 D/A 转换器的可能。最终 TIP31C 的发射极由于运放负反馈的作用可以使它得到跟运放同相端相同的电压，而 TLC5615 的输出为电压型，为了得

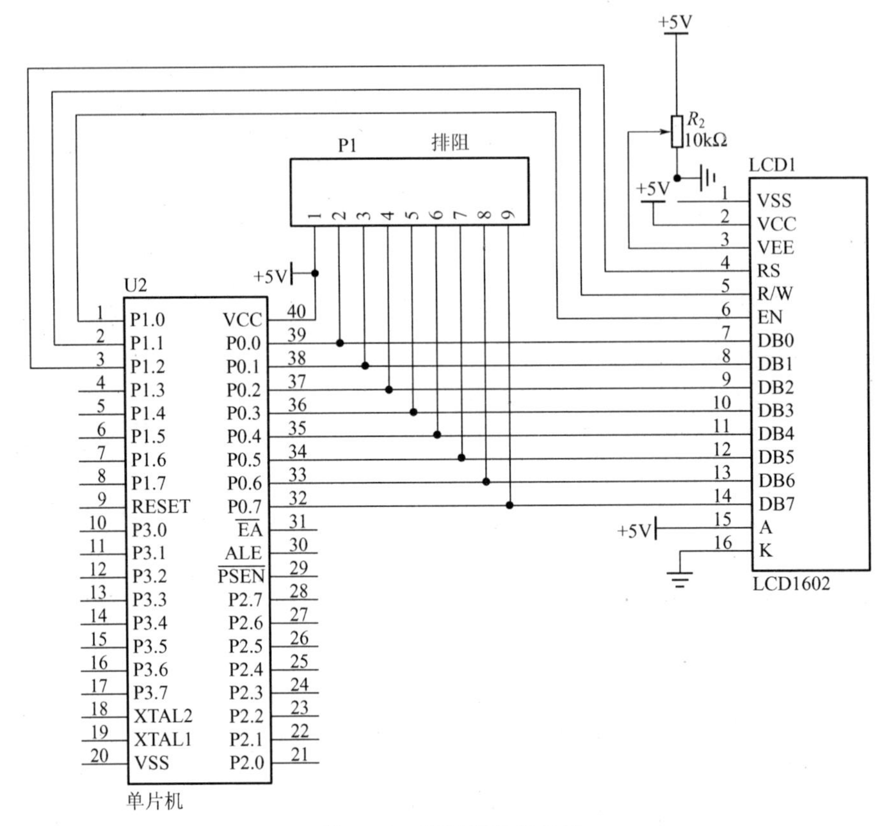

图 7.10　液晶模块原理图

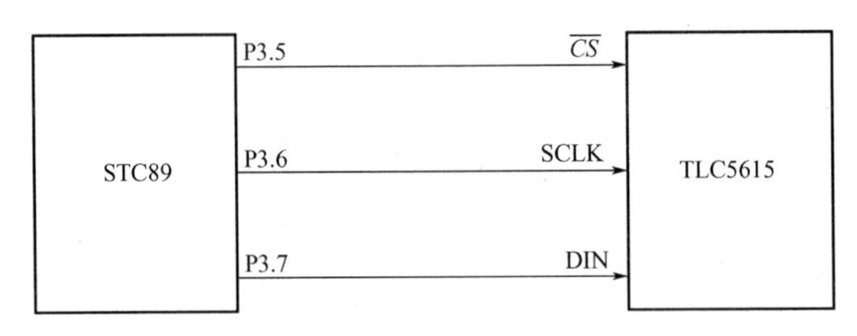

图 7.11　D/A 转换电路与单片机模块的接口电路

到电流，只能根据输出电流 $I=U/R_4$，所以只用改变运放同相端的输出电压即可改变输出电流。

5. 按键模块设计

本系统设计采用的按键模块采用的方案是多位独立按键，通过外接键盘人工输入设定值。通过测试 I/O 口的不同状态，可以判断按键的状态。3 个按键分别代表以下功能，第一个为功能按键，可以进入参数设置界面；第二个为增加按键；第三个为减少按键。键盘模块电路如图 7.13 所示。

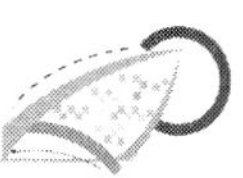

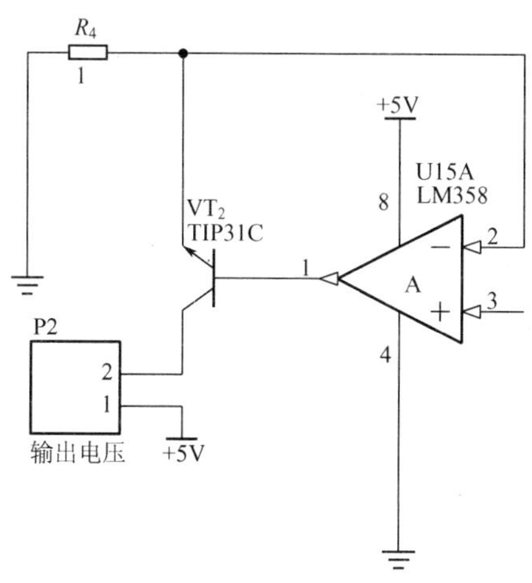

图 7.12 扩流模块电路

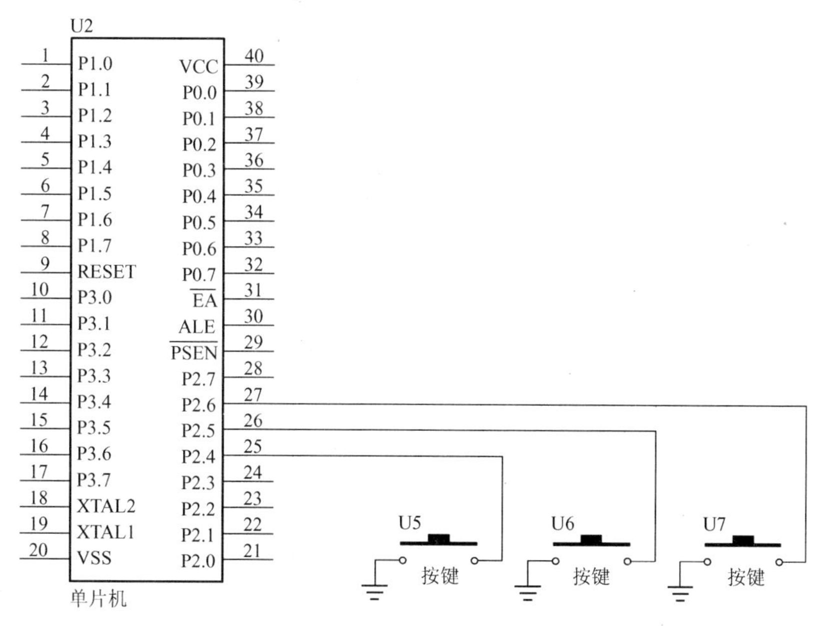

图 7.13 键盘模块电路

6. 电源模块设计

本系统使用的是 220V 电源供电，为了得到一个固定的直流电源，先把 220V 的交流电源经过变压器降到一个相对低一点的交流电源，然后通过变压整流滤波器变成一个相对稳定的直流电。因为最大输出电流为 1A，如果使用线性稳压电源，会导致电源的发热量过大，因此这里使用开关电源 LM2596。最终稳压成 5V 给系统供电，系统中的单片机、液晶显示、D/A 转换器、运放都通过这个 5V 供电。其电路设计如图 7.14 所示。

根据上述的硬件模块设计分析，通过小组讨论，完成表 7－4 所示的硬件设计工作单。

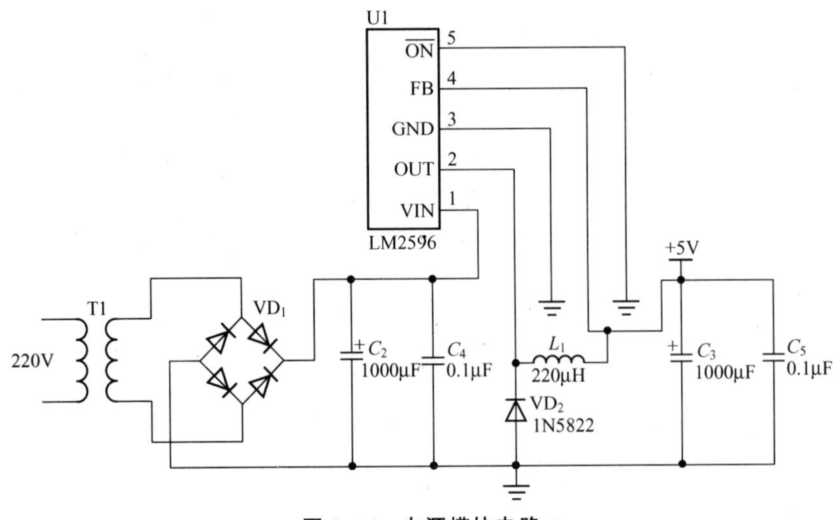

图 7.14′　电源模块电路

表 7-4　硬件设计工作单

项目名称	**基于单片机的数控恒流源的设计与制作**	**任务名称**	**基于单片机的数控恒流源的硬件设计**
硬件设计分工			
子任务	提交材料	承担成员	完成工作时间
原理图设计	原理图、器件清单		
PCB 设计	PCB 图		
硬件安装与调试	调试记录		
外壳设计与加工	面板图、外壳		
学习记录			

班级		小组编号		成员	
说明：小组成员根据硬件设计的任务要求，认真学习相关知识，并将学习过程的内容（要点）进行记录，同时也将学习中存在的问题进行记录，填写下表					

（续）

项目名称	基于单片机的数控恒流源的设计与制作	任务名称	基于单片机的数控恒流源的硬件设计
硬件设计的工作过程			
开始时间		完成时间	
说明：根据硬件系统的基本结构，画出系统各模块的原理图，并说明工作原理，填写下表			
主控模块设计	主要对液晶模块、D/A 模块、按键模块进行控制		
LCD 液晶模块设计	完成对设定电流和实际电流的显示		
D/A 模块设计	对单片机输出的数字信号进行 D/A 转换，实现模拟电压的输出		
扩流模块设计	由于题目要求的输出电流比较大，利用该模块实现扩流		
按键模块设计	进行人机交互，实现用户对输出电流的设定		
电源模块设计	对整个系统进行供电		

7. 系统总体原理图

根据上述各个模块电路的设计，系统总原理图和 PCB 图分别如图 7.15 和图 7.16 所示，器件清单见表 7－5 所示。

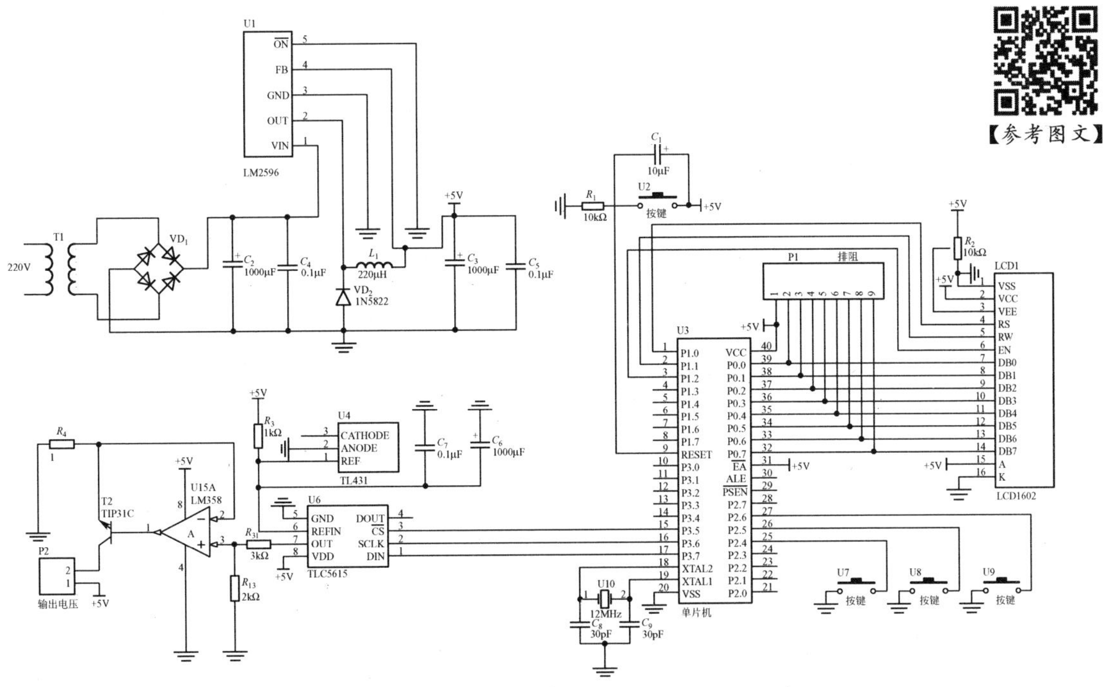

图 7.15　系统总原理图

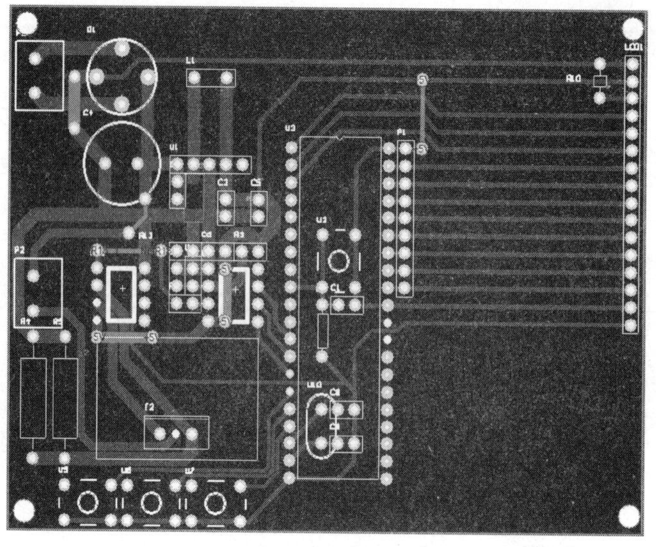

【参考图文】

图 7.16　系统 PCB 图

表 7－5　器件清单

名　　称	规　　格	数　　量
单片机	STC89C52	1
电容	30pF	2
晶振	12MHz	1
排阻	10kΩ	1
液晶显示	LCD1602	1
电阻	2.7kΩ	1
轻触按键	轻触按键	4
电容	10μF	1
电阻	10kΩ	1
变压器	12V	1
整流桥	2W10	1
电容	470μF	3
电容	0.1μF	3
集成稳压芯片	LM2596	1
二极管	1N5822	1
电感	220μH	1
晶体管	TIP31C	1
端子	2P	2
运放	LM358	1

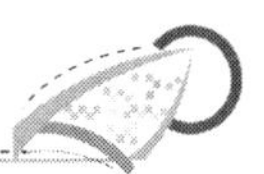

（续）

名　　称	规　　格	数　　量
电阻	3kΩ	1
电阻	2kΩ	1
电阻	1kΩ	1
电阻	2Ω	2
D/A 转换器	TLC5615	1
芯片底座	DIP40	1
芯片底座	DIP8	2

任务 3　系统的软件设计

1. 系统软件主程序框图设计

系统由单片机 STC89C52、液晶显示模块 LCD1602、D/A 模块 TLC5615、功率放大模块、电源模块、按键模块等所组成。通过外接独立键盘电路，人工输入要设置的输出电流，步进达到 0.01A 级，单片机根据电压的设定值，换算成要给 D/A 模块所输入的数据值，加上功率放大模块解决 D/A 输出的直流电压不能带负载的问题。本系统软件程序流程图如图 7.17 所示。

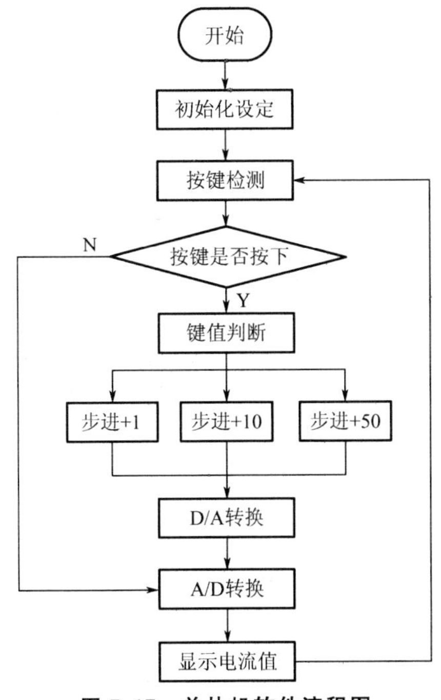

图 7.17　单片机软件流程图

主程序：

【参考图文】

```
//头文件申明
# include< reg52. h>
# include" LCD1602. h"
//I/O 接口定义
sbit SCLK = P3^3;                              //TLC5615 时钟接口
sbit DIN = P3^4;                               //TLC5615 数据接口
sbit CS = P3^2;                                //TLC5615 片选接口
sbit key_ 1 = P3^5;                            //按键 1
sbit key_ 2 = P3^6;                            //按键 2
sbit key_ 3 = P3^7;                            //按键 3

d ouble outPut = 0;                            //输出数据变量
unsigned char key_ count = 0;                  //按键状态变量
void delayms ( unsigned int i )                //ms 级延时
{
  unsigned int j, k;                           //定义两个变量，用于延时函数
  for ( j = 0; j< i; j+ + )                    //i 决定延时多少 ms
      for ( k = 0; k< 120; k+ + ) ;            //空循环
}
vvoid main ( void)                             //主函数
{
  LCDInit ( ) ;                                //液晶初始化
  outPut = 0. 00;                              //输出电流初始化为 0
  tlc5615 ( 0 ) ;                              //执行输出
  LCDDispString ( 3, 1," Set Current" ) ;      //屏幕显示" Set Current" 字样
  LCDDispChar ( 10, 2, 'A' ) ;                 //显示电流单位" A"
  LCDDispNum ( 6, 2, ( int ) ( outPut ) % 10 ) ;//在屏幕上显示输出电流大小
  LCDDispChar ( 7, 2, '.' ) ;
  LCDDispNum ( 8, 2, ( int ) ( outPut* 10 ) % 10 ) ;
  LCDDispNum ( 9, 2, ( int ) ( outPut* 100 ) % 10 ) ;
  while ( 1 )                                  //主循环，只用于检测按键。所有设定都由按
                                                 键扫描函数完成。
  {
      key_ scan ( ) ;                          //调用按键扫描程序
  }
}
```

2. D/A 转换子程序设计

D/A 转换采用 TLC5615 芯片，模拟串口通信的方式进行，具体子程序如下：

```
void TLC5615 ( unsigned int temp )           //TLC5615 写数据函数
```

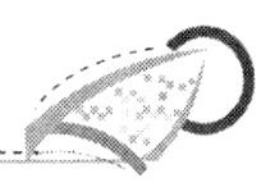

```
{
  unsigned char i;                          //定义变量供后续使用
  temp < < = 5;                             //将要输出的 D/A 数据左移 5 位
  CS = 0;                                   //片选给 0
  SCLK = 0;                                 //时钟 I/O 口初始化

  for ( i= 0; i< 12; i+ + )                 //分 12 次将数据写入
  {
      if ( ( temp & 0x8000 ) = = 0x8000 )   //判断 temp 最高位是否为 1
          DIN = 1;                          //数据 I/O 口给高
      else                                  //如果 temp 最高位为 0
          DIN = 0;                          //则数据 I/O 口给低
      SCLK = 1;                             //给一个时钟上升沿
      temp = temp< < 1;                     //将 temp 变量左移 1 位
      SCLK = 0;                             //恢复时钟 I/O 口
  }
  CS = 1;                                   //取消 TLC5615 片选
}
```

3. 键盘子程序设计

通过外接独立键盘，人工设置所需要的输出电流，按下增加按键，电流增加 0.01A，直到达到最大电流；按下减少按键，电流减少 0.01A，直到达到最小电流。该子程序设计框图如图 7.18 所示。

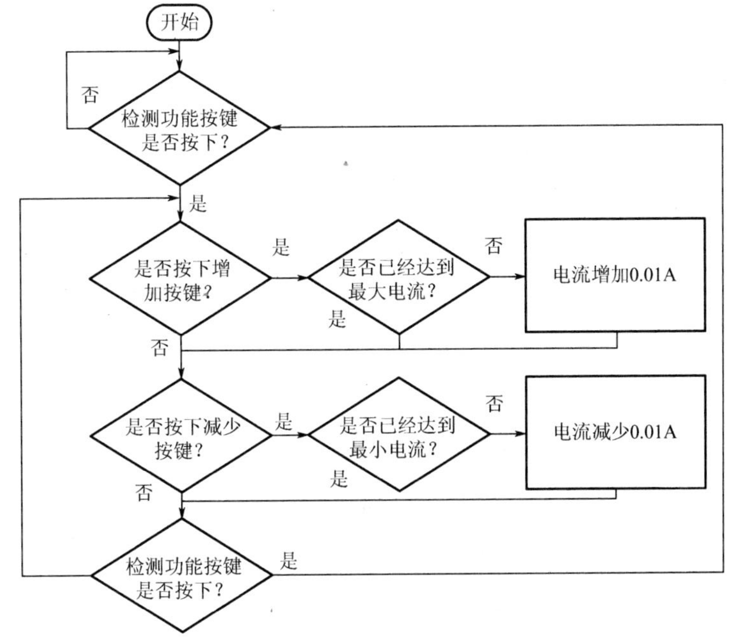

图 7.18　按键子程序框图

按键子程序如下：

```
void key_ scan ( void)                    //按键扫描函数
{
  unsigned int temp;                      //定义局部变量用于这个函数内
  if ( key_ 1 = = 0)                      //如果第一个按键按下
  {
      delayms ( 10 ) ;                    //延时消抖
      if ( key_ 1 = = 0)                  //如果第一个按键确实按下
      {
          key_ count+ + ;                 //按键状态变量加 1
          if ( key_ count = = 1)          //如果按键状态为 1
          {
           LCDDispNum ( 8, 2, ( int) ( outPut* 10 ) % 10 ) ; //刷新电流小数点后第一位
         LCDCursor ( ) ;   //LCD1602 上显示光标，此时光标显示在小数点后第二位
          }
          if ( key_ count = = 2)          //如果按键状态为 2
          {
           LCDDispChar ( 7, 2, '.' ) ;    //在 LCD1602 上显示小数点
           LCDCursor ( ) ; //LCD1602 上显示光标，此时光标显示在小数点后第一位
          }
          if ( key_ count = = 3)          //如果按键状态为 3
          {
              LCDDispChar ( 5, 2, ' ' ) ; //在 LCD1602 上显示空格
              LCDCursor ( ) ; //LCD1602 上显示光标，此时光标显示在小数点前一位
          }
          else if ( key_ count = = 4)     //如果按键状态为 4，则设定完毕
          {
              key_ count = 0;             /·/清除按键状态标志位
              LCDDispString ( 3, 1," Set Current") ; //屏幕上显示设置电流
              LCDDispNum ( 6, 2, ( int) ( outPut ) % 10 ) ; //在 LCD1602 上将设置的电流
                                                             显示出来
              LCDDispChar ( 7, 2, '.' ) ;
              LCDDispNum ( 8, 2, ( int) ( outPut* 10 ) % 10 ) ;
              LCDDispNum ( 9, 2, ( int) ( outPut* 100 ) % 10 ) ;
              temp= outPut* 1023/1.1218725; //将设置好的电流转换后存储到 temp 变量中
              tlc5615 ( temp ) ; //将上句得到的数据输入到 TLC5615 中输出
              LCDNotCursor ( ) ;                //取消光标显示
          }
      }
      while ( ! key_ 1) ;                       //直到按键松开
  }
```

```
if ( key_ 2 = = 0 )                         //如果增加键按下
{
   delayms ( 10 ) ;                         //延时消抖
   if ( key_ 2 = = 0 )                      //如果增加键确实按下
   {
      if ( key_ count = = 1 )    //如果按键状态为 1，则表明以 0.01A 增加
      {
         outPut = outPut+ 0.01;             //输出电流增加 0.01A
         if ( outPut >  1.00 )              //如果超过 1A
         {
            outPut = 1.00; //不能再次增加输出电流，并且限制为 1A
         }
         LCDDispNum ( 6, 2, ( int ) ( outPut ) % 10 ) ;    //刷新显示输出电流
         LCDDispNum ( 9, 2, ( int ) ( outPut* 100 ) % 10 ) ;
         LCDDispNum ( 8, 2, ( int ) ( outPut* 10 ) % 10 ) ;
         }
       else if ( key_ count = = 2 ) //如果按键状态为 2 则表明以 0.1A 增加
         {
         outPut = outPut+ 0.1;              //输出电流增加 0.1A
         if ( outPut >  1.00 )              //如果输出电流大于 1A
         {
         outPut = 1.00;    //不能再次增加输出电流，并且限制为 1A
         }
         LCDDispNum ( 6, 2, ( int ) ( outPut ) % 10 ) ;    //刷新显示输出电流
         LCDDispNum ( 9, 2, ( int ) ( outPut* 100 ) % 10 ) ;
         LCDDispNum ( 8, 2, ( int ) ( outPut* 10 ) % 10 ) ;
         LCDDispChar ( 7, 2, '.' ) ;
       }
       else if ( key_ count = = 3 )    //如果按键状态位 3，则表明以 1A 增加
       {
          outPut = outPut+ 1.0;             //输出电流增加 1A
          if ( outPut >  1.00 )             //如果输出电流大于 1A
          {
          outPut = 1.00;    //不能再次增加输出电流，并且限制为 1A
          }
          LCDDispNum ( 6, 2, ( int ) ( outPut ) % 10 ) ;    //刷新显示输出电流
          LCDDispNum ( 9, 2, ( int ) ( outPut* 100 ) % 10 ) ;
          LCDDispNum ( 8, 2, ( int ) ( outPut* 10 ) % 10 ) ;
          LCDDispChar ( 5, 2, ' ' ) ;
       }
   }
   while ( ! key_ 2 ) ;                     //直到增加键松开
```

```
}
if ( key_ 3 = = 0 )                     //如果减少键按下
{
    delayms ( 10 ) ;                    //延时消抖
    if ( key_ 3 = = 0 )                 //如果减少键确实按下
    {
        if ( key_ count = = 1 )    //如果按键状态为 1，则表明以 0.01A 减少
        {
            outPut = outPut- 0.01;          //输出电流减少 0.01A
            if ( outPut < = 0.0 )           //如果输出电流小于等于 0
            {
                outPut = 0.0;               //不能再次减少输出电流，并且限制为 0
            }
            LCDDispNum ( 6, 2, ( int ) ( outPut ) % 10 ) ;   //刷新显示输出电流
            LCDDispNum ( 9, 2, ( int ) ( outPut* 100 ) % 10 ) ;
            LCDDispNum ( 8, 2, ( int ) ( outPut* 10 ) % 10 ) ;
        }
        else if ( key_ count = = 2 )  //如果按键状态为 2，则表明以 0.1A 减少
        {
            outPut = outPut- 0.1;           //输出电流减少 0.1A
            if ( outPut < = 0.0 )           //如果输出电流小于等于 0
            {
                outPut = 0.0;               //不能再次减少输出电流，并且限制为 0
            }
            LCDDispNum ( 6, 2, ( int ) ( outPut ) % 10 ) ;   //刷新显示输出电流
            LCDDispNum ( 9, 2, ( int ) ( outPut* 100 ) % 10 ) ;
            LCDDispNum ( 8, 2, ( int ) ( outPut* 10 ) % 10 ) ;
            LCDDispChar ( 7, 2, '.' ) ;
        }
        else if ( key_ count = = 3 )    //如果按键状态为 2，则表明以 1A 减少
        {
            outPut = outPut- 1.0;           //输出电流减少 1A
            if ( outPut < = 0.0 )           //如果输出电流小于等于 0
            {
                outPut = 0.0;               //不能再次减少输出电流，并且限制为 0
            }
            LCDDispNum ( 6, 2, ( int ) ( outPut ) % 10 ) ;   //刷新显示输出电流
            LCDDispNum ( 9, 2, ( int ) ( outPut* 100 ) % 10 ) ;
            LCDDispNum ( 8, 2, ( int ) ( outPut* 10 ) % 10 ) ;
            LCDDispChar ( 5, 2, ' ' ) ;
        }
    }
```

```
        while ( ! key_ 3 ) ;                    //直到减少键松开
    }
}
```

根据上述的软件设计分析，通过小组讨论，完成表 7-6 所示的软件设计工作单。

表 7-6 软件设计工作单

<table>
<tr><td>项目名称</td><td colspan="2">基于单片机的数控恒流源的设计与制作</td><td colspan="2">任务名称</td><td colspan="2">基于单片机的数控恒流源的软件设计</td></tr>
<tr><td colspan="7">软件设计分工</td></tr>
<tr><td colspan="2">子任务</td><td colspan="3">提交材料</td><td>承担成员</td><td>完成工作时间</td></tr>
<tr><td colspan="2">显示程序设计</td><td colspan="3" rowspan="4">程序流程图及源程序</td><td></td><td></td></tr>
<tr><td colspan="2">键盘程序设计</td><td></td><td></td></tr>
<tr><td colspan="2">D/A 转换程序</td><td></td><td></td></tr>
<tr><td colspan="2">PWM 程序</td><td></td><td></td></tr>
<tr><td colspan="7">学习记录</td></tr>
<tr><td>班级</td><td></td><td>小组编号</td><td></td><td>成员</td><td colspan="2"></td></tr>
<tr><td colspan="7">说明：小组成员根据软件设计的任务要求，认真学习相关知识，并将学习过程的内容（要点）进行记录，填写下表

</td></tr>
<tr><td colspan="7">软件设计的工作过程</td></tr>
<tr><td>开始时间</td><td colspan="2"></td><td>完成时间</td><td colspan="3"></td></tr>
<tr><td colspan="7">说明：根据软件的系统结构，画出系统各模块的程序图及各模块所使用的资源，填写下表</td></tr>
<tr><td colspan="2">主程序</td><td colspan="5">主程序流程图</td></tr>
<tr><td colspan="2">键盘子程序</td><td colspan="5">键盘子程序</td></tr>
<tr><td colspan="2">存在问题及建议</td><td colspan="5"></td></tr>
</table>

任务 4 系统调试

1. 调试仪器

本系统调试所用仪器见表 7-7 所示。

表 7-7　系统调试所用仪器

序　　号	仪器名称	仪器型号
1	万用表	GEM-8245
2	电源	MPS-3003L-3
3	示波器	XK-DZK1

2. 系统使用说明

电路实物图如图 7.19 所示，各元器件使用功能如下：

【参考图文】

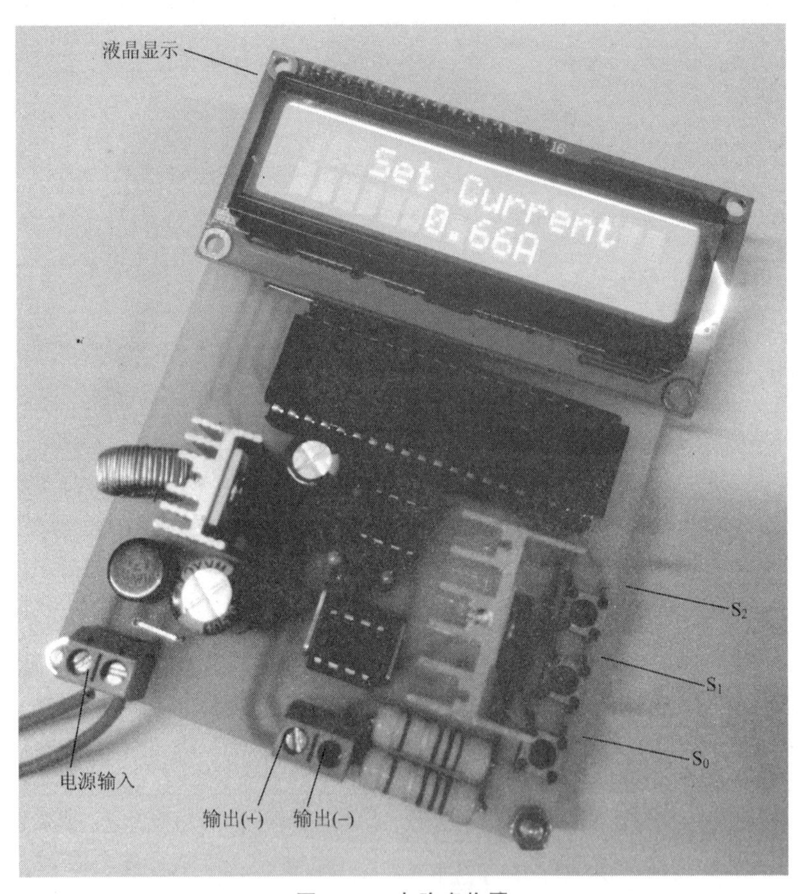

图 7.19　电路实物图

电源输入：输入 12V 直流电源，供各用电器使用。

按键 S_0：改变光标位置，选择输入的位；当光标消失时即确定输入值。

按键 S_1：增加电流值，步进为 1，最大为 1A；当电流输入超过 1A 时，自动清零。

按键 S_2：减少电流值，步进为 1，最少为 0A。

液晶显示：LCD 液晶显示模块，实时显示输入电流值的多少以及是否确认输入，实现人机交互。

输出端：输出的直线电流正负极可连接万用表，用于检测实际输出值与设定值的误差。

如图 7.19 所示，连接好电源的输入端后加电，LCD 液晶显示管正常发光。按下按键 S_0 后出现光标，按下增键 S_1 或减键 S_2 设置输入电流值，再按下按键 S_0 直到光标消失即确认输入，将万用表接在输出端，红表笔接正极，黑表笔接负极，观察万用表读数与设定值的误差。

3. 调试步骤

本设计调试分为硬件调试和软件调试两部分。调试时采用先分开调试，再进行总体调试的方法，确保各模块功能准确执行后，再将整个系统进行总体调试。

1）硬件调试

在调试之前，首先对电路进行检查，检查电路是否存在虚焊或漏焊的现象，电路板腐蚀过程中有无断路或短路、元器件安装不正确等，确保上述问题不存在后，再进行通电调试。

在本系统设计的研究过程中确实存在不少问题。在调试过程中，又出现电流过大烧毁容器，或者放大倍数不够导致误差增大，负载过大时电流明显下降等现象。更换了扩流电路的运放，之后实验现象正常。

2）软件调试

数控直流电流源系统是一个多功能的数字类型，所以它的应用是比较复杂的，在编程和调试时会出现比较多的问题。在经过了子模块的反复修改，模块与模块之间的衔接程序的修改后，问题最终得到了解决。

3）液晶显示模块调试

加电后，观察 LCD 液晶显示是否正常，有无闪烁或亮度不均匀等不稳定现象。若显示无误，且字符无乱码，则说明液晶显示模块完好，否则需要重新设置软件的延时程序。调用显示程序时，为了配合人眼的频率，要在返回时加上屏蔽附加值的子程序命令。

4）按键模块调试

根据液晶显示模块的显示字符，判断按键功能是否完好，若增键或减键的功能无效，则检查独立键盘电路的 I/O 口连接方式，修改单片机内部与键盘电路的对应程序。

5）系统运行调试

加电后，通过按键模块手工输入电流值，再由万用表连接输出端，读取输出电流值，两者进行比较，做出误差分析。

4. 数据测试

对系统进行功能测试，测试数据见表 7－8 所示。

表 7－8　功能测试数据

仪表测试电流/mA	实际测试电流/mA	偏差值/mA
0.000	0.006	0.006
20.000	16.683	3.317

（续）

仪表测试电流/mA	实际测试电流/mA	偏差值/mA
40.000	37.006	2.994
60.000	57.785	2.215
90.000	91.403	−1.403
150.000	146.395	3.605
160.000	158.841	1.159
170.000	167.335	2.665
180.000	180.029	0.029
190.000	188.624	1.376
250.000	248.351	1.649
270.000	266.987	0.013
300.000	301.320	−1.320
330.000	326.943	3.057
350.000	349.786	0.214
400.000	399.981	0.019
410.000	409.687	0.313
430.000	427.309	2.691
450.000	451.280	−1.280
530.000	533.622	−3.622
560.000	556.034	3.966
590.000	592.413	−1.413
630.000	631.727	−1.727
700.000	697.099	2.901
730.000	730.723	−0.723
740.000	741.145	−1.745
830.000	830.367	−0.367
870.000	869.577	0.423
900.000	901.653	−1.653
930.000	929.965	0.035
970.000	970.156	−0.156
1000.00	1000.59	−0.059

5. 误差分析

经过多次调试后，本电路的误差控制在－1.800～3.966mA，输出电流经过仪表放大电路放大后，会出现偏差；同时经过仪表放大电路的电压信号并不完全是线性关系。以上几种情况造成反馈至单片机的电压和单片机输出的电压是曲线关系，从而造成显示存在误差的现象。

通过小组讨论，完成表7－9所示的整机测试与技术文件编写工作单。

表7－9　整机测试与技术文件编写工作单

项目名称	基于单片机的数控恒流源的设计与制作	任务名称	基于单片机的数控恒流源的整机测试与技术文件编写

整机测试与技术文件编写分工			
子任务	提交材料	承担成员	完成工作时间
制订测试方案	测试方案		
整机测试	测试记录		
编写使用说明书	使用说明书		
编写设计报告	设计报告		

学习记录					
班级		小组编号		成员	
说明：小组成员根据基于单片机的数控恒流源整机测试与技术文件编写的任务要求，认真学习相关知识，并将学习过程的内容（要点）进行记录，同时也将学习中存在的问题进行记录，填写下表					

整机测试与技术文件编写的工作过程			
开始时间		完成时间	
说明：按照任务要求进行测试，填写下表，并对测试结果进行分析			

测试项目	测试内容	测试结果			误差
精度测试	仪表测试值				
	实际测试值				
测试结果分析	经过多次调试后，本电路的误差控制在－1.800～3.966mA，输出电流经过仪表放大电路放大后，会出现偏差；同时经过仪表放大电路的电压信号并不完全是线性关系。以上几种情况造成反馈至单片机的电压和单片机输出的电压是曲线关系，从而造成显示存在误差的现象				

【知识链接】

1. STC89C52 介绍

STC89C52 具有以下标准功能：8KB Flash，256 字节 RAM，32 位 I/O 口线，把关定时器（俗称“看门狗”定时器），2 个数据指针，3 个 16 位定时器/计数器，一个 6 向量 2 级中断结构，全双工串行口，片内晶振及时钟电路。另外，STC89C52 可降至 0Hz 静态逻辑操作，支持 2 种软件可选择节电模式。空闲模式下，CPU 停止工作，允许 RAM、定时器/计数器、串口、中断继续工作。断电保护方式下，RAM 内容被保存，振荡器被冻结，单片机一切工作停止，直到下一个中断或硬件复位为止，8 位微控制器 8KB 在系统可编程 Flash。

P0 口：P0 口是一个 8 位漏极开路的双向 I/O 口。作为输出口，每位能驱动 8 个 TTL 逻辑电平。对 P0 端口写“1”时，引脚用作高阻抗输入。当访问外部程序和数据存储器时，P0 口也被作为低 8 位地址/数据复用。在这种模式下，P0 具有内部上拉电阻。在 Flash 编程时，P0 口也用来接收指令字节；在程序校验时，输出指令字节。程序校验时，需要外部上拉电阻。

P1 口：P1 口是一个具有内部上拉电阻的 8 位双向 I/O 口，P1 输出缓冲器能驱动 4 个 TTL 逻辑电平。对 P1 端口写“1”时，内部上拉电阻把端口拉高，此时可以作为输入口使用。作为输入使用时，被外部拉低的引脚由于内部电阻的原因，将输出电流。此外，P1.0 和 P1.2 分别作为定时器/计数器 2 的外部计数输入（P1.0/T2）和定时器/计数器 2 的触发输入（P1.1/T2ex）。在 Flash 编程和校验时，P1 口接收低 8 位地址字节。

引脚号第二功能如下：

P1.0 T2：定时器/计数器 T2 的外部计数输入，时钟输出。

P1.1 T2ex：定时器/计数器 T2 的捕捉/重载触发信号和方向控制。

P1.5 MOSI：在线系统编程用。

P1.6 MISO：在线系统编程用。

P1.7 SCK：在线系统编程用。

P2 口：P2 口是一个具有内部上拉电阻的 8 位双向 I/O 口，P2 输出缓冲器能驱动 4 个 TTL 逻辑电平。对 P2 端口写“1”时，内部上拉电阻把端口拉高，此时可以作为输入口使用。作为输入使用时，被外部拉低的引脚由于内部电阻的原因，将输出电流。在访问外部程序存储器或用 16 位地址读取外部数据存储器（如执行 MOVX@DPTR）时，P2 口送出高 8 位地址。在这种应用中，P2 口使用很强的内部上拉发送 1。在使用 8 位地址（如 MOVX@RI）访问外部数据存储器时，P2 口输出 P2 锁存器的内容。在 Flash 编程和校验时，P2 口也接收高 8 位地址字节和一些控制信号。

P3 口：P3 口是一个具有内部上拉电阻的 8 位双向 I/O 口，P2 输出缓冲器能驱动 4 个 TTL 逻辑电平。对 P3 端口写“1”时，内部上拉电阻把端口拉高，此时可以作为输入口使用。作为输入使用时，被外部拉低的引脚由于内部电阻的原因，将输出电流。P3 口亦作为 STC89C52 特殊功能（第二功能）使用。在 Flash 编程和校验时，P3 口也接收一些控制信号。端口引脚的第二功能如下：

P3.0 RXD：串行输入口。

P3.1 TXD：串行输出口。

P3.2 INT0：外中断 0。

P3.3 INT1：外中断 1。

P3.4 T0：定时/计数器 0。

P3.5 T1：定时/计数器 1。

P3.6 WR：外部数据存储器写选通。

P3.7 RD：外部数据存储器读选通。

此外，P3 口还接收一些用于 Flash 闪存编程和程序校验的控制信号。

RST：复位输入。当振荡器工作时，RST 引脚出现两个机器周期以上高电平将是单片机复位。

ALE/PROG：当访问外部程序存储器或数据存储器时，ALE（地址锁存允许）输出脉冲用于锁存地址的低 8 位字节。一般情况下，ALE 仍以时钟振荡频率的 1/6 输出固定的脉冲信号，因此它可对外输出时钟或用于定时目的。要注意的是：每当访问外部数据存储器时将跳过一个 ALE 脉冲。对 Flash 存储器编程期间，该引脚还用于输入编程脉冲（PROG）。

如有必要，可通过对特殊功能寄存器（SFR）区中的 8EH 单元的 D0 位置位，可禁止 ALE 操作。该位置位后，只有一条 MOVX 和 MOVC 指令才能将 ALE 激活。此外，该引脚会被微弱拉高，单片机执行外部程序时，应设置 ALE 禁止位无效。

PSEN：程序储存允许（PSEN）输出是外部程序存储器的读选通信号，当 STC89C52 由外部程序存储器取指令（或数据）时，每个机器周期两次 PSEN 有效，即输出两个脉冲，在此期间，当访问外部数据存储器时，将跳过两次 PSEN 信号。

EA/V_{PP}：外部访问允许，欲使 CPU 仅访问外部程序存储器（地址为 0000～FFFFH），EA 端必须保持低电平（接地）。需注意的是：如果加密位 LB1 被编程，复位时内部会锁存 EA 端状态。如 EA 端为高电平（接 V_{CC}端），CPU 则执行内部程序存储器的指令。

Flash 存储器编程时，该引脚加上＋12V 的编程允许电源 V_{PP}，当然这必须是该器件是使用 12V 编程电压 V_{PP}的。

2. 1602 字符型 LCD 简介

字符型液晶显示模块是一种专门用于显示字母、数字、符号等的点阵式 LCD，目前常用 16×1、16×2、20×2 和 40×2 行等的模块。下面以某公司的 1602 字符型液晶显示器为例，介绍其用法。一般 1602 字符型液晶显示器实物如图 5.3 所示。

【参考图文】

1）1602LCD 的基本参数及引脚功能

1602LCD 分为带背光和不带背光两种，其控制器大部分为 HD44780，带背光的比不带背光的厚，是否带背光在应用中并无差别。1602LCD 主要技术参数如下：

显示容量：16×2 个字符。

芯片工作电压：4.5～5.5V。

工作电流：2.0mA（5.0V）。

模块最佳工作电压：5.0V。

字符尺寸：2.95mm×4.35(W×H)mm。

引脚功能说明：

1602LCD采用标准的14脚（无背光）或16脚（带背光）接口，各引脚接口说明见表7－10所示。

表7－10　各引脚接口说明

编号	符号	引脚说明	编号	符号	引脚说明
1	V_{SS}	电源地	9	D_2	数据
2	V_{DD}	电源正极	10	D_3	数据
3	V_L	液晶显示偏压	11	D_4	数据
4	RS	数据/命令选择	12	D_5	数据
5	R/W	读/写选择	13	D_6	数据
6	E	使能信号	14	D_7	数据
7	D_0	数据	15	BLA	背光源正极
8	D_1	数据	16	BLK	背光源负极

第1脚：V_{SS}为地电源。

第2脚：V_{DD}接5V正电源。

第3脚：V_L为液晶显示器对比度调整端，接正电源时对比度最弱，接地时对比度最高。对比度过高时会产生“鬼影”，使用时可以通过一个10kΩ的电位器调整对比度。

第4脚：RS为寄存器选择，高电平时选择数据寄存器、低电平时选择指令寄存器。

第5脚：R/W为读写信号线，高电平时进行读操作，低电平时进行写操作。当RS和R/W共同为低电平时可以写入指令或者显示地址；当RS为低电平，R/W为高电平时可以读忙信号；当RS为高电平，R/W为低电平时可以写入数据。

第6脚：E端为使能端，当E端由高电平跳变成低电平时，液晶模块执行命令。

第7～14脚：D_0～D_7为8位双向数据线。

第15脚：背光源正极。

第16脚：背光源负极。

2）1602LCD的指令说明及时序

1602液晶模块内部的控制器共有11条控制指令，见表7－11所示。

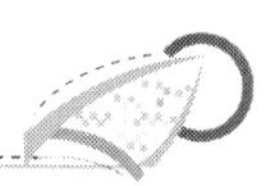

表 7－11　控制指令

序号	指　令	*RS*	*R/W*	D_7	D_6	D_5	D_4	D_3	D_2	D_1	D_0
1	清显示	0	0	0	0	0	0	0	0	0	1
2	光标返回	0	0	0	0	0	0	0	0	1	*
3	置输入模式	0	0	0	0	0	0	0	1	I/D	S
4	显示开/关控制	0	0	0	0	0	0	1	D	C	B
5	光标或字符移位	0	0	0	0	0	1	S/C	R/L	*	*
6	置功能	0	0	0	0	1	DL	N	F	*	*
7	置字符发生存储器地址	0	0	0	1	字符发生存储器地址					
8	置数据存储器地址	0	0	1	显示数据存储器地址						
9	读忙标志或地址	0	1	BF	计数器地址						
10	写数到 CGRAM 或 DDRAM	1	0	要写的数据内容							
11	从 CGRAM 或 DDRAM 读数	1	1	读出的数据内容							

1602 液晶模块的读写操作、屏幕和光标的操作都是通过指令编程来实现的。（说明：1 为高电平，0 为低电平。）

指令 1：清显示，指令码 01H，光标复位到地址 00H 位置。

指令 2：光标复位，光标返回地址 00H。

指令 3：光标和显示模式设置。I/D——光标移动方向，高电平右移，低电平左移。S——屏幕上所有文字是否左移或者右移。高电平表示有效，低电平则无效。

指令 4：显示开/关控制。D——控制整体显示的开与关，高电平表示开显示，低电平表示关显示。C——控制光标的开与关，高电平表示有光标，低电平表示无光标。B——控制光标是否闪烁，高电平闪烁，低电平不闪烁。

指令 5：光标或显示移位。S/C——高电平时移动显示的文字，低电平时移动光标。

指令 6：功能设置命令。DL——高电平时为 4 位总线，低电平时为 8 位总线。N——低电平时为单行显示，高电平时为双行显示。F——低电平时显示 5×7 的点阵字符，高电平时显示 5×10 的点阵字符。

指令 7：字符发生器 RAM 地址设置。

指令 8：DDRAM 地址设置。

指令 9：读忙信号和光标地址。BF——为忙标志位，高电平表示忙，此时模块不能接收命令或者数据，如果为低电平表示不忙。

指令 10：写数据。

指令 11：读数据。

与 HD44780 相兼容的芯片时序表见表 7－12 所示。

表 7-12 基本操作时序

读状态	输入	RS=L，R/W=H，E=H	输出	$D_0 \sim D_7$=状态字
写指令	输入	RS=L，R/W=L，$D_0 \sim D_7$=指令码，E=高脉冲	输出	无
读数据	输入	RS=H，R/W=H，E=H	输出	$D_0 \sim D_7$=数据
写数据	输入	RS=H，R/W=L，$D_0 \sim D_7$=数据，E=高脉冲	输出	无

读、写操作时序分别如图 7.20 和图 7.21 所示。

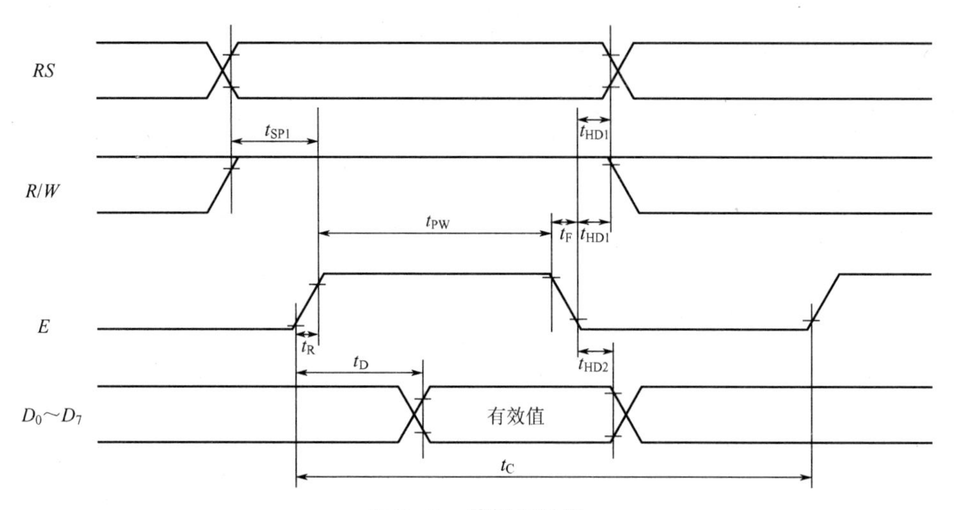

图 7.20 读操作时序

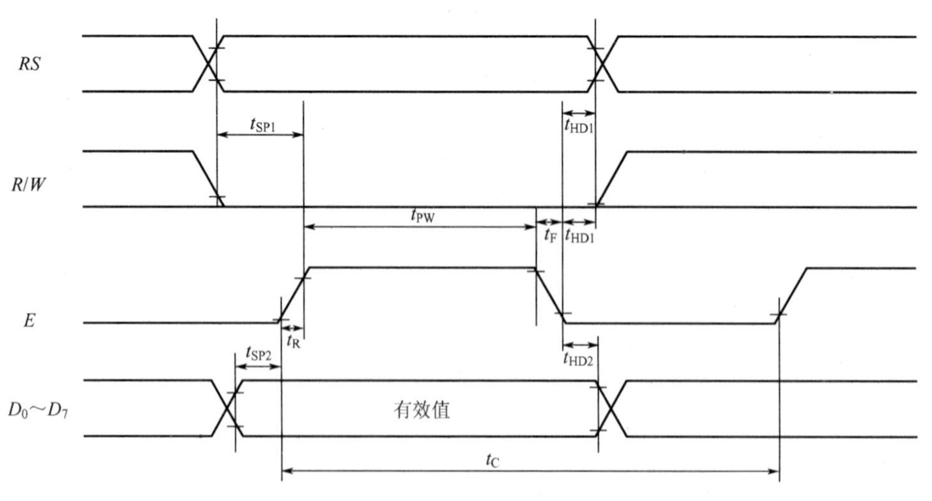

图 7.21 写操作时序

3) 1602LCD 的 RAM 地址映射及标准字库表

液晶显示模块是一个慢显示器件，所以在执行每条指令之前一定要确认模块的忙标志为低电平，表示不忙，否则此指令失效。要显示字符时要先输入显示字符地址，也就是告

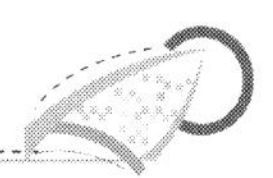

诉模块在哪里显示字符，图 7.22 是 1602 的内部显示地址。

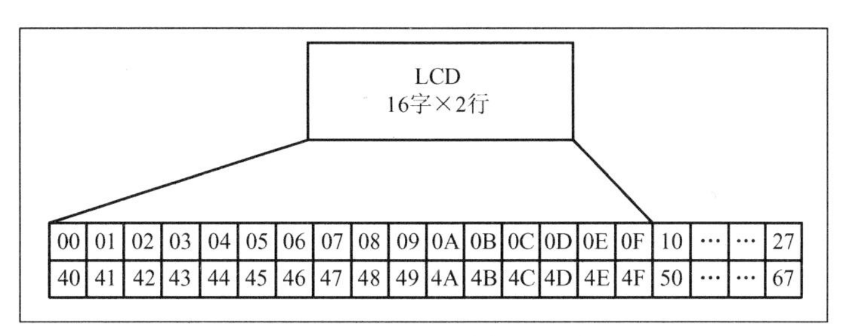

图 7.22　1602LCD 内部显示地址

例如，第二行第一个字符的地址是 40H，那么是否直接写入 40H 就可以将光标定位在第二行第一个字符的位置呢？这样不行，因为写入显示地址时要求最高位 D_7 恒定为高电平 1，所以实际写入的数据应该是 01000000B(40H)＋10000000B(80H)＝11000000B(C0H)。

在对液晶模块的初始化中要先设置其显示模式，在液晶模块显示字符时光标是自动右移的，无须人工干预。每次输入指令前都要判断液晶模块是否处于忙的状态。

1602 液晶模块内部的字符发生存储器（CGROM）已经存储了 160 个不同的点阵字符图形，如图 7.22 所示。这些字符有阿拉伯数字、英文字母的大小写、常用的符号和日文假名等，每一个字符都有一个固定的代码，如大写的英文字母“A”的代码是 01000001B（41H），显示时模块把地址 41H 中的点阵字符图形显示出来，我们就能看到字母“A”。

1602LCD 的一般初始化（复位）过程如下：

延时 15ms

写指令 38H（不检测忙信号）

延时 5ms

写指令 38H（不检测忙信号）

延时 5ms

写指令 38H（不检测忙信号）

以后每次写指令、读/写数据操作均需要检测忙信号。

写指令 38H：显示模式设置。

写指令 08H：显示关闭。

写指令 01H：显示清屏。

写指令 06H：显示光标移动设置。

写指令 0CH：显示开及光标设置。

3. LM2596 开关电压调节器

LM2596 开关电压调节器是降压型电源管理单片集成电路，能够输出 3A 的驱动电流，同时具有很好的线性和负载调节特性。固定输出版本有 3.3V、5V、12V，可调版本可以输出 1.2～37V 之间的各种电压。

该器件内部集成频率补偿和固定频率发生器，开关频率为 150kHz，与低频开关调节器相比较，可以使用更小规格的滤波元件。由于该器件只需 4 个外接元件，可以使用通用的标准电感，这更优化了 LM2596 的使用，极大地简化了开关电源电路的设计。其封装形式包括标准的 5 脚 TO－220 封装（DIP）和 5 脚 TO－263 表贴封装（SMD）。

该器件还有其他一些特点：在特定的输入电压和输出负载的条件下，输出电压的误差可以保证在±4％的范围内，振荡频率误差在±15％的范围内；可以用仅 80μA 的待机电流，实现外部断电；具有自我保护电路（一个两级降频限流保护和一个在异常情况下断电的过温完全保护电路）。总的来说，具有如下特点：①3.3V、5V、12V 的固定电压输出和可调电压输出；②可调输出电压范围 1.2～37V，误差在±4％的范围内；③输出线性好且负载可调节；④输出电流可高达 3A；⑤输入电压可高达 40V；⑥采用 150kHz 的内部振荡频率，属于第二代开关电压调节器，功耗小、效率高；⑦低功耗待机模式，I_Q的典型值为 80μA；⑧TTL 断电能力；⑨具有过热保护和限流保护功能；⑩封装形式：TO－220（T）和 TO－263（S）；⑪外围电路简单，仅需 4 个外接元件，且使用容易购买的标准电感。

固定输出典型应用和输出可调典型应用电路如图 7.23 和图 7.24 所示。注意：反馈线要远离电感，电路中的粗线一定要短，最好用地线屏蔽，调节输出电压的电阻 R_1、R_2要靠近 LM2596 的 4 脚。输出电压的计算可由下式给出：

$$U_{OUT}=U_{REF}\left(1+\frac{R_2}{R_1}\right)$$

式中，$U_{REF}=1.23V$。

$$R_2=R_1\left(\frac{U_{OUT}}{U_{REF}}-1\right)$$

为了确保输出稳定，R_1 选用标称阻值为 1kΩ，精度为 1％的电阻。

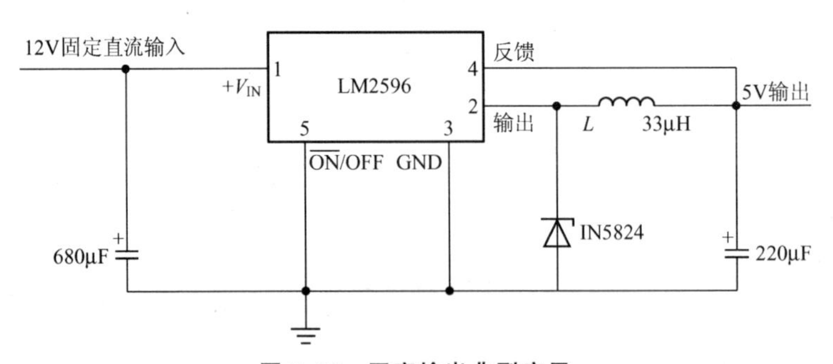

图 7.23 固定输出典型应用

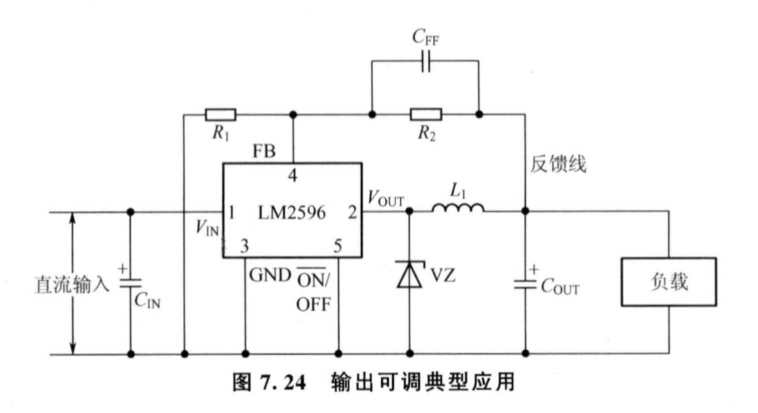

图 7.24 输出可调典型应用

4. TLC5615 介绍

1）TLC5615 的引脚和功能

TLC5615 的引脚图如图 7.25 所示。各引脚功能如下：

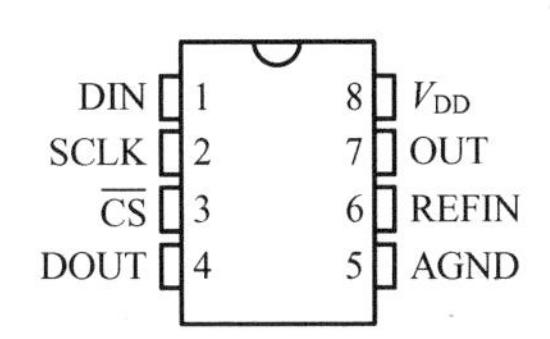

图 7.25　TLC5615 的引脚图

DIN：串行数据输入端。

SLCK、$\overline{CS}$、DOUT 接单片机。

SCLK：串行时钟输入端。

$\overline{CS}$：芯片选用通端，低电平有效。

DOUT：用于级联时的串行数据输出端。

AGND：模拟地。

REFIN：基准电压输入端，2V～(V_{DD}－ 2)。

OUT：D/A 转换器模拟电压输出端。

V_{DD}：正电源端，4.5～5.5V，通常取 5V。

2）功能框图

TLC5615 的内部功能框图如图 7.26 所示，它主要由 10 位 DAC 电路、一个 16 位移位寄存器（接受串行移入的二进制数，并且有一个级联的数据输出端 DOUT）、并行输入输出的 10 位 DAC 寄存器（为 10 位 DAC 电路提供待转换的二进制数据）、电压跟随器（为参考电压端 REFIN 提供很高的输入阻抗，大约 10MΩ）、×2 电路（提供最大值为 2 倍于 REFIN 的输出）、加电复位电路和控制电路六部分组成。

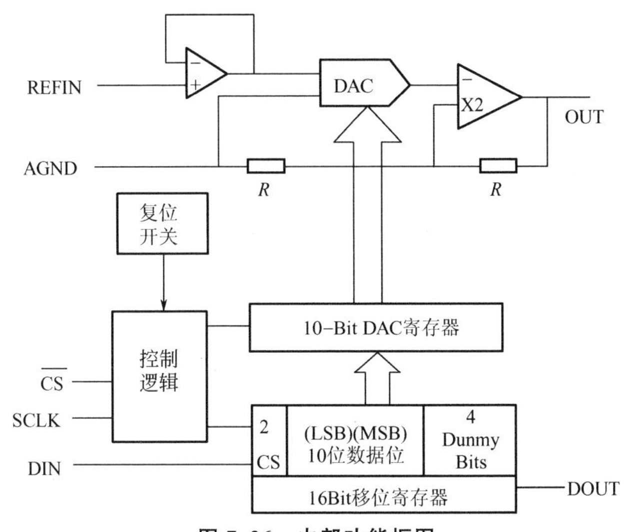

图 7.26　内部功能框图

两种工作方式：①从图 7.26 可以看出，16 位移位寄存器分为高 4 位虚拟位、低 2 位填充位，以及 10 位有效位。在单片 TLC5615 工作时，只需要向 16 位移位寄存器按先后输入 10 位有效位和低 2 位填充位，2 位填充位数据任意，这是第一种方式，即 12 位数据序列。②第二种方式为级联方式，即 16 位数据列，可以将本片的 DOUT 接到下一片的 DIN，需要向 16 位移位寄存器按先后输入高 4 位虚拟位、10 位有效位和低 2 位填充位，由于增加了高 4 位虚拟位，所以需要 16 个时钟脉冲。

3）TLC5615 的工作时序

TLC5615 工作时序如图 7.27 所示。可以看出，只有当片选 *CS* 为低电平时，串行输入数据才能被移入 16 位。

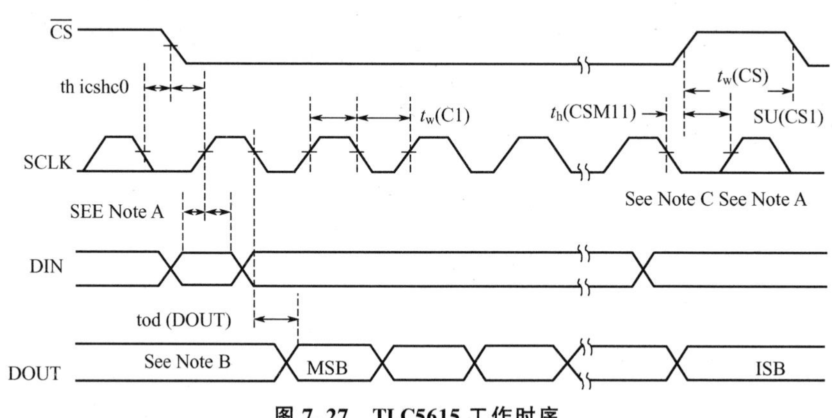

图 7.27　TLC5615 工作时序

移位寄存器：当 *CS* 为低电平时，在每一个 SCLK 时钟的上升沿将 DIN 的 1 位数据移入 16 位移位寄存器。注意：二进制最高有效位被导前移入。接着，*CS* 的上升沿将 16 位移位寄存器的 10 位有效数据锁存于 10 位 DAC 寄存器，供 DAC 电路进行转换；当片选 *CS* 为高电平时，串行输入数据不能被移入 16 位移位寄存器。注意：*CS* 的上升和下降都必须发生在 SCLK 为低电平期间。

4）参考程序

程序说明：本程序适用于绝大多数没有四线制 SPI 口的 8051 单片机，模拟一个接口，可根据实际情况修改四个接口的地址，即可实现移植，使用编译器为 keil c2。

```
    ***************************************************/
    # include < reg51.h>
    //-------------------------------------------------
//函数头的声明
//-------------------------------------------------
void delay ( ) ;          //延时函数
void DA_ Conver ( unsigned int DA_ Value ) ;
                    //AD 转换
//-------------------------------------------------
//定义四线制接口
```

```
//-----------------------------------------------------------
sbit      cs =     P3^2;        //片选
sbit     clk =     P3^3;        //时钟
sbit     din =     P3^4;        //数据入口
sbit    dout =     P3^5;        //数据出口
//-----------------------------------------------------------
//主函数
void main ( )
{
    long DAValue = 0;
    delay ( ) ;
    while ( 1 )
    {
      DA_ Conver ( DAValue ) ; //加上滤波后，就可以形成模拟输出
      delay ( ) ;
    }
}
//-----------------------------------------------------------
//            函数名称:    delay
//            函数功能:    延时 55μs
//            入口参数:     无
//            出口参数:     无
//-----------------------------------------------------------
void delay ( )
{
      int i = 5;
      while ( i- - ) ;
}
//-----------------------------------------------------------
//            函数名称:    DA_ Conver
//            函数功能:    D/A 转换
//            入口参数:    要转换的数字量，最多输出参考电压的
//                        2倍，如可采用 MC1403 等参考电源
//            出口参数:    无
//-----------------------------------------------------------
void DA_ Conver ( unsigned int DAValue )
{
     unsigned char i;
     DAValue < < = 6;
     cs =   0;                          // 片选 D/A 芯片
     clk = 0;                           // 在以下 12 个时钟周期内，每当在上升沿的
                                        // 数据被锁存，形成 D/A 输出。在前 10 个时钟
```

```
    for ( i = 0; i <  12; i+ + )              // 内输入的是 10 位 D/A 数据，后两个时钟周期
    {                                         // 为填充字节
        din =  ( bit ) ( DAValue & 0x8000 ) ;
        clk = 1;
        DAValue < < = 1;
        clk = 0;
    }
    cs = 1;                                   // CS 的上升沿和下降沿只有在 clk 为低的时候
    clk = 0;                                  // 才有效
    }
//- - - - - - - - - - - - - - - - end- - - - - - - - - - - - - - - - - - - - - - - - - - - - - - - - - - - - /
```

【项目拓展】

拓展 1　设计一款高效数控恒流源，设计指标如下：

(1) 能数字设置并控制输出电流，最大输出电压为 11V，输出电流范围为 200～2000mA；步进可达到 1mA。

(2) 输入电压范围为 8～20V；效率≥80%。

(3) 具有过电压保护功能并声光报警：动作电压 U_{oth}＝11＋0.5V；

(4) 具有输出电流的测量和数字显示功能。

(5) 具有软件启动功能。

(6) 具有断电保持功能：电流源可存储断电前工作电流值。下次加电时可按照断电时最后的电流值工作。

(7) 另外电路扩展稳压源模块，可实现稳压输出 1～5V。

(8) 具有声光报警功能。

参考思路：

系统总体框图如图 7.28 所示，输入电压经 DC/DC 转换电路后的输出为恒流源电路、

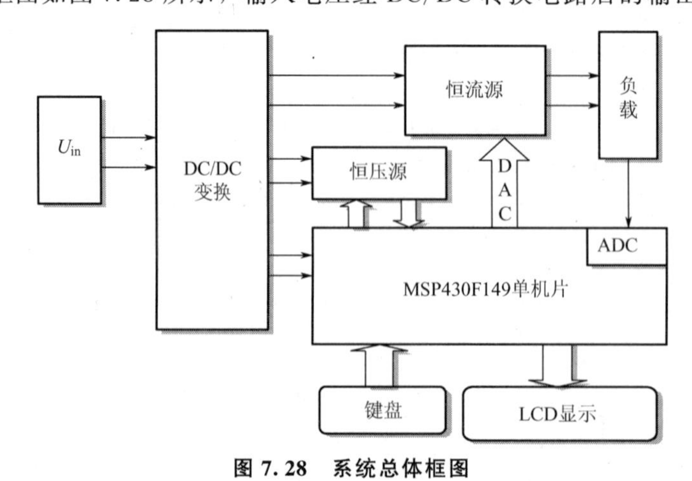

图 7.28　系统总体框图

单片机控制系统及恒压源电路提供电源。恒流源电路完成使输出电流稳定的功能。单片机系统完成人机交互功能，用户通过键盘设定输出电流值，经 MCU 处理并经 D/A 转换为控制电压，传入恒流源电路，从而控制输出电流的大小，同时在 LCD 上显示系统的相关信息。此外系统中也扩展了恒压源电路。

拓展 2　设计一款大功率的恒流源。

在逆变电源的基础上建立以单片机为控制核心的直流稳压电源控制系统，在满足控制系统要求的条件下，力求软硬件的最佳组合。要求电源具有高可靠性，单片机控制稳压电源的技术指标如下：

(1) 输入电压：380V 三相，交流 50Hz；

(2) 输出电压为 24V，输出电流为 800A。

参考思路：

单片机控制的逆变电源的总体框图如图 7.29 所示，整套装置主要由电源主电路、PWM 控制电路、驱动电路和单片机控制电路四部分组成。

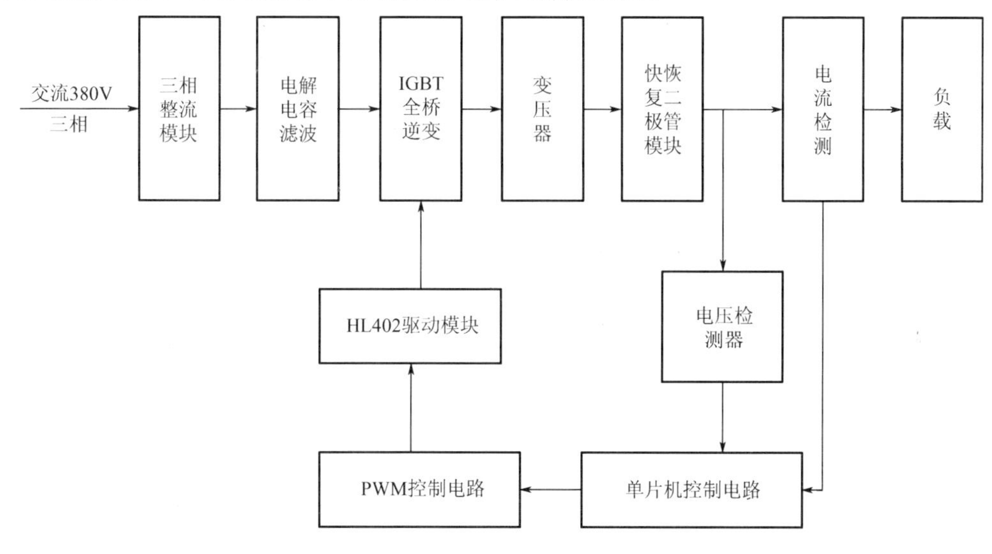

图 7.29　单片机控制的逆变电源的总体框图

1) 主电路及驱动电路的功能

主电路用来实现输入功率到输出功率的能量转换，驱动电路用来将 PWM 电路输出的控制脉冲转换成符合开关功率器件要求的电平和阻抗形式，同时实现主电路和控制电路之间的电气隔离，其对功率开关元件的开关时间、损耗等有着直接的影响。另外，还需要在开关器件的工作点超出安全工作区时提供保护信号。

2) 基本控制电路的功能

基本控制电路的任务是根据单片机输出的电流给定值与实际电流反馈值的差值，通过调节输出脉冲的占空比来实现稳定的输出。

3) 单片机控制电路的功能

为实现直流稳压电源，单片机系统控制电路用来输出其所需的电压、电流，以实现设计所要求的电源的电流和电压的稳定性。

课后习题

1. FET恒流源电路如图7.30所示。设已知管子的参数g_m、r_{ds}，且$\mu=g_m r_{ds}$。试证明AB两端的小信号等效电阻为$r_{AB}=R+(1+g_m R)r_d$。

2. 在图7.31所示的FET放大电路中，已知$V_{DD}=20V$，$V_{GS}=-2V$，管子参数$I_{DSS}=4mA$，$V_P=-4V$。设C_1、C_2在交流通路中可视为短路。

（1）求电阻R_1和静态电流I_{DQ}；

（2）求正常放大条件下R_2可能的最大值（正常放大时，工作点落在放大区，即恒流区）；

（3）设r_{ds}可忽略，在上述条件下计算A_v和R_o。

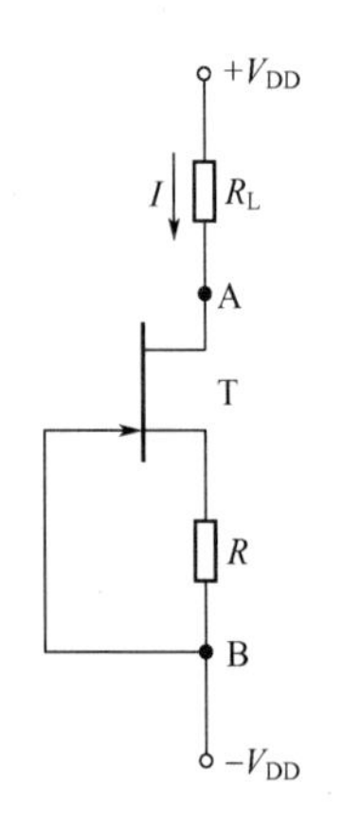

图7.30

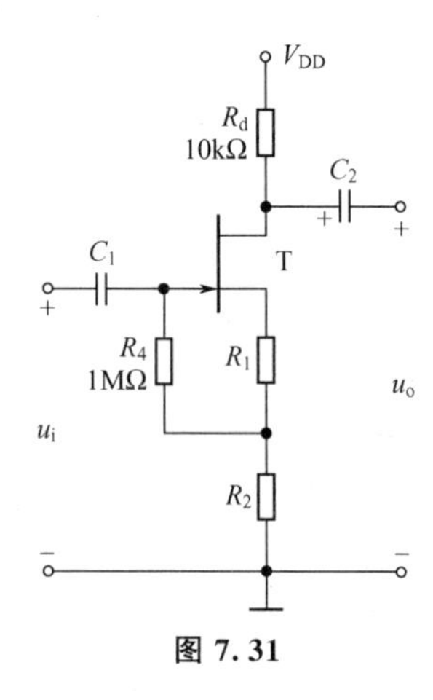

图7.31

【参考图文】

项目 8 基于单片机的八路抢答器的设计与制作

【教学目标】

本项目的主要任务是设计并制作一个基于单片机的八路抢答器，从项目背景、项目要求、任务分析、任务实施、知识链接、项目拓展等几个方面开展项目教学，使学生完整地参与整个项目，在项目制作过程中学习和掌握相关知识。

通过本项目的学习，学生应能根据设计任务要求，完成硬件电路设计和相关元器件的选型，了解基于单片机的八路抢答器的各构成部分；掌握按键扫描电路、扬声器驱动电路、显示驱动电路、指示灯驱动电路的基本工作原理，能正确分析、制作与调试基于单片机的八路抢答器，会进行电路的测试和故障原因分析。

【教学要求】

教学内容	能力要求	相关知识
基于单片机的八路抢答器	(1) 了解抢答器的用途和特点 (2) 掌握按键扫描电路、扬声器驱动电路、显示驱动电路、指示灯驱动电路的基本工作原理 (3) 能够进行按键扫描等相关程序设计 (4) 能正确分析、制作与调试基于单片机的八路抢答器电路并会进行电路的测试和故障原因分析	(1) 单片机最小系统、定时器、计时器设定及工作原理 (2) 按键扫描、显示程序设计 (3) LED 显示原理及应用

【项目背景】

随着生活水平日益提高，人们的娱乐生活也逐渐增加，智力竞赛作为娱乐生活中的一个重要组成部分，常在各类企业、学校和电视台等单位举办，而抢答器则是智力竞赛的必要设备。比较典型的应用场景如图 8.1 所示。

过去在举行的各种竞赛中，由于电子技术的落后，在抢答的环节，举办方多数采用让选手通过举答题板的方法判断选手先后的答题权，这在某种程度上会因为主持人的主观误断造成比赛的不公平。随着电子技术的快速发展，人们开始寻求一种不依人的主观意愿来

图 8.1　抢答器典型应用场景

判断选手答题资格的智能设备。从最初的简单抢答按钮，到后来的显示选手号的抢答器，再到数显抢答器，直至今日单片机控制抢答器，其功能逐步趋于完善，不但可以显示抢答倒计时，还兼具报警、计分显示等功能。

从使用技术角度上看，抢答器种类可分为分立电子元件组成的抢答器、数字集成电路组成的抢答器、以微控制器为核心电路的智能抢答器。前两种抢答器一般仅能显示抢答者的编号及点亮对应的指示灯，不易于扩展和升级，如增加参赛人数等。而以微处理器为核心电路的智能抢答器，无论可靠性、扩展性，还是灵活性都是前两者抢答器无法比拟的，更为高级的产品甚至采用计算机控制技术，使得修改抢答时间及扩充抢答参赛组更为容易。

从使用方式来分，由于应用场合、参赛组数、价格需求的不同，功能上有简单和复杂之分，通信方式有有线和无线方式之分，显示有集中和分散之分。图 8.2 和图 8.3 分别为计分集中显示和分散显示的抢答器实物图。

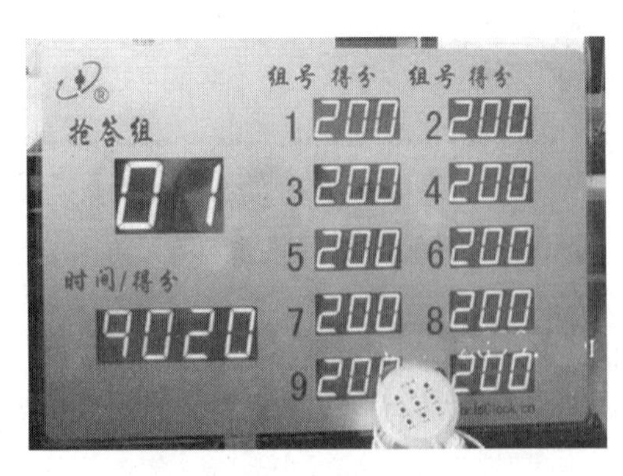

图 8.2　计分集中显示

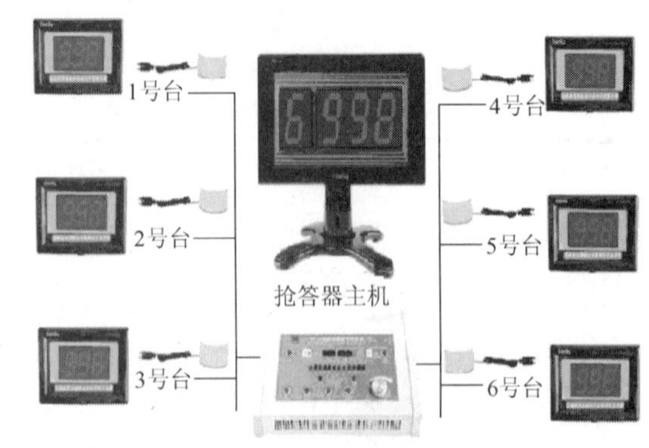

图 8.3　计分分散显示

本任务采用单片机技术实现的八路抢答器，可以同时满足 8 组及以下的参赛者抢答要求，具有抢答倒计时、回答倒计时、对各个参赛者计分，以及各种状态的音响提示功能。

项目特点是：硬件采用模块化设计，软件编程引入了操作系统概念，使系统升级更为简单容易。

【项目要求】

八路抢答器可实现的基本功能有：

（1）抢答器可同时供8名选手或8个代表队参加比赛；

（2）抢答开始后，若选手在规定的时间内按动按钮，抢答有效，超出时间则无效。抢答成功后，禁止其他选手抢答；

（3）若有某选手按下按钮有效，扬声器则发出提示音，直至选手松开按钮为止，同时显示器上显示选手的编号和抢答时刻的时间，并保持到主持人启动回答倒计时为止；

（4）如果定时抢答的时间已到，却没有选手抢答，本次抢答无效，系统短暂报警，并封锁输入电路，禁止选手超时后抢答；

（5）如果参赛选手抢答成功，系统具有回答倒计时及超时报警功能；

（6）具有计分功能，即选手每答对一题，其对应的计分显示器加一分，否则扣一分；

（7）抢答器抢答倒计时默认值为20s，回答倒计时默认值为30s。抢答和回答倒计时也可由主持人自行设定。

【任务分析】

需求分析是系统设计的第一步也是最重要的一步，所有的硬件及软件设计方案都要根据任务需求来制定。哪些由硬件完成，哪些由软件完成，也必须在需求分析时加以细致考虑。产品操作流程说明书是需求分析的切入点，也是正式的设计指导和验收的标准。

1. *产品说明书制定*

根据任务实现的基本功能制定以下详细的系统操作说明书：

1）抢答状态

（1）主持人可连续按下“功能”按键K1，使系统进入抢答状态，此时“抢答”指示灯亮，“抢答时间调整”及“回答时间调整”指示灯灭；

（2）在抢答状态下，主持人按下“清零”按键K2时，抢答选手编号数码管及指示灯灭，倒计时数码管显示倒计时时间初值，积分数码管保持原值；

（3）当主持人按下“开始”按键K3时，驱动蜂鸣器发生短暂声响，数码管显示倒计时初值，并以s为单位开始倒计时，其他输出不变；

（4）在规定抢答时间内，若有选手抢答，扬声器给出音响提示，直至选手松开按键，同时对应的操作台指示灯亮，编号数码管显示选手编号并锁存，其他选手按键失效，倒计时数码管显示选手抢答成功时刻的时间；

（5）如果定时抢答的时间已到，却没有选手抢答，系统短暂报警，全部选手按键失效；

（6）当主持人按下“确认”按键K4时，回答倒计时开始；

(7) 主持人可按下“加”按键 K5，对在规定时间内回答正确的选手操作台计分器加 1；

(8) 主持人可按下“减”按键 K6，对超出时间或回答不正确的选手操作台计分器减 1 分，直至为零。

2) 抢答时间调整状态

(1) 主持人可连续按下“功能”按键 K1，使系统进入抢答时间调整状态，此时“抢答时间调整”指示灯亮，“抢答”及“回答时间调整”指示灯灭；

(2) 在抢答时间调整状态下，可按“加”按键 K5、“减”按键 K6 调整抢答倒计时时间，并实时在显示器上显示；

(3) 主持人按下“确认”按键 K4，存储修改数据。

3) 回答时间调整状态

(1) 主持人可连续按下“功能”按键 K1，使系统进入回答时间调整状态，此时“回答时间调整”指示灯亮，“抢答”及“抢答时间调整”指示灯灭；

(2) 在回答时间调整状态下，可按“加”按键 K5、“减”按键 K6 调整回答倒计时时间，并实时在显示器上显示；

(3) 主持人按下“确认”按键 K4，存储修改数据。

4) 复位

按下复位键 K7，恢复出厂值，先前修改数据失效。

2. 产品功能性需求

根据系统的操作说明，系统硬件由以下电路模块或元件组成。

1) 输入设备

按键：提供给主持人、参赛者输入。

2) 输出设备

显示器：显示计分和时间；

扬声器：用于提示各种操作完成；

灯：用于指示系统状态、成功抢答选手的位置。

3) 控制器

单片机：系统的控制核心，通过软件编程协调输入、输出设备的交互。

3. 产品非功能性需求

(1) 时间：输入及输出均由人感知，正常人的反应时间为 0.15～0.4s，因而十几毫秒数量级精度可满足系统要求；

(2) 成本：考虑学生经济能力，成本控制在 50 元以内；

(3) 电压及功耗：考虑学生用电安全，工作电压为 5V，功率控制在 1W 以内；

(4) 安装要求：主机、各抢答选手位置是分散的。

4. 任务分析过程工作单

通过任务的需求分析，完成任务必须具备按键扫描、LED 数码管显示及单片机编程等基础知识，这样才能合理地选择电子元件，设计功能较为完善的电路图，制定出符合逻

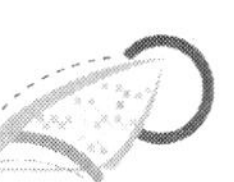

辑的软件流程图。为使学生充分了解产品设计要求，完成表 8-1 所示的任务分析过程工作单。

表 8-1　任务分析过程工作单

项目	基于单片机的八路抢答器的设计与制作			任务名称	基于单片机的八路抢答器的设计与制作任务分析
学习记录					
班级		小组编号		成员	
说明：小组成员根据八路抢答器设计的任务要求，认真学习相关知识，并将学习过程的内容（要点）进行记录，同时也将学习中存在的问题进行记录，填写下表					
抢答器应用场所	主要用于学校、企业、娱乐节目等场合的知识竞赛				
抢答器的发展历程	晶体管模拟抢答器、数字集成抢答器、单片机控制抢答器				
抢答器的种类	从功能、技术、通信、抢答者人数、显示方式等角度分类，品种繁多				
单片机原理及种类	主要关注单片机的片内资源及用法				
C51 开发环境工具	讨论 C51 开发环境工具可提供的编译、调试、仿真等工具				
任务分析的工作过程					
开始时间				完成时间	
说明：根据小组成员的学习结果，通过分析与讨论，完成本项目的任务分析，填写下表					
功能	可以提供 8 组参赛者抢答要求，能显示抢答成功者编号、参赛者的得分，以及具有抢答和回答倒计时功能				
输入	主持人按键，参赛者按键				
输出	用数显管显示时间及计分，用指示灯指示功能状态及抢答状态				
控制器	采用 51 系列单片机				
性能	系统响应抢答时间低于 30ms、实时显示				
成本	材料易于购买、价位低于 50 元				
安装	选手电路装置与主机电路分开安装				
检测	对按键、显示功能按照说明书逐一检测				

【任务实施】

任务 1　系统硬件方案设计

根据需求分析及操作流程说明，制定图 8.4 所示的系统硬件框架图。

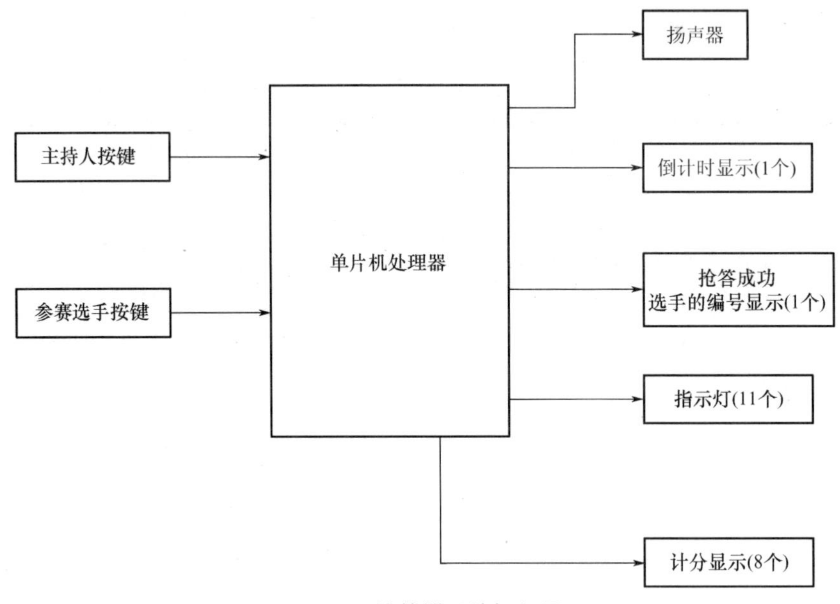

图 8.4 抢答器系统框架图

从图 8.4 可以看出，系统要完成的主要电路设计有按键扫描电路、扬声器驱动电路、显示驱动电路、指示灯驱动电路，以及单片机的选型。

1. 单片机方案选择与论证

从任务分析及图 8.4 可以看出，设计中主要用到单片机的定时器及口资源。定时器用于倒计时，口资源用于按键电平的检测、控制扬声器鸣叫、指示灯的亮灭及显示器的显示。由于任务中按键数量需要很多，因而选择口资源比较丰富的单片机更易于目标任务的实现。

单片机种类很多，本设计采用 89S52 单片机，主要基于以下因素考虑：

(1) 易于购买，价格便宜，开发工具较多；

(2) 32 个双向输入/输出（I/O）口、3 个 16 位定时/计数器可满足本任务需要；

(3) 5 个中断源、512 字节内部数据存储器 RAM、8KB 片内程序存储器（ROM），这些资源很适合于实时操作系统 RTX51 的运行，使编程更加灵活、简单。

2. 按键选型及驱动电路方案选择与论证

考虑成本因素，按键采用轻触开关。

可供的按键驱动电路方案如下：

方案一：独立式键盘。每个 I/O 端口接一个按键，按键另一端接地，I/O 口通常还应该接一个上拉电阻，有些单片机的 I/O 口可以配置成内部上拉，就不需要外接上拉电阻了。这种接法的优点是电路简单、编程方便，键盘中各按键的工作互不干扰。缺点是按键数比较多时占用的 I/O 口多。这种类型的键盘适用于按键比较少的场合，如果需要较多按键，用这种方式难以满足要求。

方案二：行列式键盘。是用 N 条 I/O 线作为行线，M 条 I/O 线作为列线组成的键

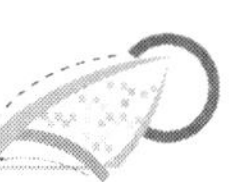

盘，在行线和列线的每个交叉点上，设置一个按键，按键的个数为 $M \cdot N$ 个。这种形式的键盘结构，能够有效地提高单片机系统中 I/O 的利用率，其缺点是编程比较复杂，仅适用于按键集中布局的场合，当互相距离较远时，布线较困难。

方案三： 用一个 A/D 转换器端口外接多个按键。每个按键接一个特定阻值的电阻到地，公共接一个电阻到基准电压或接一个恒流源到电源端。这种方式只需要占用一个 A/D 转换器通道，却可以实现外接很多按键，是最为经济的一种接法，但需要编写相应的软件，并且仅适用于带有 A/D 转换器的单片机，最大外接按键数量取决于电阻精度、按键接触电阻变化范围，以及单片机的 A/D 转换器分辨精度。

由于选择的单片机 89S52 内部不带 A/D 转换器，所以方案三不予考虑；根据图 8.4 及任务分析，系统总共需要 15 个按键，如果按照方案二，需要行线 4 条，列线 4 条，仅需 8 个 I/O 口即可，但由于参赛选手抢答台，以及主持人主持台都是分散布置的，抢答台之间，以及抢答台与主持台之间都有一定的距离，所以连线很不方便，所以方案二也不是最佳方案；89S52 有丰富 I/O 口提供，所以本设计选择方案一。

3. 数码管显示电路选择与论证

方案一： 静态显示。静态显示是指每个数码管的每一个段码都由一个 I/O 口进行驱动，驱动一个 7 段数码管就需要 7 个 I/O 口，所以直接采用单片机 I/O 口是不切实际的，这种方案驱动一般要扩展单片机 I/O 口，最常用的方法是采用串并口转换，即单片机串行口输出的数据通过串并转换芯片变为并口输出，通过串并转换芯片级联的方式，理论上可以接无数个数码管，而占用单片机口资源仅需两个串行口（数据线和时钟线）。这种静态显示实际上是动态的过程，串行口每输出一位数据，就把原先的数据推挤到下一个显示位上显示。静态驱动的优点是编程简单、不闪烁、亮度高；缺点是功耗高，需增加额外的扩展 I/O 芯片。

方案二： 动态显示。动态显示就是一位一位地轮流点亮各位数码管，对于每一位 LED 数码管来说，每隔一段时间点亮一次（点亮时间为 1～2ms），利用人眼的“视觉暂留”效应，采用循环扫描的方式，分时轮流选通各数码管的公共端，使数码管轮流导通显示。当扫描速度达到一定程度时，人眼就分辨不出来了。尽管各位数码管实际上并非同时点亮，但只要扫描的速度足够快，给人的印象就是一组稳定的显示数据，丝毫感觉不到闪烁，显示的效果与静态显示基本没差别。动态显示的优点是能够节省大量的 I/O 口，功耗较低；缺点是编程较难，需要不断刷新数码管，刷新速度掌握不好易产生闪烁感，其亮度也比静态显示弱。

上述两个方案，都可以满足本设计的要求，但考虑到计分、倒计时、抢答编号三类显示相距较远，如果采用动态显示，将会给布线安装带来麻烦，如采用串行扩展口静态显示方案，则只需两根线（数据线、时钟线）即可将它们串接在一起，连线简单，故而采用方案一作为本设计方案。

4. 级联串并转换芯片的选择与论证

方案一： 采用 8 位串并转换芯片 74HC164。74HC164 是 14 引脚的串并转换芯片，高电平和低电平驱动能力均可达 20mA，能直接驱动 LED，其缺点是没有移位锁存功能。

方案二：采用 8 位串并转换芯片 74HC595。74HC595 是 16 引脚的串并转换芯片，高电平和低电平驱动能力均可达 35mA，能直接驱动 LED，有移位锁存功能。

方案三：采用 16 位串并转换芯片 NJU3715G。NJU3715G 是 22 引脚的串并转换芯片，高电平和低电平驱动能力均可达 25mA，能直接驱动 LED，有移位锁存功能。

由任务要求可知，选手计分器和倒计时显示，都至少是两位数字，也即需要两个 7 段数码管显示数字，如果采用 NJU3715G，可减少芯片的数量，但其价格是 74HC164 的 4～6 倍，因而不予考虑；同样 74HC595 虽然功能比 74HC164 强，但其价格也比较贵。由于 74HC164 缺点可以通过软件编程予以弥补，故采用方案一。

5. 选手指示灯选型及驱动方案

考虑成本，选手指示灯选用 LED 发光管。

可供选择的指示灯驱动方案如下：

方案一：直接采用单片机 I/O 口驱动。此种方案需要 8 个单片机输出口，优点是编程简单，缺点是占用很多单片机 I/O 口。

方案二：利用串行扩展口多余的并口驱动。由于 74HC164 串并转换芯片有 8 个并口输出，而本设计中数码管仅用七段，也就是说，每个数码管仅用串并转换芯片并口中的 7 个，剩下的一个口可以用作指示灯的驱动。

由于抢答成功指示灯与计分显示位置处在同一位置，即都位于参赛选手操作台，如采用方案一，需要另外拉一根数据线到参赛选手操作台，而方案二不需另加数据线，故采用方案二。

6. 功能指示灯选型及驱动方案

考虑成本，功能指示灯选用 LED 发光管。

由于功能指示灯是位于主持人位置，LED 发光管工作电流一般为 3～10mA，89S52 I/O 口灌入电流可达 20mA，故功能指示灯可由单片机输出口直接驱动。

7. 扬声器选型及驱动方案

考虑成本，扬声器采用蜂鸣器。

蜂鸣器信号源由单片机产生，并通过晶体管放大为其提供驱动电流。

8. 秒时钟获得方案

方案一：采用单片机内部定时/计数器获得；

方案二：采用外加时钟芯片 DS1302。

方案一获得的秒时钟，其精度比较低，使用长时间误差将会很大，但其优点是不需另加外围设备，硬件及软件设计简单；方案二获得的秒时钟，其精度比较高，长时间使用不需调整，但需另外加一个芯片，成本较高。由于本设计的倒计时不会超过 2min，时间较短，同时倒计时也仅仅作为时间提示作用，不需要很精确，故设计采用方案一。

根据上述的论证分析，通过小组讨论，完成表 8-2 所示的方案设计工作单。

表 8-2　方案设计工作单

项目名称	基于单片机的八路抢答器的设计与制作	任务名称	基于单片机的八路抢答器的方案设计
方案设计分工			
子任务	提交材料	承担成员	完成工作时间
单片机芯片选型	控制芯片选型分析		
显示器选型及驱动	显示器电路驱动分析		
扬声器选型及驱动	扬声器驱动分析		
指示灯选型及驱动	指示灯驱动分析		
口扩展芯片	口扩展芯片选型分析		
布线方案	图纸		
方案汇报	PPT		

学习记录					
班级		小组编号		成员	
说明：小组成员根据方案设计的任务要求，认真学习相关知识，并将学习过程的内容（要点）进行记录，同时也将学习中存在的问题进行记录，填写下表					

方案设计的工作过程			
开始时间		完成时间	
说明：根据小组成员的学习结果，通过小组分析与讨论，最后形成设计方案，填写下表			
结构框图	除了考虑功能实现外，还要考虑成本及安装可行性		
原理说明	各个模块必要性		
关键器件选择	考虑成本、集成度、可靠性		
实施计划	时间、人员分工		
存在问题及建议			

9. *方案确定*

经过仔细分析和论证，确定系统各模块最终方案见表 8-3 所示。

表 8-3 主要功能模块或器件选用清单

功能模块或器件名称	选用方案或器件
单片机芯片选型	选择有 512 字节内部数据存储器 RAM、8KB 片内程序存储器、32 个双向 I/O 的 89S52
按键选型	轻触开关
按键电路驱动方案	独立式键盘，即按键直接与单片机 I/O 口连接
数码管选型	普通共阴极 7 段 LED 数码管
数码管驱动方案	级联串行扩展口静态显示
参赛选手指示灯选型	LED 发光管
参赛选手指示灯驱动方案	级联串行扩展口静态显示
功能指示灯选型	LED 发光管
功能指示灯驱动方案	由单片机 I/O 口直接驱动
扬声器选型	蜂鸣器
扬声器驱动方案	晶体管提供驱动电流
级联串并转换芯片选型	8 位串并转换芯片 74HC164
时钟获得方案	由单片机自身定时器提供

任务 2　硬件电路设计

在抢答器的工作现场，参赛选手工作台、主持人工作台及“主显示电路板”都是有一定距离的，这就决定了各种电路模块不可能集中在一块电路板上布线，必须按实际需要分解成便于安装和使用的各种功能电路板，它们之间通过导线进行电气连接或通信。

通过对抢答器抢答场景的分析，电路板可以分解成“主机电路板”、“主显示电路板”及“参赛组显示电路板”三个子电路模块，由于本设计中抢答器采用串行级联方式静态显示，所以它们之间的通信是通过串行线来实现的，根据前述方案，三个子模块实现功能及它们之间的电气连接可用图 8.5 表示出。

“主机板电路”中包括中央处理器、主持人按键、功能指示灯、扬声器、串行输出口及参赛选手按键接口等功能电路或器件，其中串行输出口用于对外部电路提供显示数据，参赛选手按键接口用于连接参赛选手控制台上的按键。

“主显示板电路”中包含串行输入口、串行输出口、串并转换芯片及数码管显示等功能电路或器件，其中串行输入口通过串行线与“主机板电路”上的串行输出口相连接，串行输出口与一号“参赛组显示板电路”的串行输入口连接，串行输出的数据可通过串并转换级联方式获得。

“参赛组显示板电路”中包含串行输入口、串行输出口、串并转换芯片、数码管显示及一个抢答按键，每个参赛组抢答台都安装一个“参赛组显示板电路”，即在本系统设计中，共需要 8 块这样的电路模块板。除一号“参赛组显示板电路”串行输入口的数据来自

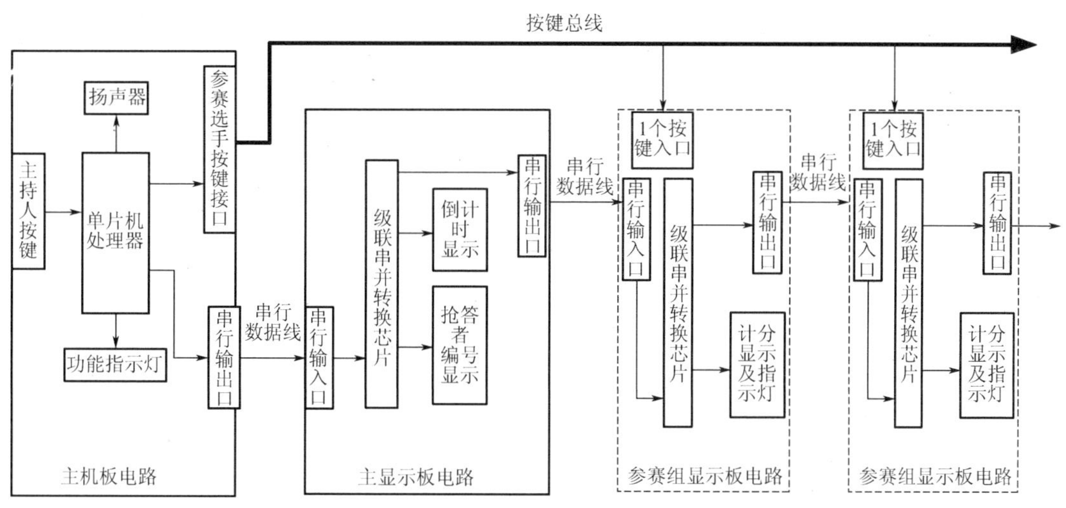

图 8.5　子模块实现功能及它们之间的电气连接

于“主显示板电路”的串行输出口外，其余的都来自于上一参赛组的“参赛组显示板电路”串行输出口，同样，串行输出的数据是通过串并转换级联方式获得的。“参赛组显示板电路”中的按键用于选手抢答。

1. 主机板电路实现

主机板电路如图 8.6 所示，图中 K1～K7 的每一个按键，一端接单片机的一个 I/O 口，另一端接地，单片机初始化时，将这些端口置为高电平，由于 89S52 单片机 P1～P3 口内部接上拉电阻，所以外部就没必要再接上拉电阻。当按键按下时，对应的端口变为低电平，单片机通过检测到低电平的端口，便会判断出哪个按键按下，然后根据按下的按键及时选择合适的子程序进行处理。

图 8.6 中 C_{100}、C_{101}、Y100 组成 12MHz 振荡电路，为单片机提供时钟信号；C3A、R2A 组成单片机复位电路；单片机端口 SPEAK 为蜂鸣器驱动电路提供基极电流。

由 R_{100}、Q100 两个元件组成了蜂鸣器驱动电路，Q100 采用 PNP 晶体管，主要考虑单片机口的灌电流比较大，可达 20mA，采用 PNP 管，可以使驱动电流达到最满意的值。

四个发光二极管用作指示作用，其中 LED4A 用作电源接通指示，LED1A～LED3A 除了用作功能指示外，开机初期可以用作自检提示。

主机板电路中留有两组接口，与网络标号 S1～S8 相连的 KeyOutPort 接口用于连接“参赛组显示电路板”的抢答按键；接口 ComOut 通过 Rxd 线向外部电路板提供数据，通过 Clk 线为外部电路提供同步信号。由于数据是通过串并转换芯片级联方式逐级传输数据的，使得扩展显示时间或计分位数变得非常容易、方便。

2. 主显示板电路实现

主显示板电路如图 8.7 所示，这个电路实际上就是串并转换芯片 74HC164 最基本的级联电路，每个 74HC164 的并口输出端都连接一个 7 段数码管。

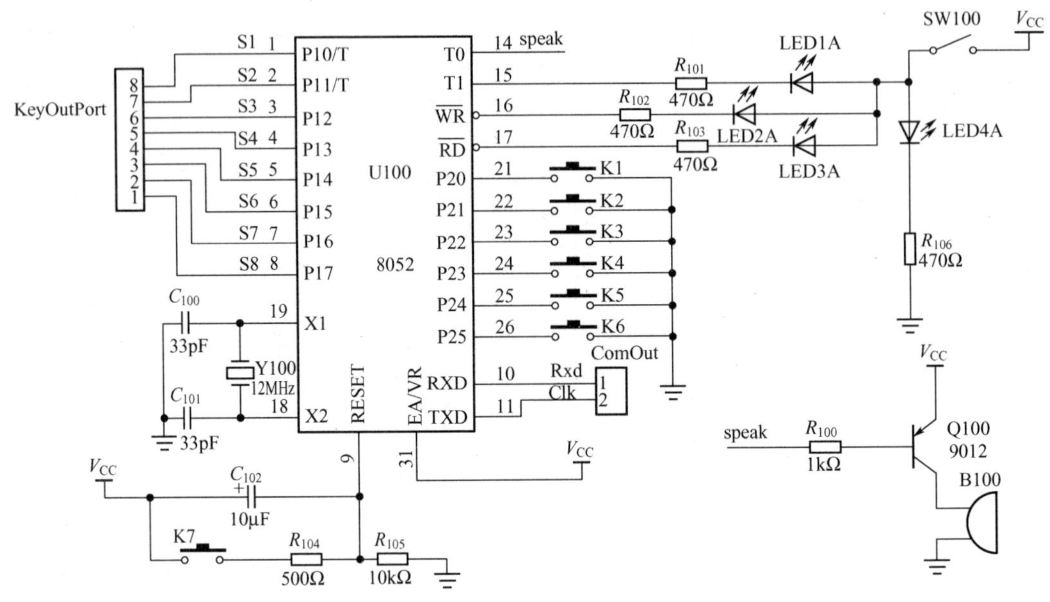

图 8.6　主机板电路

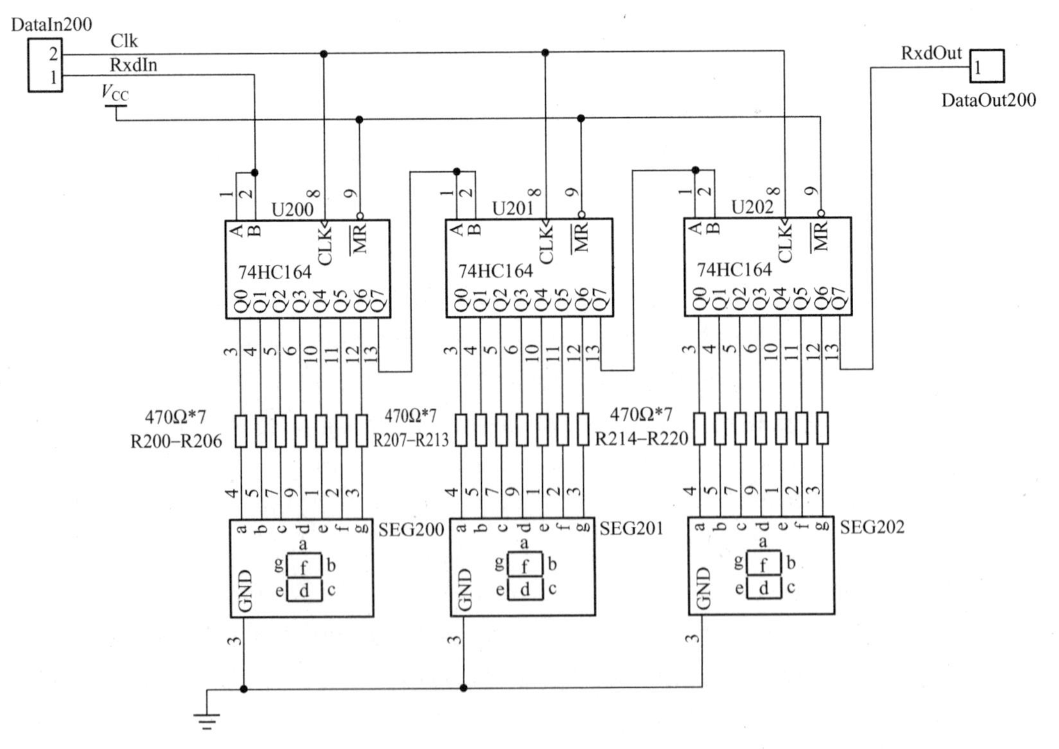

图 8.7　主显示板电路

接口 ComIn200 通过串行线与主机板电路的 ComOut 接口相连，以获得数据；接口 RxdOut 用于向“参赛组显示板电路”发送数据。

电路中的电阻起到限流的作用，以防止数码管或 74HC164 因大电流而烧坏。数码管正常点亮的工作电流范围为 3～10mA，超过 10mA 的就会烧坏数码管。

目前数码管 LED 大多采用硅管，点亮时的压降值为 1.7V，取电源＋5V，工作电流 7mA，则电阻 $R=(V_{CC}-1.7V)/7mA\approx471\Omega$，电路中电阻实际取值为 470Ω。若需要亮度比较大，限流电阻值最低值可选择 330Ω。

图 8.7 中，数码管 SEG200、SEG201 组合实现倒计时的显示，SEG202 用于显示最先按下抢答按键的参赛组的组号。

3. 参赛组显示板电路实现

图 8.8 所示为参赛组显示板电路，其原理与图 8.7 相类似，都是最基本的串并转换级联电路，只是其中一个 74HC164 的引脚连接 LED 发光管。

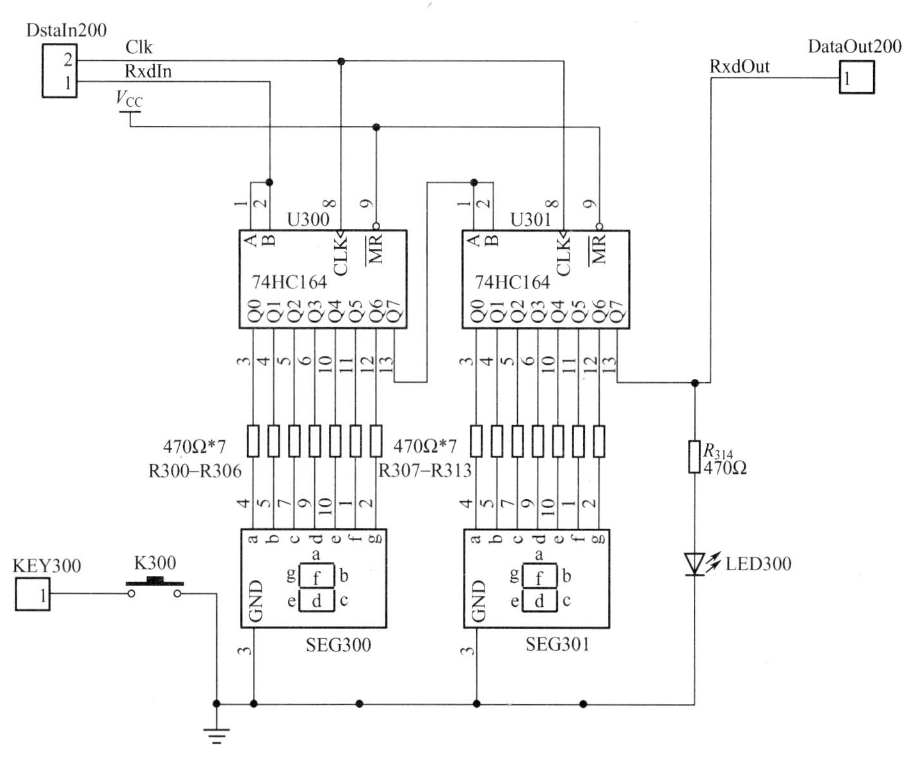

图 8.8　参赛组显示板电路

同样，参赛组显示板预留了 3 个接口：显示数据级联输入接口 ComIn300、显示数据级联输出接口 RxdOut300、抢答按键输入接口 KeyOutPort。

级联输入接口 ComIn300 中的 RxdIn 网络线与“主显示板电路”或上一级“参赛组显示板电路”的 RxdOut 相连接，同步时钟 Clk 网络线来自于“主机板电路”中的 Clk 网络线；级联输出接口 RxdOut300 用于向其他“参赛组显示板电路”提供显示数据输出；接口 K300 与主机板电路接口 KeyOutPort 中的网络线 S1～S8 之一相连，作为抢答按键输入。

根据上述的硬件模块设计分析，通过小组讨论，完成表 8-4 所示的硬件设计工作单。

表 8－4　硬件设计工作单

项目名称	基于单片机的八路抢答器的设计与制作	任务名称	基于单片机的八路抢答器的硬件设计
硬件设计分工			
子任务	提交材料	承担成员	完成工作时间
原理图设计	原理图、器件清单		
PCB 设计	PCB 图		
硬件安装与调试	调试记录		
外壳设计与加工	面板图、外壳		

学习记录					
班级		小组编号		成员	

说明：小组成员根据硬件设计的任务要求，进行认真学习，并将学习过程的内容（要点）进行记录，同时也将学习中存在的问题进行记录，填写下表

硬件设计的工作过程			
开始时间		完成时间	

说明：根据硬件系统的基本结构，画出系统各模块的原理图，并说明工作原理，填写下表

按键输入电路	实现用户功能选择及抢答信号输入，采用独立式键盘
选手计分显示及指示灯驱动电路	采用级联串行口驱动，静态显示方式
倒计时及抢答成功编号显示驱动电路	采用级联串行口驱动，静态显示方式
扬声器驱动电路	实现声音提示，采用晶体管电流驱动

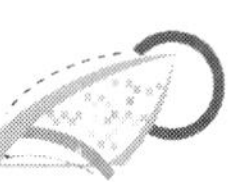

任务3　软件设计方案论证

1. 软件编程语言选择

方案一： 采用A51汇编语言。A51汇编语言是一种用文字助记符来表示机器指令的符号语言，是最接近单片机机器码的语言，具有占用资源少、程序执行效率高等优点，但开发效率低、调试困难、代码难懂、不宜维护。A51汇编语言一般用于控制时间要求精确的场合，或简单的程序设计。

方案二： 采用C51语言。C51语言是一种专门针对51系列单片机开发的C语言，除了完全支持C语言的标准指令外，还有很多用来优化8051指令结构的C扩展指令。C语言是一种结构化的高级语言，其优点是语言简洁、可读性好、移植容易、易学易用，可大幅度提高开发速度，系统越复杂，开发效率越高，由于可进行模块化开发，软件逻辑结构清晰，有条理，所以易于分工合作。其缺点是实时性、执行效率不如汇编语言有优势。

从设计方案制定的操作流程说明可以看出，本设计并不是一个简单的设计，而是实现多种功能，且功能间的相互依赖性较高的复杂程序设计，另外由于这些操作任务对时间精度要求并不高，所以编程语言采用C51语言。

2. 编程方法选择

方案一： 采用单任务结构化程序设计方法。图8.9为此项目单任务结构化程序设计流程图。

在这种设计方法中，组成系统程序的各功能模块按固定的顺序构成一个整体，通过循环逐一得到执行。在具体编程中，往往按照功能分解细化，拆分成一系列功能单一的、较小的、易于理解的若干个相互独立的模块，然后按照操作顺序，一个接着一个调用这些模块执行，一般将这些模块编写为子函数来调用。这种编程方法，整个程序只有一个main函数入口，通常是一个死循环，在循环中一直调用几个函数来完成相应的操作。而对于一些较短的实时任务，则通过中断方式进行处理。此种程序结构简单、直观，对于简单任务易于实现。

从图8.9可以看出，此方法的优点是：①对于整体思路清楚、目标明确、功能单一的任务易于实现；②设计工作中阶段性非常强，有利于系统开发的总体管理和控制；③在系统分析时可以诊断出原系统中存在的问题和结构上的缺陷。其缺点是：①在运行时动态改变执行结构的系统，程序需用许多条件判断和分支转移语句进行控制，增加了程序的复杂性，功能较多的任务编程较难；②其可读性和可维护性很差，调试不便，增加了系统扩充难度；③由于这些函数以一定的顺序执行，当某个子函数执行时间较长或遇到延时程序时，其他任务由于不能及时响应输入而会丢失数据，实时性大打折扣。

方案二： 采用实时多任务操作系统设计方法。

实时多任务操作系统设计方法中，也是将项目细化为易于理解的若干个相互独立的被称为任务的功能模块，但各任务处于等同地位，在运行中没有哪个先哪个后，程序在运行中其顺序是动态改变的，由于每个任务只运行很小的时间片就会切换，所以人们感受这些任务好像是同时运行的。

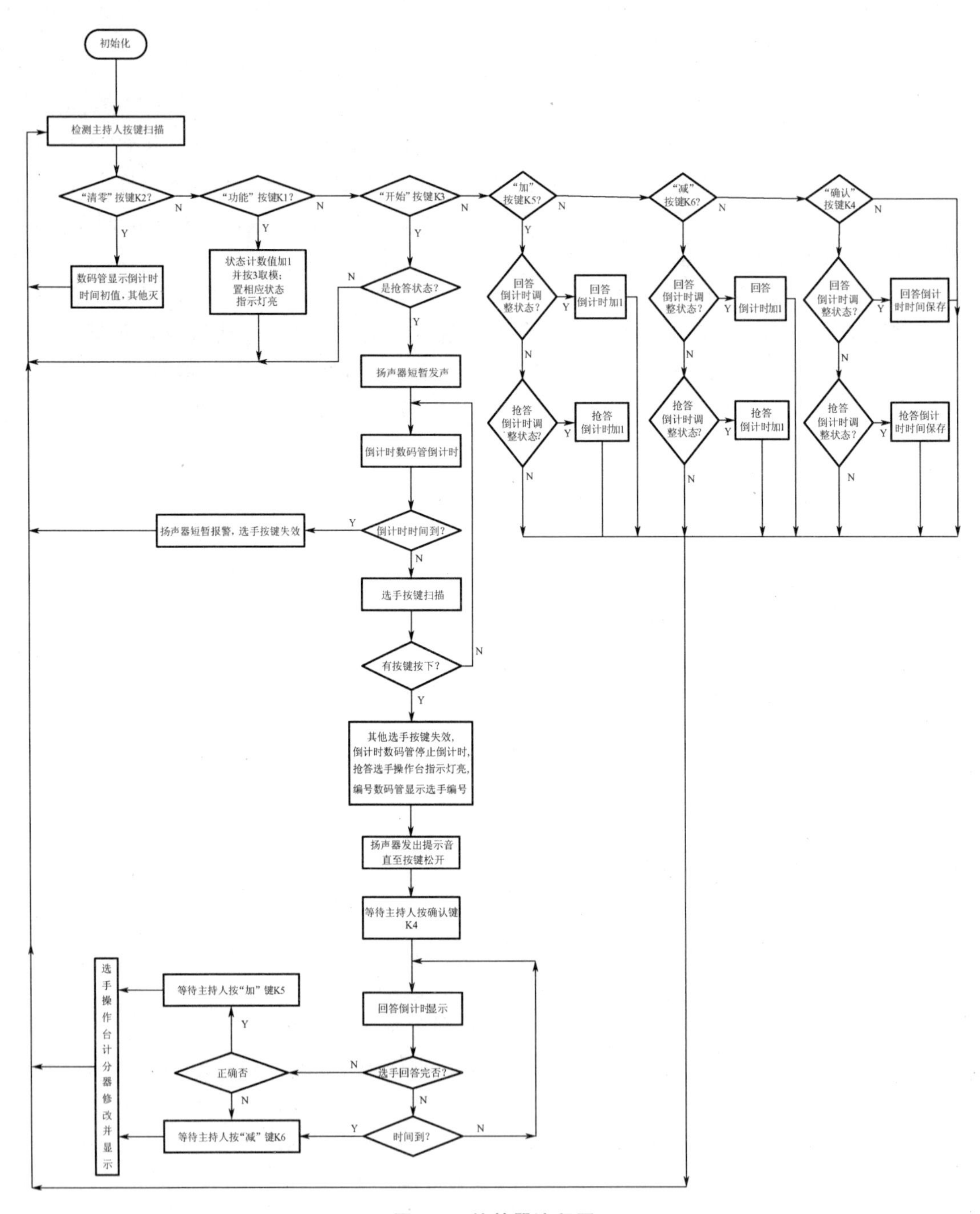

图 8.9 抢答器流程图

在本设计中，实现功能较多，并且很多功能需要同时运行，譬如在选手按下按键时，扬声器同时鸣叫，另外显示器还要同时显示等等，显然采用单任务结构化程序设计方法难度较大，这从图 8.9 流程图复杂性也不难看出。因此使用实时操作系统不仅可以大大简化软件设计工作，而且程序运行也更能符合人们的思维习惯。

实时多任务操作系统都会提供一个时间延时函数，在本设计中抢答和回答都需要时间限制，因而采用操作系统设计方法可以简化程序设计。

RTX51 Tiny 是一个可以用于 8051 系列处理器的微型实时操作系统，它可以很容易地在没有任何外部存储器的单片机 8051 系统上运转，其缺点是仅支持时间片轮转任务切换和使用信号进行任务切换，不支持抢先式的任务切换，不包括消息历程。

在此设计方法中，最重要的是任务划分。任务一般按照实现功能来划分，如果某一功能种类比较复杂，可以将其分裂为几个分功能，也即将一个任务分裂为几个子任务。因而任务划分及数量的划分不是唯一的。图 8.10 为此抢答器一种初步划分任务的示意图。

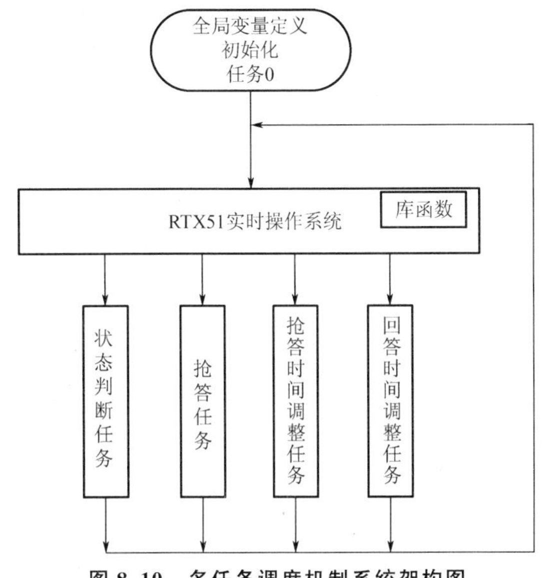

图 8.10　多任务调度机制系统架构图

从图 8.9 可以看出，由于项目要完成的功能较多，将项目作为单一任务进行软件设计时，条件判断及分枝转移语句较多，增加了程序的复杂性和可读性。而在图 8.10 中，初步将项目按功能划分为四个任务，各任务之间的同步可以通过操作系统来实现，条理清晰，思路明确，由于每个任务完成较少功能，因而编程变为简单。

综合以上两种软件编程方案优缺点，本设计采用 RTX51 Tiny 多任务实时操作系统设计方案。

任务 4　系统软件编程

【参考图文】

1. 任务划分

项目在采用多任务操作系统设计方案时，划分任务是重要的一个环节。项目可从初始运行的任务开始，按状态响应不同的事件（如按键等）或完成不同的功能逐步进行拓展。对于 RTX51 - Tiny 操作系统还要考虑其允许运行的最大任务数不得大于 16 个。

一般情况下，完成一个功能往往需要不同任务之间的相互协作，而一个任务是否运行常常要依赖其他任务的执行状态，这种机制可借助于协作图或通信图示意来表述。

1）初始状态功能选择任务及派生任务

依据抢答器操作说明，系统初始运行的是功能选择任务，通过判断按下K1键持续次数，可产生抢答功能任务、抢答时间调整功能任务、回答时间调整功能任务。

上述由功能选择任务派生出来的三个任务是互不干涉、互相排斥的，即在同一时段，这三个任务不可能同时有效，因而当一个任务运行时，其他两个任务应处于删除状态。图8.11所示的通信图示意了以上四个任务的关系。

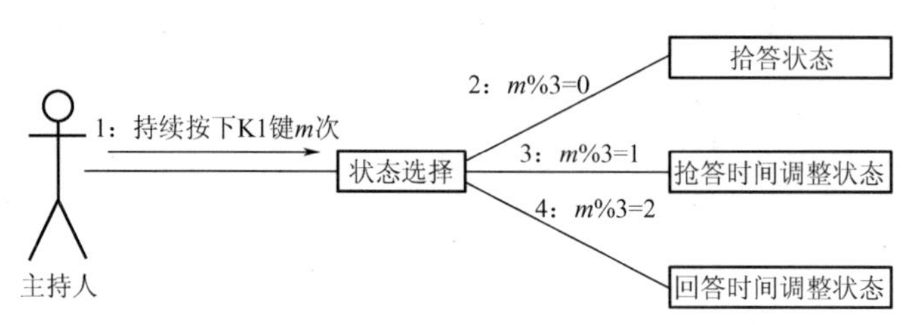

图8.11　功能状态选择任务下通信图

2）抢答状态任务及派生的任务

图8.12所示为抢答任务派生的各种任务，图中数字标号代表事件先后顺序，数字相同但字母不同，说明派生任务互相独立，没有时间顺序。

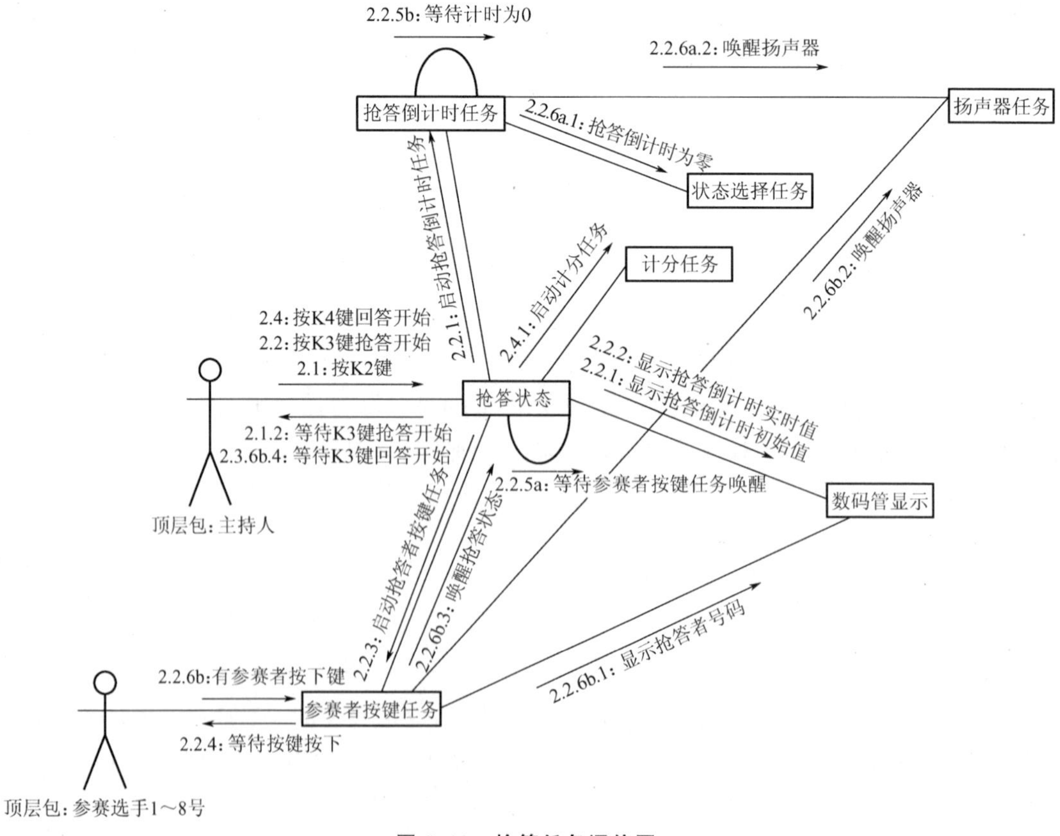

图8.12　抢答任务通信图

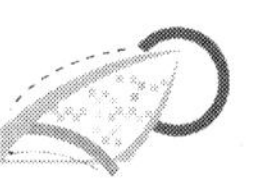

图 8.12 看起来比较复杂，如果只关心派生出的任务就简单明了，数字序列号主要用于编程。图中除状态选择任务外，另外派生出来的任务有：参赛者按键任务、抢答倒计时任务、显示任务、扬声器任务及计分任务，其中计分任务还可以继续派生出其他任务。

3）计分任务及其派生任务

图 8.13 为计分任务通信图，从图中可以看出计分任务仅派生出倒计时任务，其他任务已在其他通信图中出现。

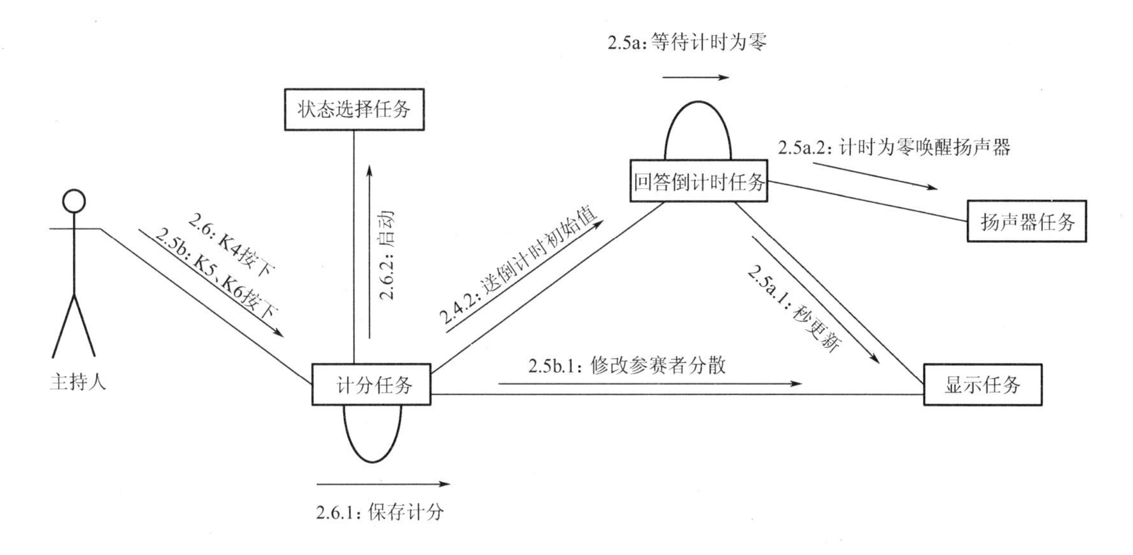

图 8.13 计分任务通信图

通过通信图 8.11～图 8.13，所有任务都已界定。

2. 任务软件设计与编程

为方便编程和程序的阅读，首先预定义一些常量和变量，抢答器编程预定义如下：

```
# include < reg52. h>
# include < RTX51TNY. H>
/* 以下为任务 ID 号定义* /
# define INTIALISE                   0  //初始化任务 ID
# define STATE_ SELECT               1  //状态选择任务 ID
# define RACE_ STATE                 2  //抢答任务 ID
# define DISPLAY                     3  //显示任务 ID
# define SPEAKER                     4  //扬声器任务 ID
# define RACE_ TIME_ ADJUST_ STATE   5  //抢答倒计时调整任务 ID
# define ANSWER_ TIME_ ADJUST_ STATE 6  //回答倒计时调整任务 ID
# define RACE_ SCORING               7  //积分任务 ID
```

```
# define COMPETITOR             8  //参赛选手任务 ID
# define RACE_ COUNTDOWN         9  //抢答倒计时 ID
# define ANSWER_ COUNTDOWN       10  //回答倒计时 ID
/* 以下为了程序修改和阅读方便，宏定义一些宏名* /
# define COUNTDOWN_ HIGH         0  //显示倒计时高位数组地址
# define COUNTDOWN_ LOW          1  //显示倒计时低位数组地址
# define RACE_ NO                2  //用于显示抢答成功组号的数组地址
/* 以下为了程序修改和阅读方便，预定义接口按键名* /
  sbit sw1= P1^0 ;      //sw1～sw8 选手按键
  sbit sw2= P1^1;
  sbit sw3= P1^2 ;
  sbit sw4= P1^3 ;
  sbit sw5= P1^4 ;
  sbit sw6= P1^5;
  sbit sw7= P1^6;
  sbit sw8= P1^7 ;
  sbit k1= P2^0;        //k1～k6 主控制台按键
  sbit k2= P2^1;
  sbit k3= P2^2;
  sbit k4= P2^3;
  sbit k5= P2^4;
  sbit k6= P2^5;
  sbit speaker= P3^4; //扬声器信号输出口
  sbit led1A= P3^5;     //led1A～led3A 功能指示
  sbit led2A= P3^6;
  sbit led3A= P3^7;
/* 定义共阴数码管 0~ 9 段码* /
unsigned char code
dispcode [] = {0xfa, 0x60, 0xdc, 0xf4, 0x66, 0xb6, 0xbe, 0xe0, 0xfe, 0xf6, 0x00};
unsigned char data  dispbuff [19] = {0};
// dispbuff [0\1] 显示时间，dispbuff [2] 显示选手号
unsigned char data  race_ time;                    //抢答倒计时
unsigned char data  answer_ time;                  //回答倒计时
unsigned char data  competitor_ score [8] = {0};   //选手计分数组
static unsigned char idata  state= 0xff;           //状态变量
unsigned int data  speaker_ time;                  //扬声器唤醒一次鸣叫时间
```

1）初始化任务设计与编程

在 RTX51 - Tiny 程序设计中不需要一个 main 函数，其总是从任务 0 开始执行。任务 0 只是简单产生其他任务，然后将自己删除。RTX51 - Tiny 任务其实就是一个带有死循环的简单 C 函数，如果任务仅用一次，可以不带循环。八路抢答器初始化任务流程设计如图 8.14 所示。

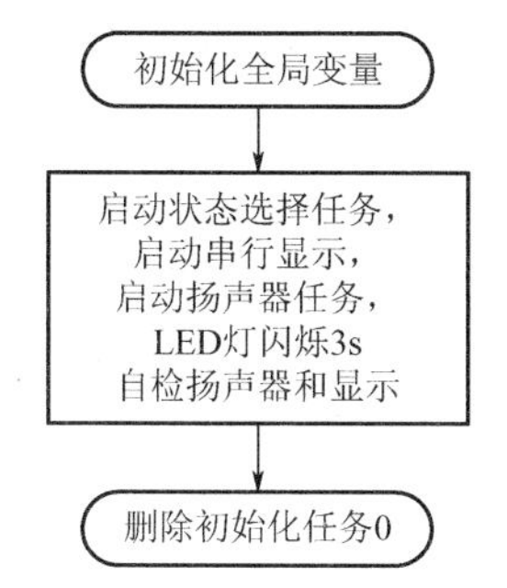

图 8.14 初始化任务 0 的流程图

初始化任务可按以下表述：

```
void init ( void ) _ task_ INTIALISE
{
  unsigned char m;
  dispbuff [RACE_ NO] = 0;
  race_ time= 20;                      //预设抢答时间为 20s
  answer_ time= 30;                    //预设回答倒计时为 30s
  state= 0;
  speaker_ time= 100;
  for ( m= 0; m< = 6; m+ + )           //功能灯闪 3s，检测单片机是否工作正常
  {
   led1A= ~ led1A;
   led2A= ~ led2A;
   led3A= ~ led3A;
   os_ wait2 ( K_ IVL, 50 ) ;
  }
  os_ create_ task ( SPEAKER ) ;       //启动扬声器任务
  os_ create_ task ( DISPLAY ) ;       //启动串行显示
  os_ send_ signal ( SPEAKER ) ;       //唤醒扬声器任务
  os_ send_ signal ( DISPLAY ) ;       //唤醒显示任务
  os_ create_ task ( STATE_ SELECT ) ; //启动状态选择任务
  os_ delete_ task ( INTIALISE ) ;     //初始后，此任务不再有用了
}
```

从上述程序可以看出，初始化任务没有死循环结构，这是因为初始化程序仅用一次就不需要了。其中扬声器任务和显示任务在循环体初始位置都设置为等待信号状态，要使其工作，必须有其他任务通过系统函数 os _ send _ signal 唤醒才能继续执行，采用等待信号唤醒任务方式的好处就是减少 CPU 切换任务的负担。

2）功能选择任务设计与编程

在功能选择任务中，每按下一次功能 K1 键，状态变量加 1，然后对 3 取模运算，根据运算结果调整当前状态，轮流使抢答任务、抢答时间调整任务、回答时间调整任务三个中的一个被启动，其他两个任务被删除。

被删除任务的程序实际上依然在 ROM 存储区，就如同在 Windows 操作系统界面中被关闭的程序依然放在硬盘一样，只是不被操作系统分时调度而已。

删除任务可用库函数 os _ delete _ task（task _ id）实现，被启动的任务通过库函数 os _ create _ task（task _ id）来实施，其中 task _ id 参数为被操作的任务号。

之所以将三个功能任务之一运行，而将其他两个任务处于被删除状态，是因为这三个任务是互斥的，运行过程中没有任何的交集，互不依赖，这种设计便于简化编程。功能选择任务流程图如图 8.15 所示。

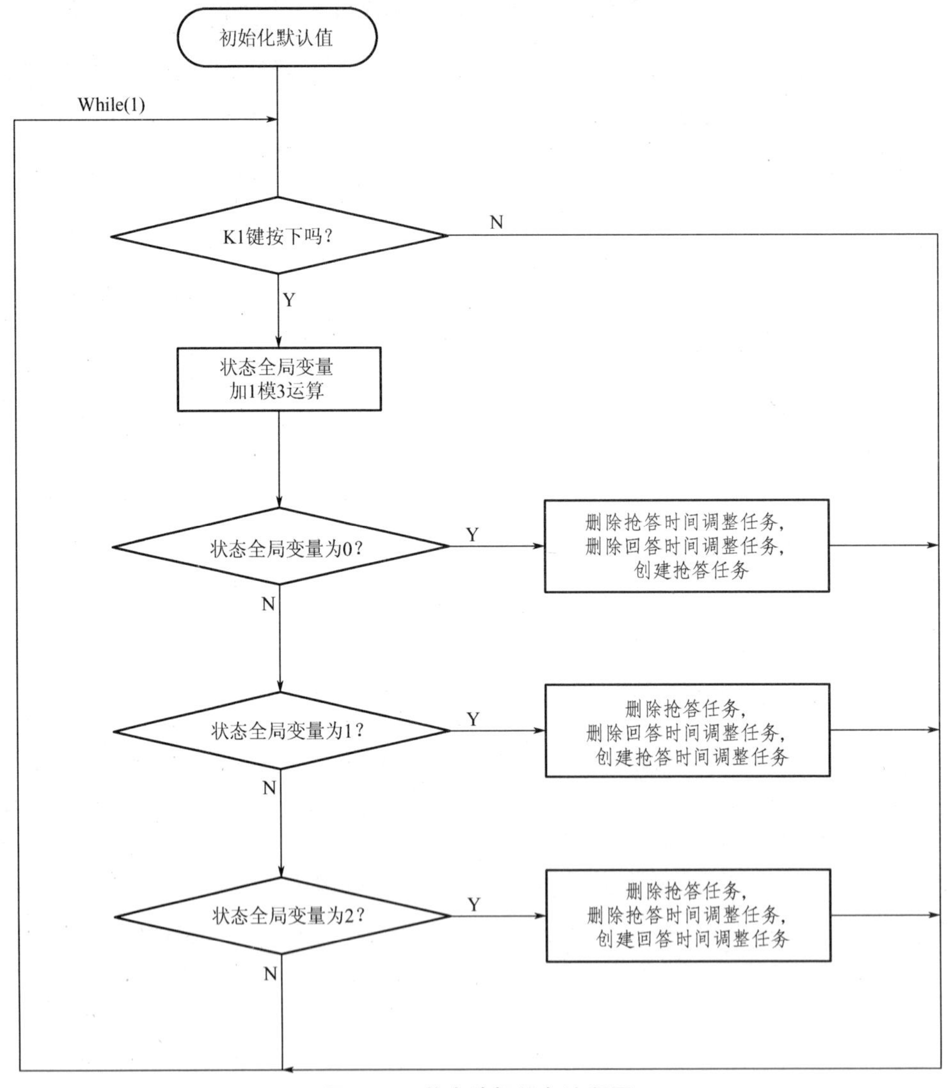

图 8.15　状态选择任务流程图

功能选择任务的程序实例如下：

```
void task_ state_ select ( void ) _ task_ STATE_ SELECT
{
```

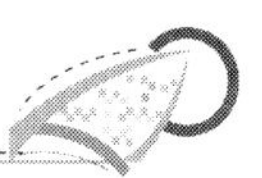

```
os_ create_ task ( RACE_ STATE ) ; //启动默认抢答模式
led1A= 0;   //抢答状态指示灯亮，其他灭
led2A= 1;
led3A= 1;
while ( 1 )
{
 if ( k1= = 0 )
 {
  os_ wait2 ( K_ IVL, 1 ) ;
  if ( k1= = 0 )
  {
   state= + + state% 3;
/* 这几个任务是互斥的，同一时间只可能一个任务运行，所以创建一个任务时，要删除其他两个任务* /
  switch ( state )
 {
  case 0: led1A= 0; led2A= 1; led3A= 1;   //创建抢答任务
     os_ delete_ task ( RACE_ TIME_ ADJUST_ STATE ) ;
     os_ delete_ task ( ANSWER_ TIME_ ADJUST_ STATE ) ;
     os_ create_ task ( RACE_ STATE ) ;
     break;
  case 1: led1A= 1; led2A= 0; led3A= 1;   //创建抢答时间调整任务
     os_ delete_ task ( ANSWER_ TIME_ ADJUST_ STATE ) ;
     os_ delete_ task ( RACE_ STATE ) ;
     os_ create_ task ( RACE_ TIME_ ADJUST_ STATE ) ;
     break;
  case 2: led1A= 1; led2A= 1; led3A= 0;   //创建回答时间调整任务
     os_ delete_ task ( RACE_ TIME_ ADJUST_ STATE ) ;
     os_ delete_ task ( RACE_ STATE ) ;
     os_ create_ task ( ANSWER_ TIME_ ADJUST_ STATE ) ;
  }
 while ( k1= = 0 ) ;   //等待 K1 释放
 }
 }
 }
}
```

3）抢答时间调整任务设计与编程

抢答时间调整任务一旦创建将与状态选择任务同时运行。在抢答时间调整任务中，首先要取出先前存入的抢答倒计时时间，同时将数据送入显示缓冲区也即相应的数组位置，

以方便显示任务取出显示。抢答时间调整任务流程图如图 8.16 所示。

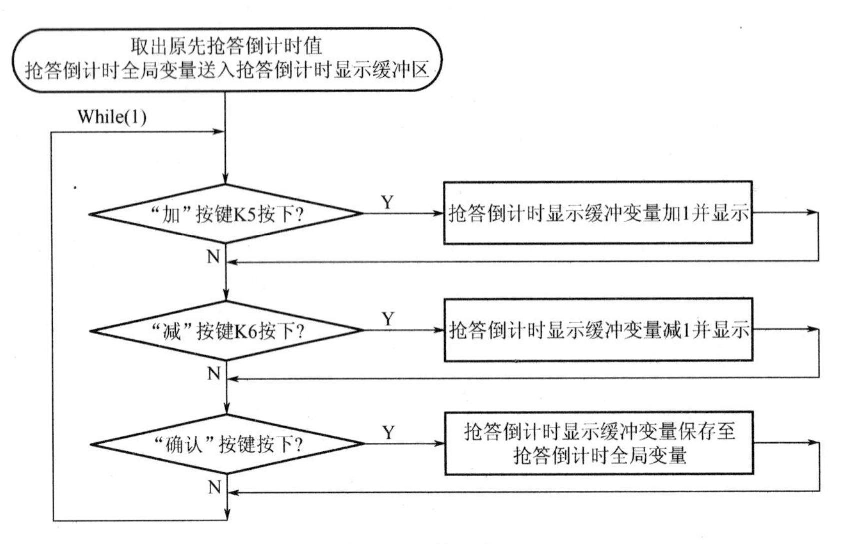

图 8.16　抢答时间调整任务程序流程图

抢答时间调整任务程序如下：

```
void  task_ race_ time_ adjust ( void ) _ task_   RACE_ TIME_ ADJUST_ STATE
{
 unsigned char data i;
 i= race_ time;
 dispbuff [COUNTDOWN_ HIGH] = i/10;
 dispbuff [COUNTDOWN_ LOW] = i% 10;
  os_ send_ signal ( DISPLAY ) ;
 while ( 1 )
 {
   if ( k5= = 0 )
   {
     os_ wait2  ( K_ IVL, 1 ) ;    //延时，防抖动
     if ( k5= = 0 )
     {
      i+ + ;
      dispbuff [COUNTDOWN_ HIGH] = i/10;
      dispbuff [COUNTDOWN_ LOW] = i% 10;
        os_ send_ signal ( DISPLAY ) ;
      while ( k5= = 0 ) ;
     }
   }

   if ( k6= = 0 )
```

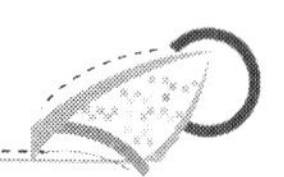

```
{
 os_ wait2 ( K_ IVL, 1 ) ;
 if ( k6= = 0 )
 {
  i- - ;
  dispbuff [COUNTDOWN_ HIGH] = i/10;
  dispbuff [COUNTDOWN_ LOW] = i% 10;
  os_ send_ signal ( DISPLAY ) ;
  while ( k6= = 0 ) ;
  }
}
if ( k4= = 0 )
{
 if ( k4= = 0 )
 {
  race_ time= i;    //保存抢答倒计时时间
  while ( k4= = 0 ) ;
 }
}
}
}
```

4）回答时间调整任务设计与编程

回答时间调整任务一旦创建将与状态选择任务同时运行，其流程图如图 8.17 所示，从图 8.16 和图 8.17 可以看出，抢答时间调整任务和回答时间调整任务非常简单。编写程序时，完全可以不用理会其他功能任务如何实现，也不用考虑任务的跳转，仅仅关注本任务功能如何实现即可。

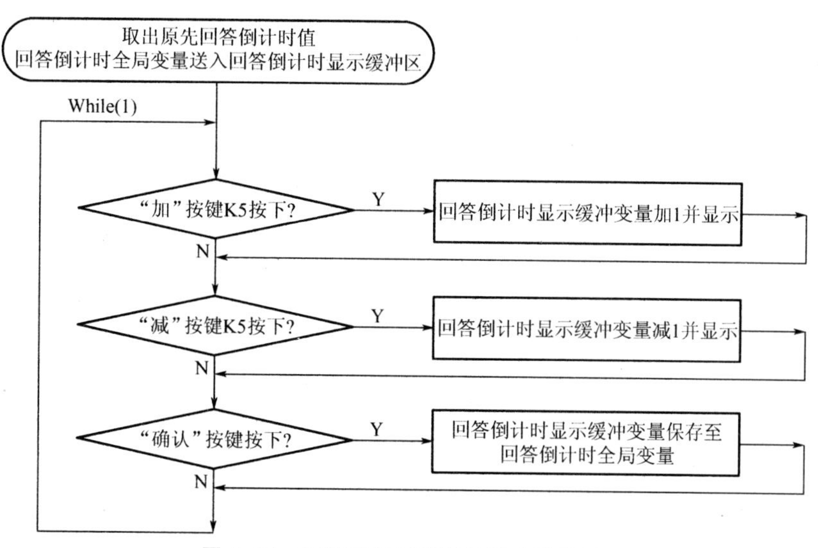

图 8.17　回答时间调整任务程序流程图

回答时间调整任务程序与抢答时间调整任务程序基本一样，唯一需要修改的是将抢答时间变量改为回答时间变量即可，具体编程如下：

```
void  answer_ time_ adjust (void) _ task_ ANSWER_ TIME_ ADJUST_ STATE
{
 unsigned char data i;
 i= answer_ time;
 dispbuff [COUNTDOWN_ HIGH] = i/10;
 dispbuff [COUNTDOWN_ LOW] = i% 10;
  os_ send_ signal (DISPLAY);
 while (1)
 {
   if (k5= = 0)
   {
    os_ wait2 (K_ IVL, 1); //延时，防抖动
    if (k5= = 0)
    {
     i+ +;
     dispbuff [COUNTDOWN_ HIGH] = i/10;
     dispbuff [COUNTDOWN_ LOW] = i% 10;
     os_ send_ signal (DISPLAY);
     while (k5= = 0);
    }
   }
   if (k6= = 0)
   {
    os_ wait2 (K_ IVL, 1);
    if (k6= = 0)
    {
     i- -;
     dispbuff [COUNTDOWN_ HIGH] = i/10;
     dispbuff [COUNTDOWN_ LOW] = i% 10;
     os_ send_ signal (DISPLAY);
     while (k6= = 0);
    }
   }
   if (k4= = 0)
   {
    if (k4= = 0)
    {
     answer_ time= i;    //保存抢答倒计时时间
```

```
      while ( k4= = 0 ) ;
      }
    }
  }
}
```

5）抢答任务设计与编程

抢答任务设计相对复杂，依据图 8.12 所示的抢答任务通信图以及操作说明，抢答任务程序流程图可按图 8.18 所示设计。

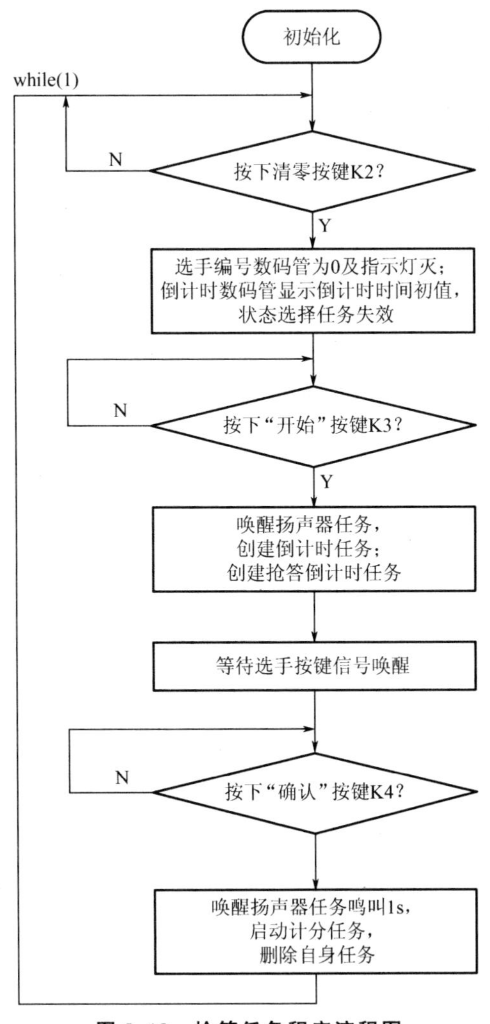

图 8.18　抢答任务程序流程图

当功能选择任务创建抢答任务后，抢答状态指示灯亮，此时主持人先按下“清零”按键 K2，使所有选手抢答指示灯灭，同时显示器显示抢答编号为零；当主持人再按下抢答“开始”按键 K3 时，系统启动参赛选手任务和抢答倒计时任务，抢答任务暂时停止运行，等待选手按键事件唤醒；当有选手按下按键时，任务继续运行等待“确认”键按下，一旦

“确认”键按下，此任务将 CPU 控制权转交给计分任务，自身将不会再运行，直至其他任务再次创建它。

抢答任务具体程序实现如下：

```
void task_ race_ state ( void ) _ task_ RACE_ STATE
{
 unsigned char data  key_ press= 0;        //按键标志，用于判别是否有按键按下
 while ( 1 )
 {
  while ( key_ press= = 0 )
  {
   if ( k2= = 0 )
   {
     os_ wait2 ( K_ IVL, 1 ) ;
     if ( k2= = 0 )
     {
      dispbuff [COUNTDOWN_ HIGH] = race_ time/10;
      dispbuff [COUNTDOWN_ LOW] = race_ time% 10;
      dispbuff [RACE_ NO] = 0;                //选手号暂时显示 0
      os_ send_ signal ( DISPLAY ) ;
      key_ press= 0x0ff;
      while ( k2= = 0 ) ;
      os_ delete_ task ( STATE_ SELECT ) ;    //使功能选择任务失效，此时不允许时间调整
     }
   }
  }
       /*  等待确认开始  * /
  key_ press= 0;
  while ( key_ press= = 0 )
  {
   if ( k3= = 0 )
   {
     os_ wait2 ( K_ IVL, 1 ) ;
     if ( k3= = 0 )
     {
      speaker_ time= 100;                     //1s 鸣叫参数
      os_ send_ signal ( SPEAKER ) ;          //唤醒扬声器任务
      key_ press= 0x0ff;
      while ( k3= = 0 ) ;
      os_ create_ task ( COMPETITOR ) ;       //创建选手抢答任务
      os_ create_ task ( RACE_ COUNTDOWN ) ; //创建抢答倒计时任务
     }
```

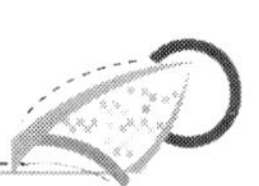

```
 }
}
key_ press= 0x00;
os_ wait1 ( K_ SIG ) ;                //等待选手任务唤醒
while ( key_ press= = 0 )
{
 if ( k4= = 0 )
 {
  os_ wait2  ( K_ IVL, 1 ) ;
  if ( k4= = 0 )
  {
   speaker_ time= 100;                 //1s 鸣叫参数
   os_ send_ signal ( SPEAKER ) ;      //唤醒扬声器任务
   while ( k4= = 0 ) ;
   os_ create_ task ( RACE_ SCORING ) ;  //创建计分任务
   os_ delete_ task ( RACE_ STATE ) ;    //自身任务删除
  }
 }
}
}
}
```

6）参赛选手任务设计与编程

图 8.19 为参赛选手任务程序流程图。不难看出，参赛选手任务比较简单，这个任务运行时一直等待选手按键按下，在此等待过程中，抢答倒计时任务同时运行，而主持人任务处于等待状态，一旦有按键按下，将抢答者号送到显示缓冲区，以备显示任务被唤醒调用显示，同时唤醒扬声器任务，直至按键松开，然后发送信息给主持人任务使其激活以便继续运行，最后删除倒计时任务和自身任务，使它们失效，不再被操作系统调度运行，也

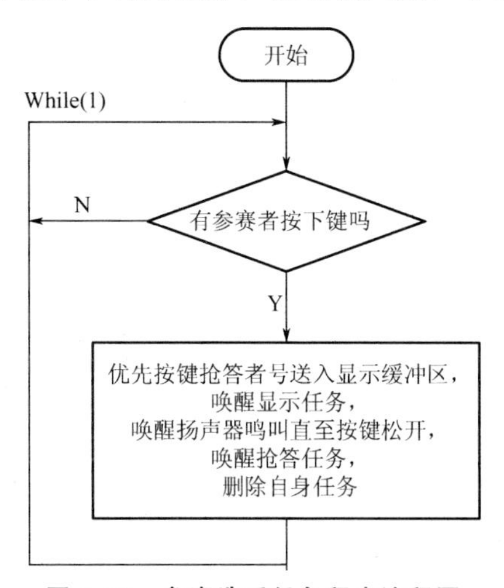

图 8.19　参赛选手任务程序流程图

即不再占用CPU使用权，以提高CPU效率。

具体程序如下所示：

```
void task_ competitor ( void ) _ task_ COMPETITOR    //选手任务
{
 dispbuff [RACE_ NO] = 0;                            //存储抢答成功的选手号
 while ( 1 )
 {
  if ( P1! = 0x0ff )
  {
   os_ wait2 ( K_ IVL, 1 ) ;
   if ( P1! = 0x0ff )
   {
    os_ delete_ task ( RACE_ COUNTDOWN ) ;           //删除抢答倒计时任务
    if ( sw1= = 0 )      dispbuff [RACE_ NO] = 1;    //选手号放入显示缓冲区
    else if ( sw2= = 0 )  dispbuff [RACE_ NO] = 2;
    else if ( sw3= = 0 )  dispbuff [RACE_ NO] = 3;
    else if ( sw4= = 0 )  dispbuff [RACE_ NO] = 4;
    else if ( sw5= = 0 )  dispbuff [RACE_ NO] = 5;
    else if ( sw6= = 0 )  dispbuff [RACE_ NO] = 6;
    else if ( sw7= = 0 )  dispbuff [RACE_ NO] = 7;
    else if ( sw8= = 0 )  dispbuff [RACE_ NO] = 8;
    os_ send_ signal ( DISPLAY ) ;                   //唤醒显示任务
    speaker_ time= 255;                              //2s鸣叫参数
    os_ send_ signal ( SPEAKER ) ;                   //唤醒扬声器任务
    while ( P1! = 0xff ) ;
    speaker_ time= 0;
    os_ send_ signal ( RACE_ STATE ) ;
    os_ delete_ task ( COMPETITOR ) ;                //删除抢答者自身任务
   }
  }
 }
}
```

7）抢答倒计时任务设计与编程

抢答倒计时任务流程图如图8.20所示。

抢答倒计时任务通过调用系统函数os _ wait2（K _ IVL，100）获得1s的延迟，此函数2个入口参数的意思是等待100个tick时间间隔（K _ IVL），而tick的值是由配置文件CONF _ TNY. A51中的INT _ CLOCK设置的，其值为单片机的机器周期数，本设计中将INT _ CLOCK设置为10000个机器周期，由于单片机采用的晶振值为12MHz，其机器周期为1μs，10000个机器周期就是10ms，也即1个tick值为10ms。所以调用os _ wait2（K _ IVL，100）函数，就可获得1s的延迟。

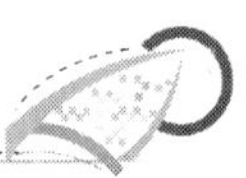

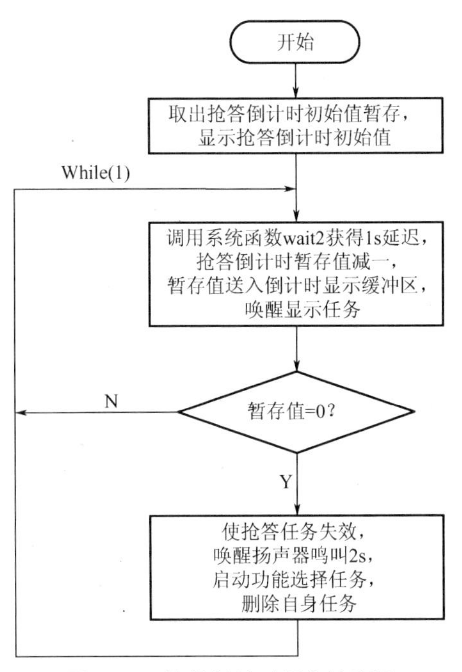

图 8.20 抢答倒计时任务流程图

抢答倒计时任务调用 os _ wait2（K _ IVL，100）时，只是操作系统暂时挂起当前任务不继续往下运行，而转向同时运行的参赛选手任务，这种程序运行特点在单任务结构化程序设计中是无法实现的。

在抢答倒计时任务倒计时结束前如有参赛选手按键，此任务将被参赛选手任务删除，不再继续执行；如倒计时结束时刻还没有参赛选手按键，此任务将删除参赛选手任务，使参赛选手按键失效，重新启动功能选择任务，并删除自身任务，使自身不再占用 CPU 时间资源。

抢答倒计时任务程序如下：

```
void task_ race_ countdown ( void ) _ task_ RACE_ COUNTDOWN
{
 unsigned char data  temp_ time;
 temp_ time= race_ time;
 dispbuff [COUNTDOWN_ HIGH] = temp_ time/10;    //显示倒计时间
 dispbuff [COUNTDOWN_ LOW] = temp_ time% 10;
  os_ send_ signal ( DISPLAY ) ;
 while ( 1 )
 {
  os_ wait2 (K_ IVL, 100 ) ;                       // 使用操作系统定时器等待 1s
  temp_ time- - ;
  dispbuff [COUNTDOWN_ HIGH] = temp_ time/10;
  dispbuff [COUNTDOWN_ LOW] = temp_ time% 10;
  os_ send_ signal ( DISPLAY ) ;
```

```
  if ( temp_ time= = 0 )
  {
   os_ delete_ task ( COMPETITOR ) ;            //时间到，使抢答任务失效
   speaker_ time= 200;                          //2s 鸣叫参数
   os_ send_ signal ( SPEAKER ) ;               //唤醒扬声器任务
   os_ delete_ task ( RACE_ STATE ) ;           //删除抢答任务
   os_ create_ task ( STATE_ SELECT ) ;         //启动功能选择任务
   os_ delete_ task ( RACE_ COUNTDOWN ) ;       //删除自身任务
  }
 }
}
```

8）回答倒计时任务设计与编程

回答倒计时任务程序流程图如图 8.21 所示。

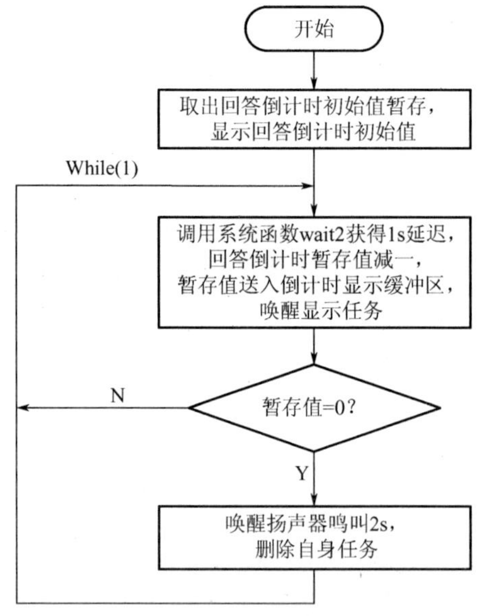

图 8.21　回答倒计时任务程序流程图

回答倒计时任务流程与抢答倒计时任务流程原理相似，只是当倒计时为零时，回答倒计时任务除了唤醒扬声器任务外，并不立即启动功能选择任务，而是由还在运行的计分任务在适当时机来启动。

回答倒计时任务程序编写如下：

```
void task_ answer_ countdown ( void ) _ task_ ANSWER_ COUNTDOWN
{
 unsigned char data  temp_ time;
 temp_ time= answer_ time;
 dispbuff [COUNTDOWN_ HIGH] = temp_ time/10;
 dispbuff [COUNTDOWN_ LOW] = temp_ time% 10;
```

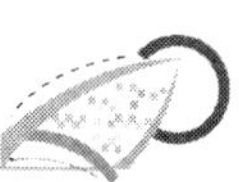

```
 os_ send_ signal ( DISPLAY ) ;
while ( 1 )
{
 os_ wait2 ( K_ IVL, 100 ) ;
 temp_ time- - ;
 dispbuff [COUNTDOWN_ HIGH] = temp_ time/10;
 dispbuff [COUNTDOWN_ LOW] = temp_ time% 10;
 os_ send_ signal ( DISPLAY ) ;
 if ( temp_ time= = 0 )
 {
  speaker_ time= 250;                //2.5s鸣叫参数
  os_ send_ signal ( SPEAKER ) ;     //唤醒扬声器任务
  os_ delete_ task ( ANSWER_ COUNTDOWN ) ;
 }
}
```

9）计分任务设计与编程

计分任务程序流程图如图 8.22 所示，其功能是获得抢答优先者序号并对其加分或减分，结束时重启动功能选择任务，并删除自身。

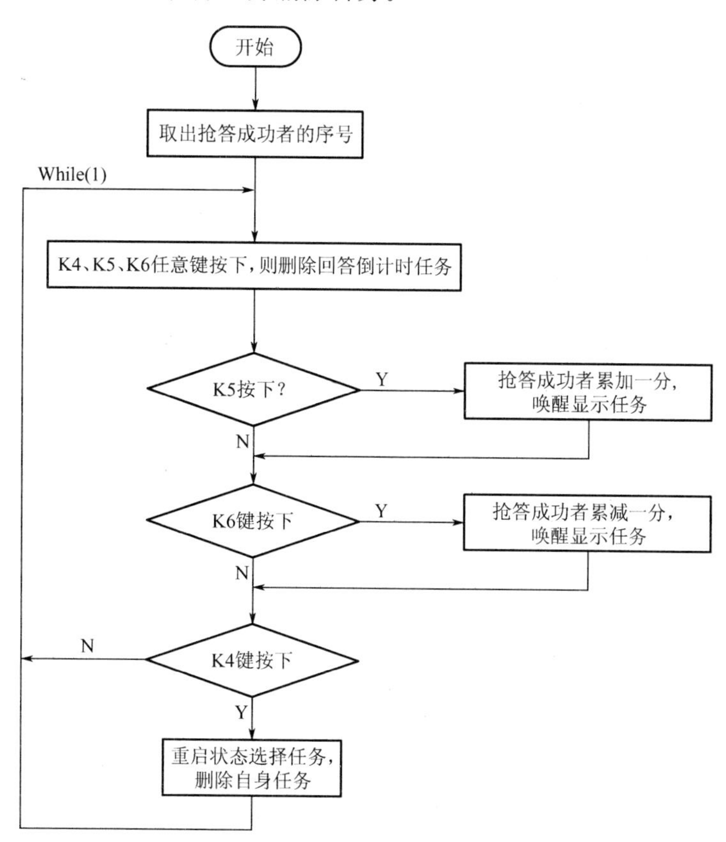

图 8.22　计分任务程序流程图

具体实现任务编程如下：

```
void task_ race_ scoring ( void ) _ task_ RACE_ SCORING
{
 unsigned char data m;
 os_ create_ task ( ANSWER_ COUNTDOWN ) ;   //创建回答倒计时任务
 m= dispbuff [RACE_ NO];   //取出抢答成功选手号
 m- - ;   //换成数组地址号，选手号比数组号多 1
 while ( 1 )
 {
  if ( k5= = 0| | k6= = 0| | k4= = 0 ) os_ delete_ task ( ANSWER_ COUNTDOWN ) ;
  if ( k5= = 0 )
  {
   os_ wait2 ( K_ IVL, 1 ) ;
   if ( k5= = 0 )
   {
    if ( competitor_ score [m] < 99 ) competitor_ score [m] + + ;
    dispbuff [2* ( m+ 2 ) ] = competitor_ score [m]% 10;   //送入对应显示缓冲区
    dispbuff [2* ( m+ 2 ) - 1] = competitor_ score [m] /10;
    os_ send_ signal ( DISPLAY ) ;
    while ( k5= = 0 ) ;
   }
  }
  if ( k6= = 0 )
  {
   os_ wait2 ( K_ IVL, 1 ) ;
   if ( k6= = 0 )
   {
    if ( competitor_ score [m] > 0 ) competitor_ score [m] - - ;
    dispbuff [2* ( m+ 2 ) ] = competitor_ score [m]% 10;   //低位分数放入显示缓冲区
    dispbuff [2* ( m+ 2 ) - 1] = competitor_ score [m] /10;   //高位分数放入显示缓冲区
    os_ send_ signal ( DISPLAY ) ;
    while ( k6= = 0 ) ;
   }
  }
  if ( k4= = 0 )
  {
   os_ wait2 ( K_ IVL, 1 ) ;
   if ( k4= = 0 )
   {
    while ( k4= = 0 ) ;
    os_ create_ task ( STATE_ SELECT ) ; //启动功能选择任务
```

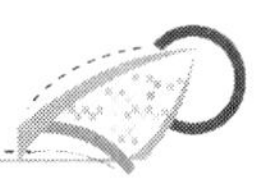

```
        os_ delete_ task ( RACE_ SCORING ) ; //删除自身加分或减分任务
      }
    }
  }
}
```

10）显示任务设计与编程

显示任务程序流程图如图 8.23 所示。

显示任务借用串行口实现，每次将显示缓冲区数据送完显示后，都将休眠 100ms 后，才再次启动此任务。休眠时间 100ms 是通过调用 os _ wait2（K _ IVL，10）来实现的，在显示任务休眠时间内，其他就绪任务继续执行。

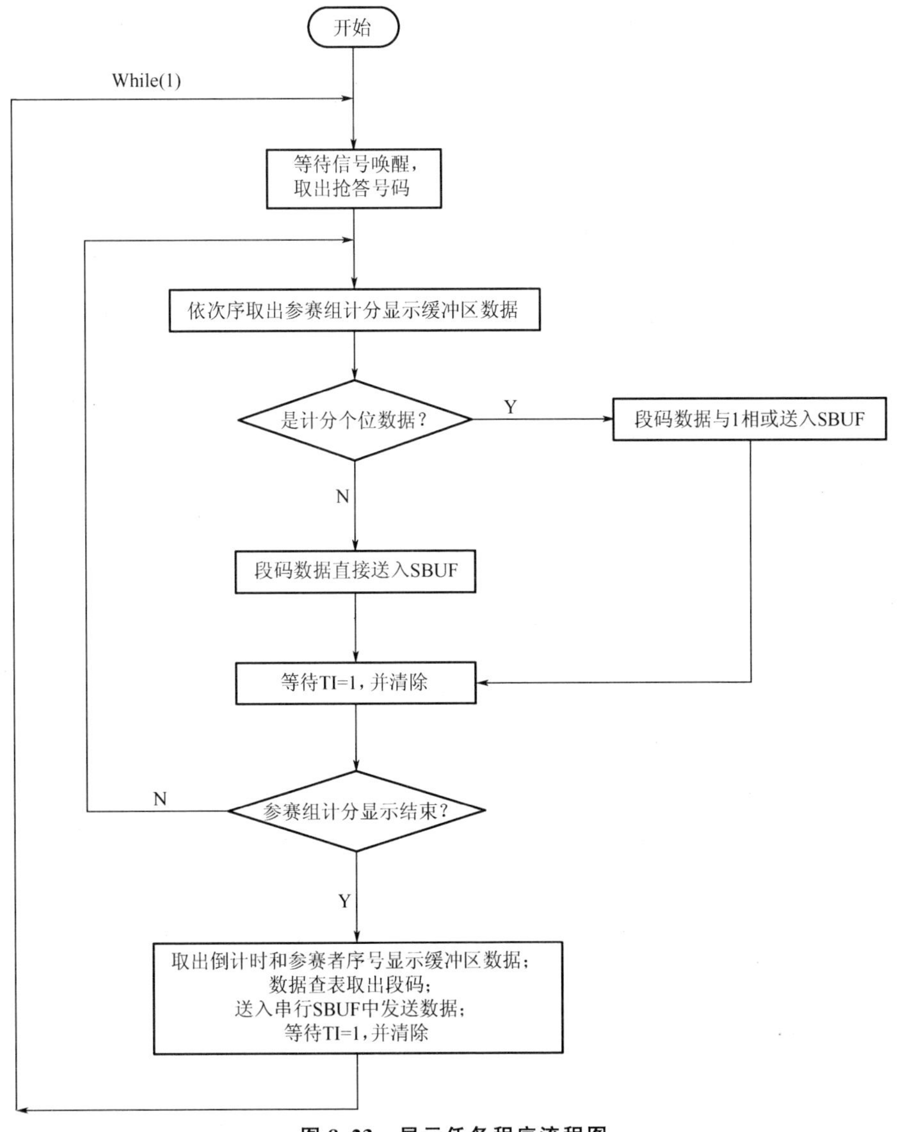

图 8.23 显示任务程序流程图

由于参赛者指示灯的状态也是通过串行口送出去的，从图 8.7 所示电路可以看出，当串行口输出数据对应位为零时，LED 灯不亮；当为 1 时，LED 灯点亮。由于所有 LED 灯都是接在串行芯片字节奇数地址的最低位，当抢答成功选手的 LED 灯需要点亮时，奇数地址处的数据段码值最低位应置 1，这可以通过逻辑“位或”来实现。由于段码值最低位都为零，所以对于不需要点亮的，可以直接取段码值，不需要转换。

显示任务的循环体内，第一条语句为 os _ wait1 (K _ SIG) 系统函数，这个函数将使显示任务不再往下运行，直至其他任务通过调用函数 os _ send _ signal (ID) 为止，对于显示任务，ID 值为 DISPLAY。

显示任务程序实例如下：

```
void task_ display ( void ) _ task_  DISPLAY
{
 signed char data m;
 unsigned char data n, k;
 while ( 1 )
 {
 os_ wait1 ( K_ SIG ) ;    //等待其他任务唤醒。
  n= dispbuff [RACE_ NO];
  for ( m= 18; m> = 3; m- - )
  {
   k= dispbuff [m];
   if ( m! = 2*  ( n+ 1 ) ) SBUF= dispcode [k];
   else  SBUF= dispcode [k] | 0x01;
   while ( TI= = 0 ) ;
   TI= 0;
  }
  for ( m= 2; m> = 0; m- - )
  {
   k= dispbuff [m];
   SBUF= dispcode [k];
   while ( TI= = 0 ) ;
   TI= 0;
  }
 }
```

11）扬声器任务设计与编程

扬声器任务程序流程图如图 8.24 所示。

扬声器任务与显示任务一样，采用了 os _ wait1 (K _ SIG) 系统函数，因而每次想要扬声器鸣叫，都需要其他任务唤醒此任务。扬声器鸣叫持续时间由一个全局变量决定（程序中为变量 speaker _ time)，这个全局变量可由其他任一任务设置。当全局变量小于 255 时，扬声器鸣叫持续时间与全局变量一致；当变量等于 255 时，就会一直执行鸣叫，直至

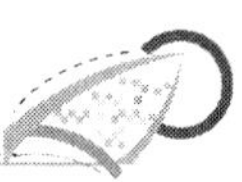

其他任务将这个变量设置为其他值，一般取零。扬声器任务结束前，还需要设置 speaker 为 1，使扬声器鸣叫关闭。

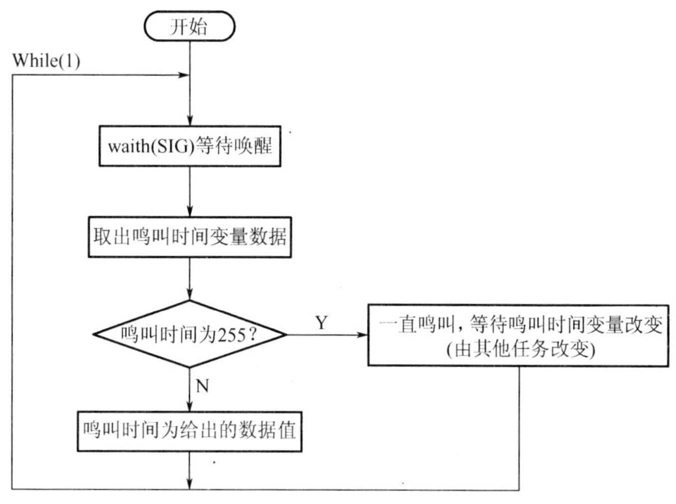

图 8.24 扬声器任务程序流程图

扬声器任务具体实现如下：

```
void task_ speak ( void ) _ task_ SPEAKER
{
 unsigned int m;
 while ( 1 )
 {
  os_ wait1 ( K_ SIG ) ;    //等待其他任务唤醒
  m= speaker_ time;
  //当扬声器鸣叫时间不为 255 时，鸣叫时间与时间参数一致
  if ( m! = 255 )
  {
   while ( m> 0 )
   {
    speaker= ~ speaker;
    os_ wait2 ( K_ TMO, 1 ) ;
    m- - ;
   speaker= 1; //禁止鸣叫
  }
//当扬声器鸣叫时间为 255 时，扬声器一直鸣叫，直至其他任务设置时间< 255
  else
  {
   while ( m= = speaker_ time )
   {
    speaker= ~ speaker;
```

```
      os_ wait2 ( K_ TMO, 1 ) ;
     }
    }
   speaker= 1; //禁止鸣叫
  }
}
```

根据软件任务设计分析，通过小组讨论，完成表 8－5 所示的软件设计工作单。

表 8－5　软件设计工作单

<table>
<tr><td>项目名称</td><td colspan="2">基于单片机的八路抢答器的设计与制作</td><td>任务名称</td><td colspan="2">基于单片机的八路抢答器的软件设计</td></tr>
<tr><td colspan="6">软件设计分工</td></tr>
<tr><td colspan="2">子任务</td><td colspan="2">提交材料</td><td>承担成员</td><td>完成工作时间</td></tr>
<tr><td colspan="2">状态选择任务</td><td colspan="2" rowspan="10">任务软件流程图（即程序）</td><td></td><td></td></tr>
<tr><td colspan="2">抢答任务</td><td></td><td></td></tr>
<tr><td colspan="2">抢答倒计时调整任务</td><td></td><td></td></tr>
<tr><td colspan="2">回答倒计时调整任务</td><td></td><td></td></tr>
<tr><td colspan="2">参赛选手任务</td><td></td><td></td></tr>
<tr><td colspan="2">抢答倒计时任务</td><td></td><td></td></tr>
<tr><td colspan="2">回答倒计时任务</td><td></td><td></td></tr>
<tr><td colspan="2">计分任务</td><td></td><td></td></tr>
<tr><td colspan="2">显示任务</td><td></td><td></td></tr>
<tr><td colspan="2">扬声器任务</td><td></td><td></td></tr>
<tr><td colspan="6">学习记录</td></tr>
<tr><td>班级</td><td></td><td>小组编号</td><td></td><td>成员</td><td></td></tr>
<tr><td colspan="6">说明：小组成员根据软件设计的任务要求，认真学习相关知识，并将学习过程的内容（要点）进行记录，同时也将学习中存在的问题进行记录，填写下表</td></tr>
</table>

（续）

项目名称	基于单片机的八路抢答器的设计与制作	任务名称	基于单片机的八路抢答器的软件设计
软件设计的工作过程			
开始时间		完成时间	
说明：根据软件任务程序流程图，指出各个任务间的交互过程，所使用资源，填写下表			
状态选择任务			
抢答任务			
抢答倒计时调整任务			
回答倒计时调整任务			
参赛选手任务			
抢答倒计时任务			
回答倒计时任务			
计分任务			
显示任务			
扬声器任务			

任务5 系统调试

系统调试的目的是通过系统软件、硬件以及综合测试，发现所开发的系统与技术指标不符或矛盾的地方，从而提出更加完善的解决方案。

1. 测试仪器及工具材料

本系统所需要的测试仪器、工具及材料见表8-6所示。

表8-6 测试仪器、工具及材料

编号	名　　称
1	5V直流稳压电源
2	万用表
3	示波器
4	函数发生器
5	电烙铁
6	焊锡丝
7	导线
8	斜口钳

2. 系统使用说明

八路抢答器系统由三类电路板组成，它们分别是“主机电路板”“主显示电路板”和“参赛组显示电路板”，它们的实物及部分板间电气连接如图 8.25 所示。

图 8.25 实物图中，按键的标号与需求分析制定的操作说明书一致，实物图中额外增加了外接电源开关 SW 及硬件复位按键 K7。当按下 K7 键时，系统将丢失所有修改的数据，恢复原始状态。其他的基本操作与前述需求分析制定的操作说明书一致，不再阐述。

由于抢答器电路设计是按照三个功能板制作的，所以它们之间的电气连接安装也是非常重要的操作。

1）电源线连接

参照图 8.25，“主机电路板”通过开关 SW、插孔、外接电源线获得 5V 直流稳压源，然后通过内接电源线，按照并联连接的方式提供给“主显示电路板”及 8 个“参赛组显示电路板”。

【参考图文】

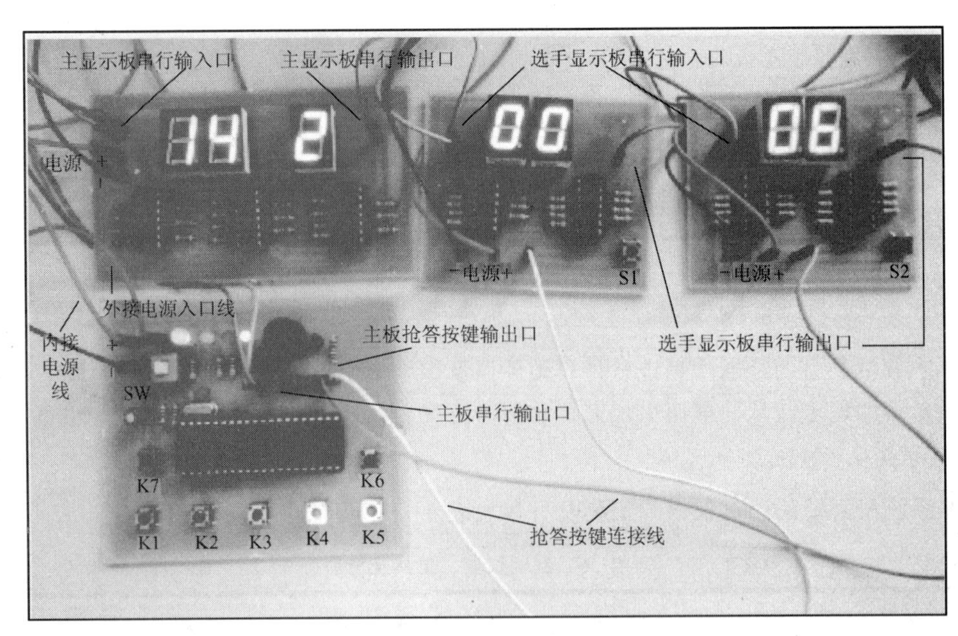

图 8.25　实物及部分电气连接

2）抢答按键连接

选手抢答按键是安装在每个“参赛组显示电路板”上的，每个按键都是通过一根导线连接到“主机电路板”的抢答按键输出口插件上。

3）串行通信线连接

从“主机电路板”输出的串行通信线有两根，一根输出同步时钟，另一根为串行数据。同步时钟线以并联方式连接各电路板，而串行数据线通过芯片的级联方式以串联方式连接，所以图 8.25 中，“主显示电路板”及“参赛组显示电路板”的串行输入口有两根，而输出口只需串行数据线一根。

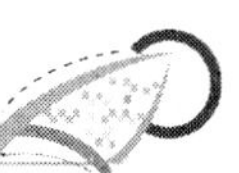

3. 调试步骤

本设计分为硬件调试和软件调试两部分。硬件调试中可先对三块功能板分开查错，再连接整体测试；软件调试可用仿真软件先行查错和排错，再与硬件综合调试。

1）硬件调试

（1）通过目测法，检查各个单元电路板是否存在虚焊、漏焊、短路，电路板覆铜线有无断路或短路，元器件安装是否正确，特别是集成芯片是否插反。

（2）测量电源线和地线是否短路，确保在不短路情况下再进行通电，以防烧毁电源线或稳压源。

（3）“主机电路板”接上电源，用示波器测量单片机第 18 引脚或第 30 引脚，若这两个引脚有频率为 12MHz 或 2MHz 的波形，则单片机工作正常，否则检查晶振电路是否有短路、断路，器件是否损坏。

（4）“主显示电路板”接上电源，串行输入口的数据线接 5V 高电平，将函数信号发生器输出频率调为 1000Hz 的方波、电压为 5V 后，与“主显示电路板”时钟线相连，若此时数码管显示 8，则说明电路基本正常；若出现断码，则检查对应数码管及连线；如不显示，则主要检查芯片是否插反、发热，时钟线是否断开，数码管是否损坏。

（5）“参赛组显示电路板”的硬件调试与（4）类似。

2）软件调试

由于系统编程采用多任务操作系统方法，因而在编程时可以对每一个任务单独编程和调试，为了使修改和阅读程序方便，尽量用宏定义定义一些标识符，以其来代表数字或 I/O 口。软件调试步骤如下：

（1）通过掌握的 C51 语言知识，每编写一个任务程序，就单独编译，排除语法错误。

（2）利用 Keil51 软件仿真工具提供的 I/O 口（I/O ports）、串口和定时器设置、变量等窗口，查看每个任务单独运行时，是否出现逻辑性的错误，直至符合设计逻辑为止。

（3）所有任务整合编译并用软件仿真工具调试，通过 RTX - Tiny - Tasklist 窗口查看任务的运行状态及转换是否符合设计逻辑要求，其他仿真窗口的值是否符合预期。

3）综合调试

（1）软件烧写到单片机中，安装到主板电路上，根据软件设计的任务 0，启动电源后，抢答器系统通过功能灯的闪烁、扬声器的鸣叫，以及数码管显示 0 来表明各功能模块是否工作。若不正常，查看对应功能板故障，直至解决为止。

（2）根据需求分析部分制定的操作说明书，每项功能逐一检测，如不符合要求，查看软件，修改完善。

（3）本系统唯一的数据测试是时间参数，当每秒时间误差超过 50ms 以上时，需调整软件对应的时间参量。

根据上述的调试要求，通过小组讨论，完成表 8 - 7 所示的整机测试与技术文件编写工作单。

表 8-7 整机测试与技术文件编写工作单

项目名称	基于单片机的八路抢答器的设计与制作		任务名称	基于单片机的八路抢答器整机测试与技术文件编写	
整机测试与技术文件编写分工					
子任务	提交材料		承担成员	完成工作时间	
制订测试方案	测试方案				
整机测试	测试记录				
编写使用说明书	使用说明书				
编写设计报告	设计报告				
学习记录					
班级		小组编号		成员	
说明：小组成员根据八路抢答器整机测试与技术文件编写的任务要求，认真学习相关知识，并将学习过程的内容（要点）进行记录，同时也将学习中存在的问题进行记录，填写下表					
整机测试与技术文件编写的工作过程					
开始时间			完成时间		
说明：利用秒表进行测试，填写下表，并对测试结果进行分析					
测试项目	测试内容		测试结果	误差	
精度测试	秒表测试倒计时时间				
	实测倒计时时间				
测试结果分析					

【知识链接】

1. RTX51 Tiny 实时多任务操作系统概述

操作系统实际是一组计算机程序的集合，用来有效地控制和管理计算机的硬件和软件资源，即合理地对资源进行调度，它用于隐藏底层不同硬件的差异，并为用户提供方便的应用接口。

RTX51 是 Keil 公司提供的一个专用于 8051 系列处理器的多任务实时操作系统，其任务调度采用时间片轮转调度，RTX51 可以简化那些复杂而且时间要求严格的工程的软件设计，允许用户在同一时间完成多功能或者运行多任务的应用。

RTX51 的程序设计使用标准 C 语言，可以用 Keil 的 C51 编译器进行编译。

相对于 RTX51，RTX51 Tiny 仅支持时间片轮转任务切换和使用信号进行任务切换，

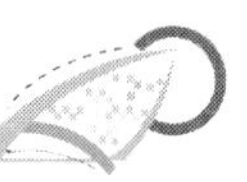

RTX51 Tiny 没有中断程序的管理能力，中断程序和 RTX51 Tiny 是工作在并行的模式。任务间的同步、中断与任务间的同步是由 RTX51 Tiny 支持的事件来完成的。

2. RTX51 Tiny 运行平台要求

RTX51 Tiny 对硬件资源要求见表 8－8 所示，典型的 RTX51 Tiny 应用程序一般运行于 SMALL 存储模式下。

表 8－8　对硬件要求

参　　数	极限值
需要的程序存储区空间（ROM）	小于 900 字节
需要片内数据存储区空间（RAM）	7
需要外部数据存储区空间	0
需要的堆栈空间	3 字节/任务
定时器	0
系统时钟除数	1000～65535
中断响应时间	小于 20 个机器周期
上下文切换时间	100～700 机器周期
最多可定义的任务数	16
组多可激活的任务数	16

RTX51 Tiny 版本使用了 8051 的定时器 0 和定时器 0 的中断信号。SFR 中的全局中断允许位或定时器 0 中断屏蔽位都可能使 RTX51 Tiny 停止运行。因此，除非有特殊的应用目的，应该使定时器 0 的中断始终开启，以保证 RTX51 Tiny 的正常运行。

3. 软件工具

(1) C51 编译器；

(2) BL51 连接定位器；

(3) A51 宏汇编器。

Keil51 集成开发工具已经集成了这些工具及连接，使用时库文件 RTX51TNY. LIB 必须存储在 C51 \ LIB 下，RTX51TNY. H 必须存储在 C51 \ INC 下，必须指定 C51 运行库的路径。头文件必须指定 C51 包含文件的路径。

4. RTX51 Tiny 基本原理

1) 定时滴答

RTX51 Tiny 使用标准 8051 的定时器 0（模式 1）去产生一个周期性的中断，该中断就作为 RTX51 Tiny 的时钟，又称为定时滴答，RTX51 Tiny 库函数所指定的超时和时间间隔参数都是利用定时滴答的，任务被分配的时间片都是以此为单位分配时间运行的。

RTX51 Tiny 默认的滴答中断是 10000 个机器周期，因此对于一个运行在 12MHz 时钟的标准 8051 而言，滴答周期为 10ms（周期 0.01s），这个值可以通过配置文件 CONF _ TNY. A51 来更改。

2）任务

RTX51 Tiny 基本上可以看作是一个任务切换器，因此要创建一个 RTX51 Tiny 程序，就必须在一个应用程序中至少包含一个任务函数。

（1）Keil C51 编译器引进了一个新的关键字（ _ task _ ），用来在 C 语言程序中进行任务定义；

（2）RTX51 Tiny 的任务其实就是一个简单带有死循环或者是类似结构的简单 C 函数；

（3）RTX51 Tiny 严密维护每一个任务在某一个状态（运行＜Running＞，即就绪＜Ready＞、等待＜Waiting＞、删除＜Deleted＞或者超时＜Time - Out＞）几个状态；

（4）任何时候只有一个任务处于运行状态；

（5）大多数任务处于就绪＜Ready＞、等待＜Waiting＞、删除＜Deleted＞或者超时＜Time - Out＞状态；

（6）一旦出现所定义的所有任务都处于阻塞状态，那么就会运行一个 Idel 任务。

3）任务调度器

调度器的作用就是将处理器分配给一个任务，RTX51 Tiny 的任务调度器通过以下的规则来决定哪一个任务获得运行权。

如果有以下条件发生，那么当前的任务被中断：

（1）当前任务调用了 os _ switch _ task，另外一个任务准备运行。

（2）当前任务调用了 os _ wait，而要求的事件还没有发生。

（3）当前任务已经运行了太长的时间，超过了时间轮转所定义的时间片的值。

（4）如果有以下条件发生，另一个任务开始运行：没有其他任务在运行；任务从就绪（READY）状态或者超时（TIME - OUT）状态启动运行。

4）事件

在实时操作系统里，事件被用来控制程序中任务的行为。一个任务可以等待一个事件，同时也可以给其他任务设置一个事件标志。RTX51 Tiny 内核函数 os _ wait 允许一个任务去等待一个或者多个事件。这些事件包括超时事件、时间间隔事件、信号事件。一个正在等待超时（Timeout）、时间间隔（Interval）和信号（Signal）事件的任务就可以通过 os _ set _ ready 或 isr _ set _ ready 系统函数让其启动运行。

5）时间轮转任务切换

时间轮转允许并行地执行几个任务，这些任务并不是连续运行的，而是运行一个时间片（CPU 的运行时间被分成时间片，RTX51 Tiny 分配时间片给每一个任务）。因为时间片很短，通常为毫秒数量级，那么这些任务看起来像是在同时运行。

6）堆栈管理

RTX51 Tiny 在 8051 的内部数据存储区（IDATA）给每一个任务维护一个堆栈。当一个任务运行时，它将获得一个最大可能的堆栈空间。当任务切换发生时，堆栈重新分配，先前任务的堆栈被缩小，而当前任务的堆栈被扩大。

符号“? STACK”指示堆栈的起始地址，RAMTOP/0FFH 表示 RAM 最高地址，

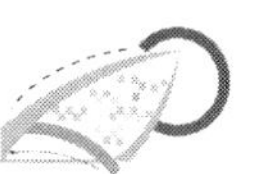

位于堆栈区以下，包含有全局变量、寄存器和可位寻址存储器。栈顶的地址可以通过配置文件 CONF _ TNY. A51 进行设置。

5. RTX51 Tiny 配置

RTX51 Tiny 必须根据用户所创建的嵌入式应用进行配置。所有的配置可以在文件 CONF _ TNY. A51 中找到。这个文件保存在以下的路径中：\ KEIL \ C51 \ RTXINY2 \ 。

文件 CONF _ TNY. A51 中的选项用于定义以下事情：

(1) 定义定时器中断服务程序所使用的寄存器组；

(2) 定义定时器中断的间隔（单位是机器周期）；

(3) 定义在定时中断中执行的用户代码；

(4) 定义时间轮转的超时值；

(5) 允许或者禁止时间轮转的任务切换；

(6) 定义用户的应用程序是否包含长时间的中断服务程序；

(7) 定义是否采用代码分页；

(8) 定义 RTX51 Tiny 的堆栈顶端地址（默认是 FFH）；

(9) 定义最小的堆栈需求；

(10) 定义在堆栈出错时执行的代码；

(11) 定义在 Idle 任务中运行的代码。

为了定制化你的 RTX51 Tiny，必须更改文件 CONF _ TNY. A51 的设定。

注意：如果没有将配置文件 CONF _ TNY. A51 包含进你的项目当中，那么库中默认的配置文件将自动包含进来。配置文件的默认选项在你的项目中可能起的是反作用。

6. RTX51 Tiny 中断

RTX51 Tiny 和中断程序工作在并行的模式下，中断服务程序通过发送信号（通过调用内核函数 isr _ send _ signal）和设置就绪标志（通过调用内核函数 isr _ set _ ready）的方式和 RTX51 Tiny 的任务进行通信。RTX51 Tiny 没有中断程序的管理能力，所以必须在 RTX51 Tiny 应用程序中有管理中断程序的使能和运行的功能段。

RTX51 Tiny 使用了定时器 0、定时器 0 的中断和寄存器组 1。如果你的程序使用了定时器 0，将会导致 RTX51 Tiny 内核工作不正常。

RTX51 Tiny 假定系统中断使能控制位总是处于允许的状态（EA=1）。如果你的程序在调用 RTX51 Tiny 内核函数之前禁止 EA，那么内核将会失去响应。

7. RTX51 Tiny 库函数参考

RTX51 Tiny 库函数共有 14 个函数，如果函数是以 os _ 开头的，那么可以在任务中调用，但是不能在中断函数中调用；如果函数是以 isr _ 开始的，那么可以在中断函数里调用，但是不能在任务中调用。这里列出 12 个常用函数。

1) os _ create _ task (unsigned char task _ id)

函数 os _ create _ task 用于启动指定任务（用 task _ id 来标明）。该任务被标记成就绪状态，将在下一个可获得的时机时运行。

2) os _ delete _ task (unsigned char task _ id)

函数 os _ delete _ task 用于删除指定任务（用 task _ id 来标明）。该任务从任务队列中移除。

3）os _ send _ signal（unsigned char task _ id）

函数 os _ send _ signal 给一个指定任务（用 task _ id 来标明）发送信号。如果该任务已经在等待信号，那么这个函数就让这个指定任务进入就绪状态准备运行。

4）os _ clear _ signal（unsigned char task _ id）

函数 os _ clear _ signal 清除一个指定任务（这个任务用 task _ id 来标明）的信号标志。

5）isr _ send _ signal（unsigned char task _ id）

函数 isr _ send _ signal 发送一个信号给任务（这个任务用 task _ id 来标明）。

6）os _ set _ ready（unsigned char task _ id）

函数 os _ set _ ready 使一个指定的任务（用 task _ id 来标明）进入就绪状态。

7）isr _ set _ ready（unsigned char task _ id）

函数 isr _ set _ ready 使一个指定的任务（用 task _ id 来标明）进入就绪状态。

8）os _ running _ task _ id（void）

返回值：函数 os _ running _ task _ id 返回当前正在运行的任务的 ID 号是多少。

9）os _ switch _ task（void）

函数 os _ switch _ task 让一个任务暂停，同时让另外一个任务运行。

10）os _ wait（unsigned char event _ sel，unsigned char ticks，unsigned int dummy）

函数 os _ wait 可以暂停当前任务并等待一个或者几个事件，这些事件包括 K _ IVL（时间间隔事件）、K _ SIG（信号事件）、K _ TMO（超时事件）。

这些事件可以是一个逻辑或的关系，用符号“|”来表示。例如，K _ TMO | K _ SIG 表示一个任务等待一个超时事件或者信号事件。参数 ticks 设定了时间间隔事件（K _ IVL）和超时事件（K _ TMO）的时间，单位是内核时钟周期。

11）os _ wait1（unsigned char event _ sel）

函数 os _ wait1 是函数 os _ wait 的一个子集，并不能支持所有的事件。参数 event _ sel 仅仅只能设定为信号事件（K _ SIG）。

12）os _ wait2（unsigned char event _ sel，unsigned char ticks）；

函数 os _ wait2 是函数 os _ wait 的一个子集，在 RTX51 Tiny 中使用 os _ wait2，而不是 os _ wait，这样程序量会比较小。

8. RTX51 Tiny 使用

1）编写程序

在采用 RTX51 Tiny 进行程序设计时，必须使用关键字 _ task _ 来定义 RTX51 Tiny 任务，要使用 RTX51 Tiny 内核函数，还必须包含头文件 RTX51TNY. H。

2）包含文件

RTX51 Tiny 仅需要包含一个头文件 RTX51TNY. H，所有的内核函数和常量定义都在这个头文件当中。在源文件中使用如下的格式：

```
include < rtx51tny.h>
```

3）定义任务

实时或者多任务应用通常由一个或者多个执行特定操作的任务组成。RTX51 Tiny 最多支持 16 个任务。所谓的任务，其实就是一个简单的带有死循环的 C 函数或者是类似结构的简单函数，此种函数具有 void 型的参数列表和 void 型的返回值，而且还需要采用关键字 _ task _ 来表明函数的属性。其形式如下例：

```
void func ( void) _ task_ task_ id {
  while (1)  {
       ….}
  }
```

在这里：func 就是任务函数的名字，task _ id 就是任务 ID，其范围为 0～15。

4）修改配置文件 CONF _ TNY. A51

根据硬件的配置，用户可根据需要修改配置文件。

编写任务程序应注意以下几条：

(1) 所有任务必须包含一个死循环，不允许有任何 return 语句；

(2) 任务没有返回值，它们必须采用 void 返回类型；

(3) 不能给任务传递参数，必须是一个 void 型的参数列表；

(4) 每一个任务必须采用唯一且不能重复的 ID 号；

(5) 为了减小 RTX51 Tiny 对内存的需求，所有任务号必须从 0 开始，依次增加。

9. μVision IDE 开发工具中使用

1）创建 RTX51 Tiny 任务程序

采用 μVision 创建 RTX51 Tiny 程序，如图 8.26 所示。

(1) 打开 Options for Target 对话框（通过 Project 菜单选择 Options for Target 选项）；

(2) 单击 Target 标签；

(3) 在 Operating System 的下拉列表中选择 RTX－51 Tiny。

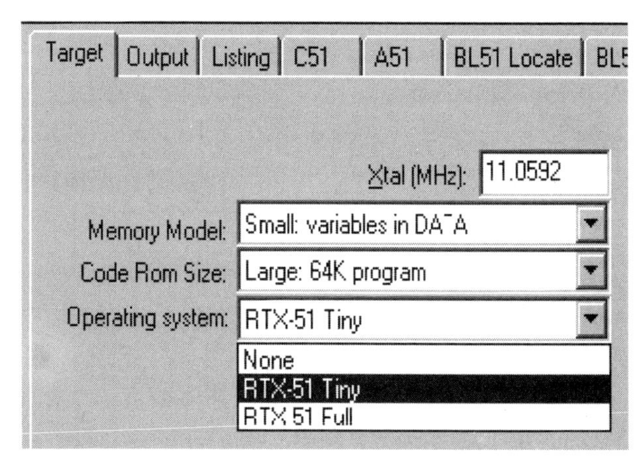

图 8.26 创建 RTX51 Tiny

2）RTX51 Tiny 任务模拟仿真调试

μVision 仿真器允许用户运行和测试 RTX51 Tiny 应用程序，加载 RTX51 Tiny 应用程序和其他的程序没有区别；在调试的时候也不需要特别的命令或者选项。仿真调试步骤如下：

第一步：确认程序编译通过后，选择 Debug→Start/Stop Debug Session 进入调试模式。操作如图 8.27 所示。

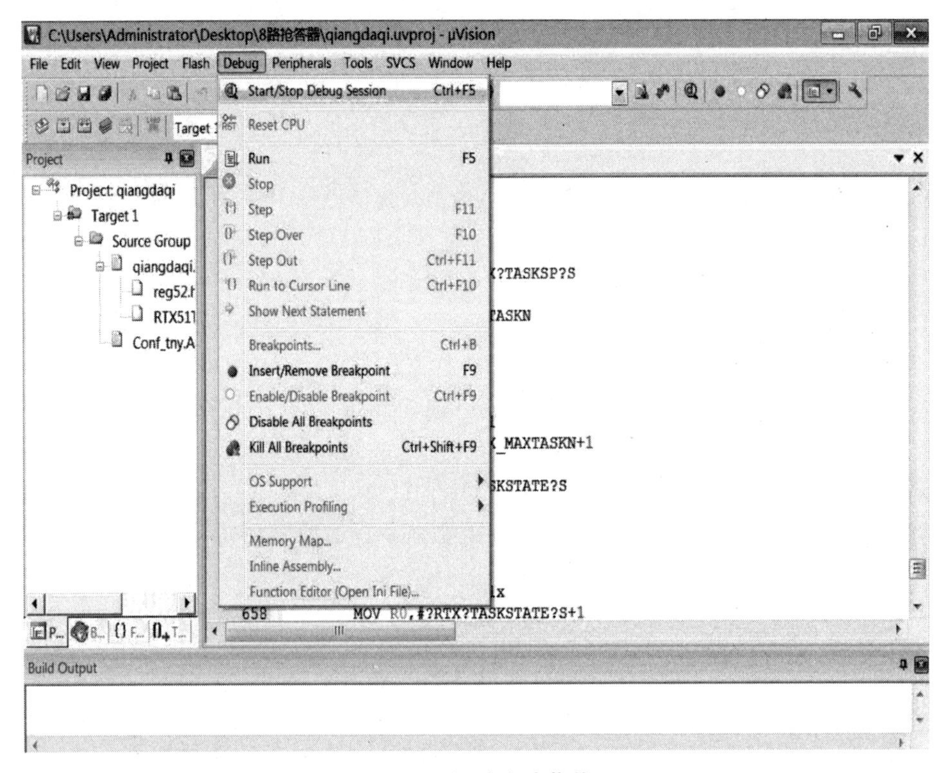

图 8.27 调试启动菜单

第二步：调出 Rtx－tiny Tasklist 菜单。通过选择 Debug→OS Support 获得 Rtx－tiny Tasklist 菜单项。操作如图 8.28 所示。

第三步：承接第二步，单击“Rtx－tiny Tasklist”菜单项，弹出“RTX－Tiny－Tasklist”对话框，如图 8.29 所示。

RTX－Tiny－Tasklist 对话框显示 RTX51 Tiny 内核以及在用户程序中的所有任务的全部参数，图中文字意义如下：

（1）TID 是任务 ID，这个任务 ID 是在任务定义时所设定的；

（2）Task Name 是任务函数的函数名；

（3）State 是任务的当前状态；

（4）Wait for Event 说明该任务正在等待的事件是什么；

（5）Sig 指示该任务的信号标志的状态（用 1 表示设置）；

（6）Timer 是一个定时器，表示任务在到达超时还剩下多少个内核时钟；

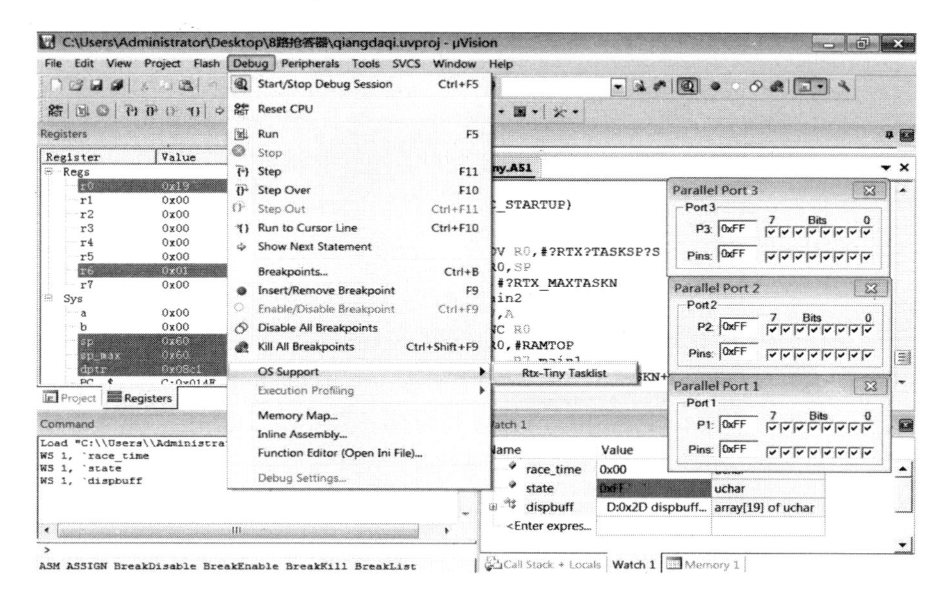

图 8.28　Rtx - tiny Tasklist 菜单位置

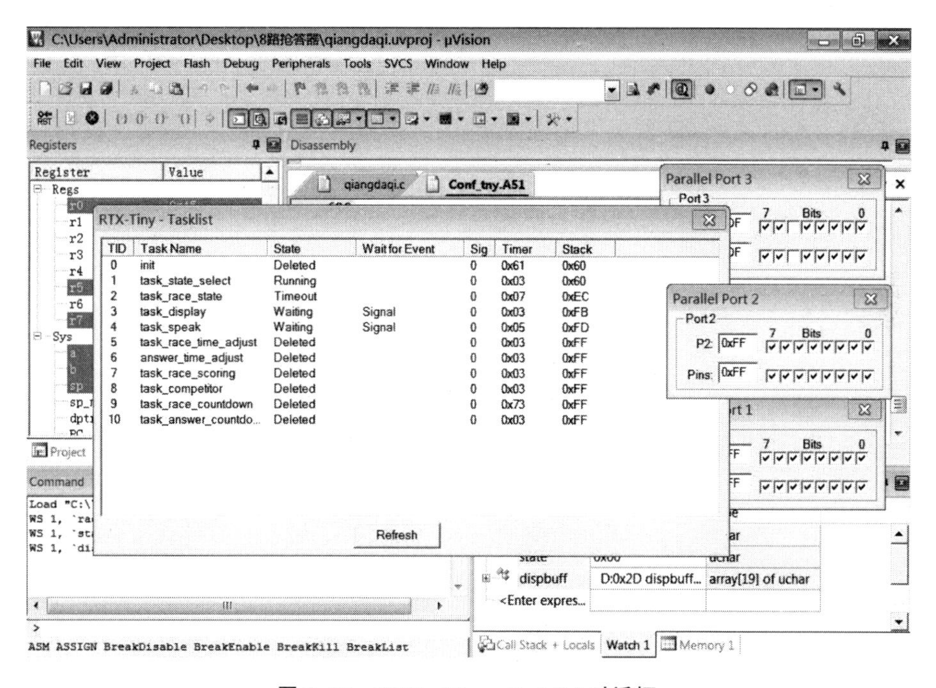

图 8.29　RTX - Tiny - Tasklist 对话框

(7) Stack 表示该任务的任务堆栈起始地址。

第四步：单击 Debug→Run 运行按钮或 Debug→step 单步调试按钮，即可在 Rtx - Tiny - Tasklist 对话框中看到任务目前运行的状态。

第五步：可以单击 View 或 peripheral 主菜单获得寄存器、中断系统、I/O 口、串口和定时器、变量等其他调试信息。

课后习题

1. 在本项目抢答器设计中，扬声器鸣叫采用唤醒任务方法来实现，试修改程序，将独立运行的扬声器鸣叫任务修改为函数调用。

2. 在本项目抢答器设计中，显示任务的运行是依靠其他任务发送事件信号来实现的，显示任务是否不需事件唤醒，与其他任务同时运行？如果可以，显示任务程序如何修改？

3. 在本项目抢答器设计中，计分显示为两位数字，抢答编号为一位数字，若将这两种显示各扩充一位，在原有的设计方案基础上，如何修改硬件电路和软件程序？

4. 在本项目抢答器设计中，所有倒计时秒时间值都取自于操作系统提供的 wait 函数，若用定时器中断获得秒时间，试编写实现程序。

5. 在主机电路板和主显示电路板不修改的情况下，试修改参赛组电路板及程序，使系统扩充成 16 路抢答器。

【参考图文】

参 考 文 献

[1] 张宏．基于单片机的高精度程控稳压电源的设计与实现［J］．电子技术与软件工程，2014（22）：262－263．

[2] 朱贵宪．基于单片机的数控稳压电源设计［J］．自动化与仪表，2011，26（6）：50－53．

[3] 杨贵恒，张瑞伟，钱希森，等．直流稳定电源［M］．北京：化学工业出版社，2010．

[4] 王晓旭．数控可调直流电源的研制［D］．武汉：华中科技大学，2012．

[5] 冯兵，孙伟玮，肖鹏斌．基于 UC3906 的可充电多电压输出电源电路设计［J］．四川兵工学报，2012，33（10）：100－102．

[6] 陈奇栓，卢平平，齐梦倩，等．直流稳压电源及漏电保护装置设计［J］．内蒙古科技与经济，2015（3）：122．

[7] 李鹏，宋旭日．数字可调直流稳压电源设计［J］．科技创新与应用，2015（32）：45－46．

[8] 颜伟．可调直流稳压电源电路的设计［J］．信息通信，2015（6）：52．

[9] 林健鹏，毛行奎．一种高功率因数可调直流开关电源的设计［J］．电器与能效管理技术，2015（3）：35－39．

[10] 梁计锋，尤国强，刘瑞妮，等．基于单片机的大功率直流电源的设计［J］．电子制作，2015，5（3）：6－7．

[11] 谢军，盛庆华，毛礼建．射频宽带放大器的增益控制设计与实现［J］．现代电子技术，2015，38（6）：136－138．

[12] 塞尔吉奥·弗朗哥，刘树棠，等．基于运算放大器和模拟集成电路的电路设计［J］．西安：西安交通大学出版社，2010．

[13] Kirshin E，Oreshkin B，Zhu G K，et al. Microwave Radar and Microwave－Induced Thermoacoustics：Dual－Modality Approach for Breast Cancer Detection［J］．IEEE Transactions on Biomedical Engineering，2013，60（2）：354－360．

[14] 曹雄斐，杨维明，张瑞，等．基于 ADS 的 LDMOS 功率放大器设计与仿真［J］．湖北大学学报（自然科学版），2014，36（4）：317－322．

[15] 冷永清，张立军，曾云，等．基于 GaN HEMT 的 1.5～3.5GHz 宽带平衡功率放大器设计［J］．电子学报，2013，41（4）：815－820．

[16] 范思安，陈克难，王林庆．宽带低频放大器的设计［J］．信息化研究，2010，36（7）：54－56．

[17] 杨阳．低频放大器［J］．科技致富导向，2011（14）：84－86．

[18] 杜月林，蒋雪飞，梅明涛，等．基于 AD603 程控增益大功率宽带直流放大器的设计［J］．国外电子测量技术，2010，29（11）：47－50．

[19] 王洪民，阚钢．大功率低频、超低频放大器实现途径及特点［J］．电子测量技术，2011，34（9）：18－22．

[20] 王皑，佘丹妮．基于单片机的低频功率放大器设计［J］．仪表技术，2012（2）：16－22．

[21] 任小青，王晓娟，田芳．基于单片机的低频信号发生器设计［J］．现代电子技术，2014，37（16）：15－17．

[22] 杨晶晶，刘岩．基于 AT89C52 单片机的超低频信号发生器设计［J］．现代电子技术，2011，34（4）：30－31．

[23] 任航．简易低频信号发生器的设计［J］．机电信息，2012（6）：136－138．

[24] 李道霖，韩绪鹏，肖春芳．正弦信号发生器的设计与实现 [J]．电子设计工程，2010，18 (12)：165 - 169.
[25] 逯久鑫，彭旋，樊军庆．基于 51 单片机的低频信号发生器的设计与仿真 [J]．电子设计工程，2011，19 (16)：153 - 155.
[26] 李先成．简易低频信号发生器的制作 [J]．科学咨询，2011 (1)：60.
[27] 高春雪，孙保海．基于 PIC 单片机的低频信号发生器设计 [J]．电子制作，2014 (10)：48 - 49.
[28] 翟玉文，梁伟，艾学忠，等．电子设计与实践 [M]．北京：中国电力出版社，2005.
[29] 刘德强．数字式低频函数信号发生器的设计 [D]．长春：吉林大学，2010.
[30] 邹尔宁，谢忠屏．直接数字频率合成低频信号源的设计与实现 [J]．自动化仪表，2011，32 (3)：61 - 63.
[31] 王伟明．数字频率计电路设计与分析 [J]．电子世界，2013 (3)：48 - 49.
[32] 朱东南，陈育中，吉小辉．基于 CD4541 的便携式数字频率计的设计 [J]．兰州工业学院学报，2013，20 (1)：21 - 24.
[33] 周华．数字频率计的设计与制作 [J]．凯里学院学报，2015，33 (3)：33 - 35.
[34] 李泽清．Proteus 电子电路设计及仿真 [M]．北京：电子工业出版社，2012.
[35] 王昊鹏，刘泽乾．简易数字频率计设计与实现 [J]．四川兵工学报，2011，32 (9)：86 - 91.
[36] 辛颂，孙阳，雷荣芳，等．一种数字集成电路频率计的设计 [J]．硅谷，2013 (15)：37 - 38.
[37] 范启亮．一种简易数字频率计的设计与实现 [J]．科技风，2014 (20)：48 - 49.
[38] 张青林．基于单片机和 CPLD 的数字频率计设计 [J]．合肥学院学报（自然科学版），2010 (1)：43 - 46.
[39] 熊潇．高精度频率计的设计与研究 [D]．武汉：武汉科技大学，2014.
[40] 张洋．基于 CPLD 的简易数字频率计的设计 [J]．现代电子技术，2011，34 (19)：185 - 186.
[41] 阎石．数字电子技术基础 [M]．北京：高等教育出版社，2001.
[42] 张宁丹，金桂．基于 STC89C52 单片机 DS1302 时钟芯片定时开关的设计与仿真 [J]．现代电子技术，2013，36 (8)：4 - 6.
[43] 李悦，孔维成，王宏干，等．数字钟实验电路的设计与仿真 [J]．电子设计工程，2012，20 (14)：5 - 7.
[44] 贾林科．LED 数字钟的设计、制作研究 [J]．科技信息，2011 (9)：153 - 154.
[45] 黄峰鹤．数字钟的设计与制作 [J]．信息技术，2012 (5)：161 - 163.
[46] 李可．数字钟电路及应用 [M]．北京：电子工业出版社，1996.
[47] 谢家兴，王建，刘洪山，等．LED 点阵显示式多功能数字电子钟设计 [J]．软件导刊，2014，13 (4)：93 - 95.
[48] 李瑞，王明艳，向厚振，等．基于计数器的数字电子钟的设计 [J]．山西电子技术，2011 (4)：19 - 20.
[49] 王琥，任峻．基于 FPGA 的数字电子钟设计 [J]．电子设计工程，2014，22 (4)：127 - 129.
[50] 黄红飞，陈亦兵．基于 74LS162 数字钟设计及时间校准研究 [J]．电子设计工程，2011，19 (17)：185 - 187.
[51] 孙军辉．基于单片机应用的多路无线抢答器的设计 [J]．中国现代教育装备，2012，147 (11)：7 - 8.
[52] 李志强，谭岳衡，李忠伟，等．新型多媒体语音协调抢答器设计 [J]．衡阳师范学院学报，2010，31 (3)：44 - 47.
[53] 沈晓波，王留留，廖晓纬，等．基于 ZigBee 技术的无线智能抢答器设计 [J]．科技创新导报，2012 (32)：31 - 34.
[54] 薛顶柱，张洪阳．一种新型无线智能抢答器的研究和设计 [J]．长春师范学院学报（自然科学版），

2010，29（5）：38－42.

[55] 夏冬梅．基于DTMF的无线抢答器遥控计分系统的设计与实现［J］．南方金属，2012，186（3）：47－50.

[56] 张智军．基于AT89S52单片机的无线抢答器记分系统的设计与制作［J］．电子设计工程，2012，20（12）：106－108.

[57] 潘霖．基于单片机控制的抢答器设计［J］．大众科技，2012，14（7）：179－180.

[58] 康华光．电子技术基础数字部分［M］．5版．北京：高等教育出版社，2006.

[59] 周文军．基于单片机和组态软件的多路抢答器研究［J］．广西民族大学学报（自然科学版），2015（1）：77－81.

[60] 徐金秀，吴房胜，吴宝胜，等．十六路智能抢答器的研究［J］．科技经济市场，2015（11）：27－28.

[61] 王丽，康红明，谢东岩，等．高精度程控电流源的设计［J］．仪表技术与传感器，2012（7）：105－106.

[62] 黄天辰，贾嵩，余建华，等．高精度数控直流恒流源的设计与实现［J］．仪表技术与传感器，2013（6）：27－29.

[63] 张明锐，姜以宁．基于51单片机的多功能数控电流源设计［J］．电子设计工程，2012，20（1）：126－129.

[64] 荣军，杨学海，陈超，等．基于单片机的简易恒流源系统的设计［J］．电子器件，2013，36（2）：225－229.

[65] 催芳，郭玉会．基于微处理器的程控电流源设计［J］．电子科技，2012，25（10）：60－63.

[66] 王静霞．单片机应用技术（C语言版）［M］．北京：电子工业出版社，2014.

[67] 张宏．基于单片机的高精度程控稳压电源的设计与实现［J］．电子技术与软件工程，2014（22）：262－263.

[68] 黄天辰，荣广宇，李丹丹，等．高精度数控直流稳压电源的设计与实现［J］．化工自动化及仪表，2013，40（1）：80－83.

[69] 梁冬冬，范继伟，周仕奇，等．程控直流稳压电源的设计与制作［J］．民营科技，2012（12）：28.

[70] 赵建领，薛园园，等．51单片机开发与应用技术详解［M］．北京：电子工业出版社，2009.

[71] 臧殿红．基于AT89S51的八路抢答器的设计［J］．科技信息，2011（25）：98.

[72] 侯殿有．单片机C语言程序设计［M］．北京：人民邮电出版社，2010.

[73] 吕红娟．单片机控制的八路抢答器的设计与制作［J］．现代电子技术，2014，37（18）：125－126.

[74] 李素敏．抢答器的设计［J］．职业，2011（23）：123.

[75] 薛春玲，蔡晓艳．基于AT89S52单片机的8路抢答器的设计［J］．光学仪器，2014（2）：157－160.

[76] 李凤琴．八路抢答器的软硬件设计［J］．电子技术与软件工程，2015（16）：159.

[77] 彭健，李董波，包梦．基于RTX51嵌入式操作系统的多路数据采集系统设计［J］．工业仪表与自动化装置，2015（2）：29－32.

[78] 袁仲侯，李灿平，刘洪虎．基于单片机的八路扫描式抢答器［J］．信息通信，2014（9）：63.

[79] 张继平．基于无线发射抢答判决器的研究与设计［D］．南昌：南昌大学，2014.

北京大学出版社本科电气信息系列实用规划教材

序号	书名	书号	编著者	定价	出版年份	教辅及获奖情况
物联网工程						
1	物联网概论	7-301-23473-0	王　平	38	2014	电子课件/答案，有“多媒体移动交互式教材”
2	物联网概论	7-301-21439-8	王金甫	42	2012	电子课件/答案
3	现代通信网络(第 2 版)	7-301-27831-4	赵瑞玉　胡珺珺	45	2017	电子课件/答案
4	物联网安全	7-301-24153-0	王金甫	43	2014	电子课件/答案
5	通信网络基础	7-301-23983-4	王昊	32	2014	
6	无线通信原理	7-301-23705-2	许晓丽	42	2014	电子课件/答案
7	家居物联网技术开发与实践	7-301-22385-7	付　蔚	39	2013	电子课件/答案
8	物联网技术案例教程	7-301-22436-6	崔逊学	40	2013	电子课件
9	传感器技术及应用电路项目化教程	7-301-22110-5	钱裕禄	30	2013	电子课件/视频素材，宁波市教学成果奖
10	网络工程与管理	7-301-20763-5	谢　慧	39	2012	电子课件/答案
11	电磁场与电磁波(第 2 版)	7-301-20508-2	邬春明	32	2012	电子课件/答案
12	现代交换技术(第 2 版)	7-301-18889-7	姚　军	36	2013	电子课件/习题答案
13	传感器基础(第 2 版)	7-301-19174-3	赵玉刚	32	2013	视频
14	物联网基础与应用	7-301-16598-0	李蔚田	44	2012	电子课件
15	通信技术实用教程	7-301-25386-1	谢　慧	36	2015	电子课件/习题答案
16	物联网工程应用与实践	7-301-19853-7	于继明	39	2015	
17	传感与检测技术及应用	7-301-27543-6	沈亚强　蒋敏兰	43	2016	电子课件/数字资源
单片机与嵌入式						
1	嵌入式系统开发基础-----基于八位单片机的 C 语言程序设计	7-301-17468-5	侯殿有	49	2012	电子课件/答案/素材
2	嵌入式系统基础实践教程	7-301-22447-2	韩　磊	35	2013	电子课件
3	单片机原理与接口技术	7-301-19175-0	李　升	46	2011	电子课件/习题答案
4	单片机系统设计与实例开发(MSP430)	7-301-21672-9	顾　涛	44	2013	电子课件/答案
5	单片机原理与应用技术(第 2 版)	7-301-27392-0	魏立峰　王宝兴	42	2016	电子课件/数字资源
6	单片机原理及应用教程(第 2 版)	7-301-22437-3	范立南	43	2013	电子课件/习题答案，辽宁“十二五”教材
7	单片机原理与应用及 C51 程序设计	7-301-13676-8	唐　颖	30	2011	电子课件
8	单片机原理与应用及其实验指导书	7-301-21058-1	邵发森	44	2012	电子课件/答案/素材
9	MCS-51 单片机原理及应用	7-301-22882-1	黄翠翠	34	2013	电子课件/程序代码
物理、能源、微电子						
1	物理光学理论与应用(第 2 版)	7-301-26024-1	宋贵才	46	2015	电子课件/习题答案，“十二五”普通高等教育本科国家级规划教材
2	现代光学	7-301-23639-0	宋贵才	36	2014	电子课件/答案
3	平板显示技术基础	7-301-22111-2	王丽娟	52	2013	电子课件/答案
4	集成电路版图设计	7-301-21235-6	陆学斌	32	2012	电子课件/习题答案
5	新能源与分布式发电技术(第 2 版)	7-301-27495-8	朱永强	45	2016	电子课件/习题答案，北京市精品教材，北京市“十二五”教材
6	太阳能电池原理与应用	7-301-18672-5	靳瑞敏	25	2011	电子课件
7	新能源照明技术	7-301-23123-4	李姿景	33	2013	电子课件/答案

序号	书名	书号	编著者	定价	出版年份	教辅及获奖情况
			基 础 课			
1	电工与电子技术(上册) (第 2 版)	7-301-19183-5	吴舒辞	30	2011	电子课件/习题答案，湖南省“十二五”教材
2	电工与电子技术(下册) (第 2 版)	7-301-19229-0	徐卓农 李士军	32	2011	电子课件/习题答案，湖南省“十二五”教材
3	电路分析	7-301-12179-5	王艳红 蒋学华	38	2010	电子课件，山东省第二届优秀教材奖
4	运筹学(第 2 版)	7-301-18860-6	吴亚丽 张俊敏	28	2011	电子课件/习题答案
5	电路与模拟电子技术	7-301-04595-4	张绪光 刘在娥	35	2009	电子课件/习题答案
6	微机原理及接口技术	7-301-16931-5	肖洪兵	32	2010	电子课件/习题答案
7	数字电子技术	7-301-16932-2	刘金华	30	2010	电子课件/习题答案
8	微机原理及接口技术实验指导书	7-301-17614-6	李干林 李 升	22	2010	课件(实验报告)
9	模拟电子技术	7-301-17700-6	张绪光 刘在娥	36	2010	电子课件/习题答案
10	电工技术	7-301-18493-6	张 莉 张绪光	26	2011	电子课件/习题答案，山东省“十二五”教材
11	电路分析基础	7-301-20505-1	吴舒辞	38	2012	电子课件/习题答案
12	数字电子技术	7-301-21304-9	秦长海 张天鹏	49	2013	电子课件/答案，河南省“十二五”教材
13	模拟电子与数字逻辑	7-301-21450-3	邬春明	39	2012	电子课件
14	电路与模拟电子技术实验指导书	7-301-20351-4	唐 颖	26	2012	部分课件
15	电子电路基础实验与课程设计	7-301-22474-8	武 林	36	2013	部分课件
16	电文化——电气信息学科概论	7-301-22484-7	高 心	30	2013	
17	实用数字电子技术	7-301-22598-1	钱裕禄	30	2013	电子课件/答案/其他素材
18	模拟电子技术学习指导及习题精选	7-301-23124-1	姚娅川	30	2013	电子课件
19	电工电子基础实验及综合设计指导	7-301-23221-7	盛桂珍	32	2013	
20	电子技术实验教程	7-301-23736-6	司朝良	33	2014	
21	电工技术	7-301-24181-3	赵莹	46	2014	电子课件/习题答案
22	电子技术实验教程	7-301-24449-4	马秋明	26	2014	
23	微控制器原理及应用	7-301-24812-6	丁筱玲	42	2014	
24	模拟电子技术基础学习指导与习题分析	7-301-25507-0	李大军 唐 颖	32	2015	电子课件/习题答案
25	电工学实验教程(第 2 版)	7-301-25343-4	王士军 张绪光	27	2015	
26	微机原理及接口技术	7-301-26063-0	李干林	42	2015	电子课件/习题答案
27	简明电路分析	7-301-26062-3	姜 涛	48	2015	电子课件/习题答案
28	微机原理及接口技术(第 2 版)	7-301-26512-3	越志诚 段中兴	49	2016	二维码数字资源
29	电子技术综合应用	7-301-27900-7	沈亚强	37	2017	二维码数字资源
			电子、通信			
1	DSP 技术及应用	7-301-10759-1	吴冬梅 张玉杰	26	2011	电子课件，中国大学出版社图书奖首届优秀教材奖一等奖
2	电子工艺实习	7-301-10699-0	周春阳	19	2010	电子课件
3	电子工艺学教程	7-301-10744-7	张立毅 王华奎	32	2010	电子课件，中国大学出版社图书奖首届优秀教材奖一等奖
4	信号与系统	7-301-10761-4	华 容 隋晓红	33	2011	电子课件
5	信息与通信工程专业英语(第 2 版)	7-301-19318-1	韩定定 李明明	32	2012	电子课件/参考译文，中国电子教育学会 2012 年全国电子信息类优秀教材
6	高频电子线路(第 2 版)	7-301-16520-1	宋树祥 周冬梅	35	2009	电子课件/习题答案
7	MATLAB 基础及其应用教程	7-301-11442-1	周开利 邓春晖	24	2011	电子课件
8	通信原理	7-301-12178-8	隋晓红 钟晓玲	32	2007	电子课件

序号	书名	书号	编著者	定价	出版年份	教辅及获奖情况
9	数字图像处理	7-301-12176-4	曹茂永	23	2007	电子课件，“十二五”普通高等教育本科国家级规划教材
10	移动通信	7-301-11502-2	郭俊强　李　成	22	2010	电子课件
11	生物医学数据分析及其MATLAB实现	7-301-14472-5	尚志刚　张建华	25	2009	电子课件/习题答案/素材
12	信号处理MATLAB实验教程	7-301-15168-6	李　杰　张　猛	20	2009	实验素材
13	通信网的信令系统	7-301-15786-2	张云麟	24	2009	电子课件
14	数字信号处理	7-301-16076-3	王震宇　张培珍	32	2010	电子课件/答案/素材
15	光纤通信	7-301-12379-9	卢志茂　冯进玫	28	2010	电子课件/习题答案
16	离散信息论基础	7-301-17382-4	范九伦　谢　勰	25	2010	电子课件/习题答案
17	光纤通信	7-301-17683-2	李丽君　徐文云	26	2010	电子课件/习题答案
18	数字信号处理	7-301-17986-4	王玉德	32	2010	电子课件/答案/素材
19	电子线路CAD	7-301-18285-7	周荣富　曾　技	41	2011	电子课件
20	MATLAB基础及应用	7-301-16739-7	李国朝	39	2011	电子课件/答案/素材
21	信息论与编码	7-301-18352-6	隋晓红　王艳营	24	2011	电子课件/习题答案
22	现代电子系统设计教程	7-301-18496-7	宋晓梅	36	2011	电子课件/习题答案
23	移动通信	7-301-19320-4	刘维超　时　颖	39	2011	电子课件/习题答案
24	电子信息类专业MATLAB实验教程	7-301-19452-2	李明明	42	2011	电子课件/习题答案
25	信号与系统	7-301-20340-8	李云红	29	2012	电子课件
26	数字图像处理	7-301-20339-2	李云红	36	2012	电子课件
27	编码调制技术	7-301-20506-8	黄　平	26	2012	电子课件
28	Mathcad在信号与系统中的应用	7-301-20918-9	郭仁春	30	2012	
29	MATLAB基础与应用教程	7-301-21247-9	王月明	32	2013	电子课件/答案
30	电子信息与通信工程专业英语	7-301-21688-0	孙桂芝	36	2012	电子课件
31	微波技术基础及其应用	7-301-21849-5	李泽民	49	2013	电子课件/习题答案/补充材料等
32	图像处理算法及应用	7-301-21607-1	李文书	48	2012	电子课件
33	网络系统分析与设计	7-301-20644-7	严承华	39	2012	电子课件
34	DSP技术及应用	7-301-22109-9	董　胜	39	2013	电子课件/答案
35	通信原理实验与课程设计	7-301-22528-8	邬春明	34	2015	电子课件
36	信号与系统	7-301-22582-0	许丽佳	38	2013	电子课件/答案
37	信号与线性系统	7-301-22776-3	朱明早	33	2013	电子课件/答案
38	信号分析与处理	7-301-22919-4	李会容	39	2013	电子课件/答案
39	MATLAB基础及实验教程	7-301-23022-0	杨成慧	36	2013	电子课件/答案
40	DSP技术与应用基础(第2版)	7-301-24777-8	俞一彪	45	2015	实验素材/答案
41	EDA技术及数字系统的应用	7-301-23877-6	包　明	55	2015	
42	算法设计、分析与应用教程	7-301-24352-7	李文书	49	2014	
43	Android开发工程师案例教程	7-301-24469-2	倪红军	48	2014	
44	ERP原理及应用	7-301-23735-9	朱宝慧	43	2014	电子课件/答案
45	综合电子系统设计与实践	7-301-25509-4	武　林　陈　希	32	2015	
46	高频电子技术	7-301-25508-7	赵玉刚	29	2015	电子课件
47	信息与通信专业英语	7-301-25506-3	刘小佳	29	2015	电子课件
48	信号与系统	7-301-25984-9	张建奇	45	2015	电子课件
49	数字图像处理及应用	7-301-26112-5	张培珍	36	2015	电子课件/习题答案
50	Photoshop CC案例教程(第3版)	7-301-27421-7	李建芳	49	2016	电子课件/素材
51	激光技术与光纤通信实验	7-301-26609-0	周建华　兰　岚	28	2015	数字资源
52	Java高级开发技术大学教程	7-301-27353-1	陈沛强	48	2016	电子课件/数字资源
53	VHDL数字系统设计与应用	7-301-27267-1	黄　卉　李　冰	42	2016	数字资源
54	电子技术综合应用	7-301-　　-	沈亚强　林祝亮	37	2017	电子课件/数字资源
55	电子技术专业教学法	7-301-　　-	沈亚强　朱伟玲	35(估)	2017	电子课件/数字资源

序号	书名	书号	编著者	定价	出版年份	教辅及获奖情况
自动化、电气						
1	自动控制原理	7-301-22386-4	佟　威	30	2013	电子课件/答案
2	自动控制原理	7-301-22936-1	邢春芳	39	2013	
3	自动控制原理	7-301-22448-9	谭功全	44	2013	
4	自动控制原理	7-301-22112-9	许丽佳	30	2015	
5	自动控制原理	7-301-16933-9	丁　红　李学军	32	2010	电子课件/答案/素材
6	现代控制理论基础	7-301-10512-2	侯媛彬等	20	2010	电子课件/素材，国家级“十一五”规划教材
7	计算机控制系统(第2版)	7-301-23271-2	徐文尚	48	2013	电子课件/答案
8	电力系统继电保护(第2版)	7-301-21366-7	马永翔	42	2013	电子课件/习题答案
9	电气控制技术(第2版)	7-301-24933-8	韩顺杰　吕树清	28	2014	电子课件
10	自动化专业英语(第2版)	7-301-25091-4	李国厚　王春阳	46	2014	电子课件/参考译文
11	电力电子技术及应用	7-301-13577-8	张润和	38	2008	电子课件
12	高电压技术(第2版)	7-301-27206-0	马永翔	43	2016	电子课件/习题答案
13	电力系统分析	7-301-14460-2	曹　娜	35	2009	
14	综合布线系统基础教程	7-301-14994-2	吴达金	24	2009	电子课件
15	PLC原理及应用	7-301-17797-6	缪志农　郭新年	26	2010	电子课件
16	集散控制系统	7-301-18131-7	周荣富　陶文英	36	2011	电子课件/习题答案
17	控制电机与特种电机及其控制系统	7-301-18260-4	孙冠群　于少娟	42	2011	电子课件/习题答案
18	电气信息类专业英语	7-301-19447-8	缪志农	40	2011	电子课件/习题答案
19	综合布线系统管理教程	7-301-16598-0	吴达金	39	2012	电子课件
20	供配电技术	7-301-16367-2	王玉华	49	2012	电子课件/习题答案
21	PLC技术与应用(西门子版)	7-301-22529-5	丁金婷	32	2013	电子课件
22	电机、拖动与控制	7-301-22872-2	万芳瑛	34	2013	电子课件/答案
23	电气信息工程专业英语	7-301-22920-0	余兴波	26	2013	电子课件/译文
24	集散控制系统(第2版)	7-301-23081-7	刘翠玲	36	2013	电子课件，2014年中国电子教育学会“全国电子信息类优秀教材”一等奖
25	工控组态软件及应用	7-301-23754-0	何坚强	49	2014	电子课件/答案
26	发电厂变电所电气部分(第2版)	7-301-23674-1	马永翔	48	2014	电子课件/答案
27	自动控制原理实验教程	7-301-25471-4	丁　红　贾玉瑛	29	2015	
28	自动控制原理(第2版)	7-301-25510-0	袁德成	35	2015	电子课件/辽宁省“十二五”教材
29	电机与电力电子技术	7-301-25736-4	孙冠群	45	2015	电子课件/答案
30	虚拟仪器技术及其应用	7-301-27133-9	廖远江	45	2016	

如您需要更多教学资源如电子课件、电子样章、习题答案等，请登录北京大学出版社第六事业部官网 www.pup6.cn 搜索下载。

如您需要浏览更多专业教材，请扫下面的二维码，关注北京大学出版社第六事业部官方微信(微信号：pup6book)，随时查询专业教材、浏览教材目录、内容简介等信息，并可在线申请纸质样书用于教学。

感谢您使用我们的教材，欢迎您随时与我们联系，我们将及时做好全方位的服务。联系方式：010-62750667，szheng_pup6@163.com，pup_6@163.com，lihu80@163.com，欢迎来电来信。客户服务 QQ 号：1292552107，欢迎随时咨询。